150 Jahre
Wissen für die Zukunft
Oldenbourg Verlag

Kreativer denken

Konzepte und Methoden von A-Z

von
Prof. Dr. Anne Brunner

Lehr- und Studienbuchreihe
Schlüsselkompetenzen

Oldenbourg Verlag München

Dr. Anne Brunner hat eine Professur für Schlüsselqualifikationen an der Hochschule München inne. Sie studierte Medizin an der Universität Freiburg und spezialisierte sich anschließend in Psychotherapie. In den USA erlangte sie den Master of Public Health, in München absolvierte sie eine Zusatzausbildung in Kommunikationstraining und in Erwachsenenbildung.

Bibliografische Information der Deutschen Nationalbibliothek

Die Deutsche Nationalbibliothek verzeichnet diese Publikation in der Deutschen Nationalbibliografie; detaillierte bibliografische Daten sind im Internet über <http://dnb.d-nb.de> abrufbar.

© 2008 Oldenbourg Wissenschaftsverlag GmbH
Rosenheimer Straße 145, D-81671 München
Telefon: (089) 4 50 51-0
oldenbourg.de

Lektorat: Dr. Margit Roth
Herstellung: Anna Grosser
Coverentwurf: Kochan & Partner, München
Grafiken und Titelbild: Klaus Brunner, Freiburg
Gedruckt auf säure- und chlorfreiem Papier
Druck: Grafik + Druck, München
Bindung: Thomas Buchbinderei GmbH, Augsburg

ISBN 978-3-486-58562-9

Vorwort

Kreativität ist eine der wichtigsten Schlüsselkompetenzen. Albert Einstein hat die Bedeutung von Schlüsselkompetenzen indirekt in folgende Worte gefasst:

„Das Ziel [der Erziehung] muss [...] die Heranbildung selbständig handelnder und denkender Individuen sein, die aber im Dienste an der Gemeinschaft ihre höchste Lebensaufgabe sehen. [...] Die Schule soll stets danach trachten, dass der junge Mensch sie als harmonische Persönlichkeit verlasse, nicht als Spezialist." (Rede in Albany, New York 1936)

Viele Erfordernisse des Lebens, die auf uns zukommen werden, sind heute noch unbekannt. Lehrer und Dozenten können sie vielleicht ahnen oder meinen, sie vorherzusehen, nicht aber wirklich kennen. Eine der wichtigsten Schlüsselkompetenzen ist daher die Fähigkeit zu lebenslangem Lernen. Der vorliegende Band will Bausteine für diese Schlüsselkompetenz liefern (s.a. Brunner 2007a, 2007b).

Was sind Schlüsselkompetenzen? Kompetenzen umfassen Wissen, Fähigkeiten und Haltungen bzw. Einstellungen. Schlüsselkompetenzen sind überfachliche Kompetenzen, die sich in folgende Dimensionen einteilen lassen:

- Persönliche Kompetenz: diese vielleicht wichtigste Dimension umfasst Aspekte wie ethische Einstellungen und Werte, Lernbereitschaft und Selbstreflexion als Fähigkeit, über sich selbst nachzudenken.

- Soziale Kompetenz: dazu gehören Kommunikations- und Kooperationsfähigkeit, Einfühlungsvermögen und Verständnisbereitschaft.

- Methodische Kompetenz: sie umfasst Fähigkeiten wie Präsentation, Moderation, Feedback oder kreative Methoden.

- Aktionale Kompetenz: z.B. Initiative, Tatkraft, Durchhaltevermögen.

Diese tradierte Vierteilung (Heyse, Erpenbeck 2004) ist noch um eine fünfte Dimension zu ergänzen:

- Reflexive Kompetenz: die Fähigkeit, äußere Geschehnisse und Situationen aus der Distanz zu beleuchten und zu reflektieren.

Als Bild für diese fünf Dimensionen kann man sich einen Schlüsselbund mit fünf Schlüsseln vorstellen (s. Abb. 1).

Schlüsselkompetenzen

reflektiv   Wissen   aktional
             Fähigkeiten
             Haltungen

methodisch

persönlich

sozial

Abb. 1: Kompetenzen umfassen Wissen, Fähigkeiten und Haltungen bzw. Einstellungen. Schlüsselkompetenzen sind überfachliche Kompetenzen und lassen sich in fünf Dimensionen unterteilen.

Das Thema des vorliegenden Buches ist vor allem der methodischen Kompetenz zugeordnet, wobei die Grenzen fließend sind.

Die in Teil 2 vorgestellten Methoden sind weniger zum systematischen Lesen von A bis Z gedacht, sondern mehr zum Nachschlagen und selektiven Ausprobieren.

Mein besonderer Dank geht an die Ansprechpartner im Oldenbourg Verlag für die Offenheit für das Thema, an die Hochschule München für die zeitliche Entlastung für dieses Projekt, an KB für die Grafischen Beiträge sowie an MW und VW für die kritische Durchsicht des Manuskripts.

Aus Gründen der Lesbarkeit wurde darauf verzichtet, explizit weibliche Formen zu verwenden. Mit männlichen Formen sind gleichermaßen männliche und weibliche Personen gemeint.

Inhaltsverzeichnis

Einleitung

Kreativität – wer möchte nicht über diese Fähigkeit verfügen? Kreativität ist eine Schlüsselkompetenz, die in fast allen Lebensbereichen gefragt ist: in Wissenschaft und Technik, im künstlerischen Schaffen, in der stillen Reflexion – auch im privaten Leben.

Kreative Kompetenz zählt zu den wichtigsten Schlüsselkompetenzen überhaupt. Nach Hartmut von Hentig ist Kreativität ein „Heilswort" unserer Zeit. Sie zu fördern wird als zentrale Aufgabe angesehen, sei es im Kontext der Persönlichkeitsentwicklung, des Managementtrainings oder der Didaktik.

Kein Wunder also: Kreativitätsmethoden sind en vogue. Sie zielen im Wesentlichen in zwei Richtungen: Entweder darauf, problemorientiert Lösungen für bereits Vorhandenes zu finden. Oder darauf, in „unbekanntes Land" vorzudringen, also den Möglichkeitsraum als solchen phantasievoll zu erweitern, und damit den Horizont des Denkens.

Während die erste lösungsorientierte Richtung in den Bereich anwendungsorientierter Wissenschaft und Technik zielt, weist die zweite zweckfreie Richtung in den Bereich wissenschaftlicher Grundlagenforschung und Kunst.

Dabei ist auch diese Zweiteilung willkürlich: anwendungsorientiertes Denken (z.B. Technik) und zweckfreies Denken (z.B. Kunst) gehen bisweilen nahtlos ineinander über. Oft ist überraschend Neues entstanden, obwohl man lediglich unscheinbare Probleme lösen oder bereits Vorhandenes optimieren wollte. Denken wir nur an das von der Funktion mitbestimmte Design im Fahrzeugbau, in der Architektur und bei vielen Gebrauchsgegenständen des täglichen Lebens.

Das vorliegende Buch wendet sich an Lehrende und Lernende beider Richtungen, wobei der Schwerpunkt der gegenwärtigen Literatur v.a. den anwendungsorientierten Bereich betrifft.

In diesem weiten Feld kann ein Lehr- und Lernbuch nur eine Auswahl an Methoden bieten, ohne Anspruch auf Vollständigkeit. Ziel dieses Buches ist, häufig verwendete bzw. idealtypische Methoden vorzustellen. Kriterien bei der Auswahl waren zudem eine möglichst einfache Handhabbarkeit und Durchführbarkeit.

Ein besonderes Merkmal dieses Buches ist es, dass Zugang zu den Originalquellen gesucht wurde. Dabei kommen nicht nur kreative Persönlichkeiten zu Wort, sondern nach Möglichkeit auch die Begründer der ausgewählten Methoden. Diese z.T. aus der ersten Hälfte des 20. Jahrhunderts stammenden Originalstimmen sind als ein bewusst geschaffener Pool von Primärquellen zu verstehen, und nicht als „Antiquiertheit" misszuverstehen. Im Gegenteil: Es wäre leichter gewesen, die Quellensuche auf die jüngste deutschsprachige Sekundärliteratur zu beschränken. Dies hätte jedoch die Gefahr mit sich gebracht, wichtige Gedanken der Urheber zu vernachlässigen und deren ursprüngliche Intention bei der Methodenentwicklung zu verzerren.

Die zitierte neuere Literatur beschränkt sich i.d.R. auf Ergänzungen oder Weiterentwicklungen der jeweiligen Methoden bzw. auf einen Überblick darüber.

Der Aufbau des Buches ist wie folgt:

Teil 1 gibt als Allgemeiner Teil eine Einführung in den Kontext der Kreativitätsmethoden. Dabei kommen auch kreative Persönlichkeiten im Original zu Wort. Dieser grundlegende Teil steht für sich und kann von eiligen Lesern auch übersprungen werden.

Im Allgemeinen Teil finden Sie eine Einführung in folgende Themen: Definitionen von Kreativität, Laterales Denken, Phantasie als Schlüssel, Kreativität und Flow, die kreative Persönlichkeit, Phasen des kreativen Prozesses, das Systemmodell, das Konzept der Kreativen Intelligenz sowie biologische Aspekte aus der Gehirn- und Verhaltensforschung.

Teil 2 bildet als Spezieller Teil den Schwerpunkt des Buches. Er beginnt mit einer „Gebrauchsanweisung" und einer Übersicht über geeignete Anwendungsfelder der Methoden. Diese sind anschließend alphabetisch von A-Z geordnet und so dargestellt, dass sie sich wie ein „Rezept" lesen lassen und auch jeweils für sich stehen. Dabei wird die Methode nach Möglichkeit in ihrer ursprünglichen Form, also im Original vorgestellt. Häufig verwendete bzw. mögliche Varianten werden zusätzlich berücksichtigt und als solche gekennzeichnet.

Teil 3 gibt einen Ausblick in die Praxis.

Kreativität ist mehr als eine Technik und mehr als eine Methode: Letztlich geht es um eine Lebenseinstellung. Dem Leser sei viel Freude beim Lesen und Lust auf Kreativität gewünscht!

1 Allgemeiner Teil: Ein paar Grundlagen und etwas Theorie

1.1 Kreativität – was ist das?

Kreativität ist vielleicht die grundlegendste aller menschlichen Fähigkeiten. Die UNESCO spricht von einer „universalen Funktion". Möglicherweise macht es das so schwer, sie in Begriffe zu fassen. Das „begriffliche Erfassen" bedeutet ja immer auch eingrenzen. Und Eingrenzen birgt besonders bei Kreativität die Gefahr, zu kurz zu greifen.

"It is recognised nowadays that creativity is a 'universal function' latent in each human being, then it is for education to set this function into motion." UNESCO

Ein Blick in Lexika zeigt: das Spektrum an Definitionen ist sehr vielfältig. Eine häufige Bilanz dieser Bemühungen lautet: eine einheitliche, klare Definition gibt es nicht. Im Folgenden werden einige ausgewählte Definitionen ohne Anspruch auf Vollständigkeit vorgestellt.

"**Creativity:** the ability to make or otherwise bring into existence soemthing new, whether a new solution to a problem, a new method or device, or a new artistic object or form." The New Encyclopaedia Britannica. 2007

Zumeist wird die Herkunft des Begriffs „Kreativität" aus dem Lateinischen wie folgt abgeleitet (Stowasser 1994):

- *Creare* bedeutet hervorbringen, schaffen, erschaffen; etwas neu schöpfen, etwas erfinden, etwas erzeugen, herstellen. Nebenbei wird auch „auswählen" genannt.

Vereinzelt werden auch noch zwei andere lateinische Sprachwurzeln aufgeführt:

- *Vis* bedeutet Kraft, Stärke, Einfluss; und
- *Crescere* bedeutet wachsen, werden, entstehen.

„**Kreativität**, schöpferisches Vermögen, das sich im menschl. Handeln oder Denken realisiert und einerseits durch Neuartigkeit oder Originalität gekennzeichnet ist, andererseits aber auch einen sinnvollen und erkennbaren Bezug zur Lösung technischer, menschlicher oder sozialpolitischer Probleme aufweist. Der Begriff K. wird angewendet auf wissenschaftliche Entdeckungen, technische Erfindungen, künstlerische Produktionen, unter der Bezeichnung „soziale K." auch auf Problemlösungsansätze im zwischenmenschlichen und gesellschaftlichen Bereich." Brockhaus Enzyklopädie 2006

Diese Bedeutungsfelder beziehen sich also nicht nur auf ein aktives Tun (creare), sondern auch auf eine innere Kraft (vis) und auf ein passives Geschehenlassen bzw. Warten können (crescere).

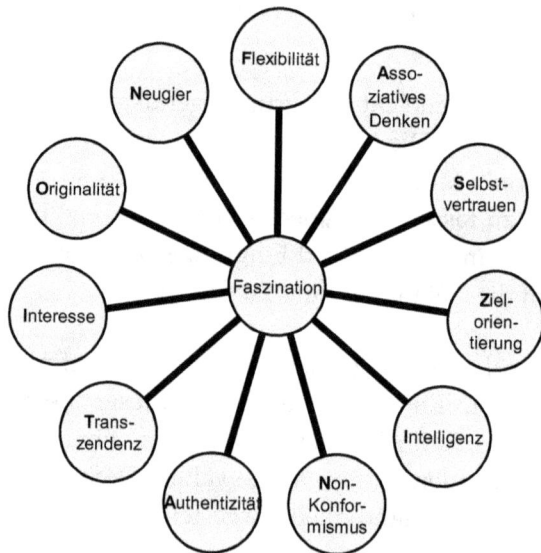

Abb. 2: Kreativität als Zusammenspiel von Begabung, Motivation, Persönlichkeit und Rahmenbedingungen, dargestellt durch das Akronym „Faszination" (nach Holm-Hadulla 2007, S. 45f)

1.2   Kreativität: Grundhaltung oder Mittel zum Zweck?

Beide Aspekte, also aktives Tun und passives Warten können, lassen sich im Bild des Gärtners bzw. Bauern vereinen.
Er sät, kann jedoch das Wachsen nicht „machen". Er kann
lediglich für bestimmte Rahmenbedingungen sorgen, die
das Gedeihen fördern.

Dieses Bild greift Carl Rogers (1902-1987) auf, um Kreativität
zu definieren. Für den US-amerikanischen Psychologen und
Begründer der Gesprächstherapie ist klar, dass Kreativität
nicht erzwungen, gemacht oder manipuliert werden kann.
Wie bei Pflanzensamen ist sie im Menschen bereits angelegt.
Dieses innere Potenzial entfaltet sich wie von selbst, wenn es
die Umstände zulassen.

Welche Rahmenbedingungen sind es, die dieses Gedeihen
fördern? Rogers gibt eine Antwort: es sind vor allem psychi-
sche Sicherheit und Freiheit. Sie ermöglichen die „Emergenz" von konstruktiver Kreativität.

Damit werden nicht nur äußere Rahmenbedingungen angesprochen, sondern vor allem innere, also Einstellungen,
Haltungen und Fähigkeiten. Rogers nennt im weiteren drei
„inner conditions" (1954, S. 75-76):

"From the very nature of the inner conditions of creativity it is clear that they cannot be forced, but must be ommitted to emerge. The farmer cannot make the germ develop and sprout from the seed; he can only supply the nurturing conditions which will permit the seed to develop its own potentialities. So is it with creativity." Carl Rogers 1954, S. 78

- Die *Offenheit* für Erfahrung („Openness to experience: extensionality")

- Eine innere Instanz für *Bewertungen* („an internal locus of evaluation") und

- die Fähigkeit, mit Elementen und Konzepten zu *spielen* ("the ability to toy with elements and concepts").

"What ist creativity? The best general answer I can give is that creativity is the ability to *see* (or to *be aware*) and to *respond*. [...] Let us first consider its two possible meanings: creativity in the sense of creating something new, something which can be seen or heard by others [...]. Or creativity as an *attitude*, which is the condition of any creation in the former sense but which can exist even though nothing new is created in the world of things. [...] I shall deal [...] with the second – the *creative attitude*, [...] with creativity as a *character trait*." Erich Fromm 1959, S. 44

Einen ähnlichen Ansatz vertritt Erich Fromm (1900-1980). Für den aus Deutschland emigrierten Philosophen und Psychoanalytiker gibt es zwei Formen der Kreativität:

- Die erste Form ist auf neue Produkte ausgerichtet. Die Ergebnisse kann man sehen oder hören, wie z.B. ein Gemälde, eine Sinfonie oder ein Gedicht.

- Die zweite Form ist eine Haltung („creative attitude"). Sie existiert auch dann, wenn nichts Neues geschaffen wird. Dieser Charakterzug („character trait") ist also unabhängig von der Welt der Dinge, eine Art Daseins-Form.

Fromms Interesse gilt der zweiten Form: Kreativität als Grundhaltung. Da der Mensch mit Vernunft und Vorstellungsvermögen ausgestattet ist, ist er darauf angelegt, eine schöpferische Rolle einzunehmen, um seine kreatürliche Existenz zu erfüllen und zu transzendieren.

In eine ähnliche Richtung denkt Abraham Maslow (1908-1970). Nach dem US-amerikanischen Psychologen und Mitbegründer der Humanistischen Psychologie dient Kreativität in erster Linie der Selbstverwirklichung bzw. „Selbstaktualisierung" („self-actualizating creativeness"). Ihm geht es mehr um die ganze Person als um einzelne Leistungen, Produkte oder Ergebnisse. Diese sind „Epiphänomene", quasi austauschbare Nebenprodukte einer insgesamt kreativen Persönlichkeit. Entscheidend ist die Art und Weise zu Sein,

Da-zu-Sein („Being"). Was für die Selbstaktualisierung zählt, sind Persönlichkeitsmerkmale wie Kühnheit, Mut, Spontanität, Integration und Selbstakzeptanz. So entsteht ein allgemeines Kreativitätspotenzial, das von Innen her wie die Sonne scheint, und wie die Sonnenstrahlen sowohl auf fruchtbaren Boden fällt als auch auf unfruchtbaren Felsen.

Diese Definitionen sind dadurch gekennzeichnet, dass sie den Menschen in den Mittelpunkt stellen. Kreativität ist demnach ein menschliches Wesensmerkmal und eine Grundhaltung, die zunächst zweckfrei existiert.

Am anderen Ende des Spektrums steht der utilitaristische, also nutzenorientierte Ansatz: Kreativität als Mittel zum Zweck. Dieser Zweck bedeutet vor allem: gesellschaftlich Nützliches schaffen, sichtbare Ergebnisse herstellen, neue Produkte erzeugen. Auch wenn dieser produktorientierte Ansatz für humanistisch orientierte Vertreter wie Erich Fromm zweitrangig ist, so orientieren sich die meisten gängigen Definitionen der heutigen Zeit daran. Dabei kommt dem Kriterium „Neuheit" eine besondere Bedeutung zu.

> „Übereinstimmend wird festgestellt, das kreative Produkt müsse ‚neu' sein, aber diesem notwendigen Kriterium ‚neu' muss ein hinreichendes Kriterium hinzugefügt werden: Das kreative Produkt muss auch *nützlich, befriedigend, wertvoll* bzw. *angemessen* sein." Ulmann 1973, S. 14

"Self-actualizating creativeness stresses first the personality rather than its achievements, considering these achievements to be epiphenomena emitted by the personality and therefore secondary to it. It stresses characterological qualities like boldness, courage, freedom, spontaneity, perspicuity, integration, self-acceptance, which make possible the kind of generalized creativeness. [...] I have also stressed the expressive or Being quality of self-actualizing creativeness rather than its problem-solving or product-making quality. [...] It is emitted like sunshine; it spreads all over the place; it makes some things grow (which are growable) and is wasted on rocks and other ungrowable things." Abraham Maslow 1959, S. 94

Tab. 1: Sechs unterschiedliche Assoziationsfelder kreativen Handelns (Bröckling 2007, S. 157f, erweitert nach Hans Joas 1996)

„Als Leitmetapher des zeitgenössischen Kreativitätsdiskurses fungiert zweifellos das problemlösende Denken, das die übrigen zwar nicht verdrängt, aber in den Dienst stellt. Das Problem, das es zu lösen gilt, ist freilich immer das gleiche: Erfolgreich und innovativ zu sein, sich im Wettbewerb zu behaupten, Kunden zu finden für sich und die eigenen Produkte." Bröckling 2007, S. 159

1.	Künstlerisches Handeln	Expressivität, künstlerisches Genius. Wurzeln aus der Renaissancephilosophie, der deutschen Romantik und der philosophischen Anthropologie
2.	Produktion	Arbeit, Arbeitsprodukte, Modell des Handwerkers. Wurzeln aus Aristoteles Unterscheidung von Praxis und Poiesis; Arbeitsontologie von Marx; aktuelle Variante: Konzept der „immateriellen Arbeit"
3.	Problemlösendes Handeln	Invention, Innovation, Antwort auf Herausforderungen. Wurzeln aus dem amerikanischen Pragmatismus sowie der kognitiven Entwicklungstheorie von Jean Piaget
4.	Revolution	Befreiendes Handeln, radikale Neuerfindung des Sozialen, Grenzüberschreitung, „schöpferische Zerstörung", Regelverletzung, Nonkonformisten, Dissidenten; Avantgarde
5.	Leben	Zeugung, Geburt, biologische Evolution. Emergenz. Lebensenergien, Triebseite, „Wunschmaschinen", Umweltanpassung (Nietzsche, Freud, Darwin)
6.	Spiel	Zweckfreies Handeln, unproduktives Handeln, Homo ludens. Wurzeln bei Platons Ideal: „lebenslang nichts zu tun, als immer nur die schönsten Spiele zu feiern". Ebenso bei Schiller: „Der Mensch spielt nur, wo er in voller Bedeutung des Worts Mensch ist, und er ist nur da ganz Mensch, wo er spielt".

1.3 Kreativität wird von der Forschung entdeckt

Die Frage, wozu Kreativität gut sein soll, stellte sich in den USA besonders während zwei historischen Krisensituationen: dem Zweiten Weltkrieg und dem anschließenden Kalten Krieg.

Vor dem Zweiten Weltkrieg stand die Intelligenz im Zentrum der Forschung. Besonders das Militär war daran interessiert, diese zu messen, um intelligentes Personal zu rekrutieren. So war der Erste Weltkrieg Anlass, IQ-Tests systematisch zu entwickeln und als Auswahlverfahren einzusetzen.

Getestet wurde dabei vor allem geradliniges, „konvergentes Denken", und das mittels zielgerichteter Fragen, meist in Multiple-Choice Form.

Der zweite Weltkrieg war Anlass für die Frage, wie man *Kreativität* messen könne. So sollten die Piloten der Luftwaffe in Notsituationen (z.B. bei technischen Pannen) einfallsreich und kreativ reagieren können. Hier war also mehr gefragt als rein logisches Vorgehen.

„Von Kriegen ist bekannt, dass sie die Richtung der Wissenschaft und indirekt auch die der Kunst beeinflussen. [...] Der Siegeszug von mentalen Tests, einschließlich der gesamten Konzeption des IQ Tests, ist zu einem Gutteil darauf zurückzuführen, dass die US-Armee Verfahren brauchte, um Rekruten für den Ersten Weltkrieg auszuwählen. Später wurde dann die gesamte Testmethodik auf den Bildungssektor übertragen, wo sie mittlerweile eine Bedeutung erlangt hat, die viele Pädagogen als beängstigend empfinden."
Csikszentmihalyi 2001, S. 139

"A number of forces were undoubtedly at work. The second World War had called great efforts toward innovation in research and development, culminating in the atomic bomb. The coming of peace that was no peace left us in the cold war, which called for ever-accelerating efforts in a contest of intellects. Inventive brains were at a premium, and there were never enough. We were on the eve of the space age, and rockets were already taking trial flights, stirring our imagination of things to come." Guilford 1967, S. 6

Eine zentrale Figur bei diesen Forschungen war der Psychologe und Forschungsdirektor an der „Santa Ana Army Air Base", *Joy Paul Guilford (1897-1987)*.

„Kreativitätstests verdanken ihre Existenz dem Zweiten Weltkrieg [...] Die Air Force brauchte eine Auswahlmethode für Piloten, die in Notsituationen – bei unerwarteten Maschinen- oder Instrumentenfehlern – so kreativ reagierten, dass sie sich und das Flugzeug retten konnten. Die normalen IQ Tests waren nicht darauf angelegt, die Einfallskraft zu messen. Guilford erhielt die erforderliche finanzielle Unterstützung und entwickelte die Methoden, die später als Tests für divergierendes Denken bekannt wurden." Csikszentmihalyi 2001, S. 139

Nach dem Krieg sah sich die USA mit einer bedrohlichen Gegenmacht, der Sowjetunion konfrontiert. Es begann ein Wettlauf nicht nur im militärischen Bereich, sondern auch auf technischer und kultureller Ebene. Der Schock kam im Oktober 1957, als der erste Satellit die Erde umkreiste. Das Problem: es war kein amerikanischer Satellit, sondern ein sowjetischer. Mit dieser Innovation hatte die Sowjetunion zumindest vordergründig ihre technologische Überlegenheit bewiesen, eine tiefe Kränkung für die USA und Westeuropa. Wo lag die Ursache für dieses technische „Nachhinken" des Westens und wo die mögliche Abhilfe? Die Antwort war: in der Bildung, im zugehörigen Bildungssystem und insbesondere in der Förderung von Kreativität. Das Thema wurde zur Chefsache erklärt und der damalige amerikanische Präsident Eisenhower lancierte eine milliardenschwere Bildungsoffensive (Federal-aid-to-Education). Innovation war gefragt.

In dieser Nachkriegszeit wurde deutlich, dass das Thema Kreativität noch ein recht weißer Fleck auf der wissenschaftlichen Landkarte war. Es zeigte sich, dass die Humanwissenschaft durch das bisherige Primat der Intelligenzforschung etwas Wichtiges ausgeklammert hatte.

Es wurde auch deutlich, dass Intelligenztests Vieles zu messen schienen, nur nicht Kreativität. Und mehr noch: Intelligenz und Kreativität waren nicht besonders hoch korreliert, also offenbar mehr oder weniger voneinander unabhängig. Dies hatte u.a. eine größere Langzeitstudie (Terman-Studie) gezeigt, die Anfang des 20. Jahrhunderts begann. Die untersuchten Kinder („Termiten") waren zwar außergewöhnlich intelligent, erwiesen sich jedoch nicht als außergewöhnlich kreativ. Und umgekehrt: die Studie soll zwei Kinder aufgrund unzureichender Intelligenz von der Teilnahme ausgeschlossen haben, die später als Wissenschaftler den Nobelpreis erhielten.

Es war der damalige Präsident der American Psychological Association, der bereits erwähnte militärische Forschungsdirektor J. P. Guilford, der darauf hinwies. In einem viel beachteten Vortrag im Jahr 1950 beklagte er, dass die Forschung das Thema Kreativität sträflich vernachlässigt habe. Für diese „Geringschätzung" gäbe es mehrere Gründe, vor allem:

- die Schwierigkeit, ein solch komplexes Phänomen wie Kreativität mit den üblichen Mitteln (z.B. Multiple-Choice Fragen) zu messen

- die einseitige Fokussierung der Lernforschung auf das Verhalten von „niederen Tieren, bei denen sich kaum Anzeichen von Kreativität finden."

„Lewis Termans Erhebung unter 1500 kalifornischen Kindern mit hohem Intelligenzquotienten zu Anfang dieses [des 20.] Jahrhunderts konzentrierte sich auf normal kluge Individuen – solche, die leicht ein oder zwei Klassen überspringen können und von denen man erwarten kann, dass sie in kürzester Zeit das College absolvieren. [...] Die »Termiten« beeindrucken wahrscheinlich am wenigsten in kreativer Hinsicht. Während eine Reihe von ihnen herausgehobene Positionen innehielten und akademischen Ehrengesellschaften angehörten, gibt es, wenn überhaupt, nur wenige hochkreative Künstler und Schriftsteller und keinen Wissenschaftler von Nobelpreisformat unter ihnen." Gardner 1999, S. 55

„Die Vernachlässigung dieses Themas [...] ist erschreckend." Guilford 1950, S. 27

- die Einengung auf solche Phänomene, die am leichtesten messbar und „die am leichtesten in ein logisches Schema einzuordnen sind." Ebd. S. 28

Selbstkritisch gab Guilford zu, dass das seinerzeit vorherrschende psychometrische und behavioristische Paradigma einen blinden Fleck erzeugt und die Wissenschaft eine zentrale menschliche Dimension ausgeblendet habe: die Kreativität.

Dieser Appell aus dem Jahr 1950 wird rückblickend als Startsignal für die Kreativitätsforschung angesehen.

„Als Begriff ist Kreativität ein US-Import aus der Zeit nach dem Zweiten Weltkrieg; die deutsche Sprache kannte bis dahin nur die Einbildungs- oder Schöpferkraft, das produktive Denken und den Genius. Was in den 50er-Jahren aus den psychologischen Labors der US-Luftwaffe und privatwirtschaftlichen Forschungsinstituten nach Europa hinüberschwappte, hatte indes mit der Geniereligion alteuropäischer Provenienz nur wenig gemein." Bröckling 2007, S. 159f

Man begann, die Einseitigkeit und begrenzte Aussagekraft traditioneller Intelligenztests zu überwinden und stattdessen eine „terra incognita", ein noch unerforschtes Gebiet wissenschaftlich zu erobern. Auf diesem Gebiet gab es faszinierende Forschungsgegenstände wie Innovation, Problemlösung, wissenschaftliches Talent oder High Potentials.

„Ihre Pioniere suchten nach effizienten Verfahren der Begabtenförderung und der Personalentwicklung, nach Methoden zur Vermehrung technischer Erfindungen und Produktverbesserungen, schließlich nach neuen Marketingkonzepten." Ebd. S. 160

Dennoch war der wissenschaftliche Anspruch in erster Linie demokratisch: Zielgruppe war nicht so sehr eine kleine Elite, sondern vielmehr die Bevölkerung. Grundsätzlich konnte, durfte und sollte jeder Bürger „kreativ sein".

Insgesamt haben sich in der amerikanischen Kreativitätsforschung vier Ansätze herausgebildet (vier „p", Preiser 1976, S. 24f):

• Person

• Produkt

• Prozess

• Umweltbedingungen („press")

Allerdings stellte es für die Wissenschaft eine große Herausforderung dar, ein so komplexes Phänomen wie Kreativität zu durchdringen.

„So hat denn die Kreativitätsforschung unter großem Kreißen eine Maus geboren",

so das nüchterne Resumée von Hartmut von Hentig (2000, S. 23).

Die nähere Darstellung dieses faszinierenden Forschungsfeldes würde den Rahmen dieses Buches sprengen, zumal es sich um einen laufenden, offenen Prozess handelt. Im Folgenden beschränkt sich die Darstellung daher auf eine Auswahl von besonders prominenten Denkrichtungen. Damit sollen wichtige Begriffe eingeführt und definiert werden.

„Wer sagt, Kreativität sei eine Chance, muss a) wissen, was Kreativität ist, und b) eine Vorstellung haben, wie man sie erlangt oder bei anderen fördert. Beides ist in den Wissenschaften nur ganz unzureichend der Fall. Ihre Grundannahmen sind schlicht, ihre Instrumente ganz und gar von diesen bestimmt, ihre Ergebnisse trivial." von Hentig 2000, S. 27

1.4   Divergierendes Denken

"Briefly the abilities believed to be most relevant for creative thinking are in two categories. One category is "divergent-production" (DP) abilities. DP abilities pertain to generation of ideas, as in solving a problem, where variety is important. Some DP abilities have been characterized as kinds of fluency, some as kinds of flexibility, and others of elaboration abilities. The varieties of abilities within the DP category depend upon the kind of information with which the person is dealing. The other potential source of creative talents is in the category of "transformation" abilities, which pertain to revising what one experiences or knows, thereby producing new forms and patterns."
Guilford 1967, S. 8

Die Gruppe um Guilford hat in einer Vorreiterrolle versucht, Kreativität faktorenanalytisch messbar und greifbar zu machen. Aus der militärischen Perspektive kommend, ist es kein Wunder, dass ihr Verständnis von Kreativität stark zweckgebunden, d.h. utilitaristisch geprägt ist.

„Kreativität ist hier weitgehend gleichbedeutend mit problemorientiertem Handeln." Bröckling 2007, S. 162

Wesentliches Merkmal von Kreativität ist für Guilford das „Divergierende Denken" (oder „divergentes Denken", „divergent production"). Als Gegenpol zum „Konvergierenden Denken" (oder „konvergenten Denken") umfasst es die Fähigkeit, neue Ideen zu generieren, Probleme zu lösen und eine ideenbezogene Variantenvielfalt zu erzeugen. Wichtige „divergierende Operationen" („productive factors") sind (Guilford 1956, S. 277f; 1967, S. 169):

- *Flüssigkeit* („fluency", z.B. verbal, assoziativ, ideenbezogen)

- *Flexibilität* (z.B. adaptiv bei Veränderungen, spontan)

- *Originalität* (z.B. Geschichten oder Cartoons betiteln)

- *Elaboration* (z.B. eine unfertige Skizze ausarbeiten bzw. vervollständigen)

Als zweites zentrales Merkmal der Kreativität nennt Guilford die Fähigkeit zur „Transformation": aus Altem etwas Neues machen, aus Unbrauchbarem etwas Brauchbares, Vorhandenes reinterpretieren und reorganisieren. Hierzu braucht es vor allem Flexibilität.

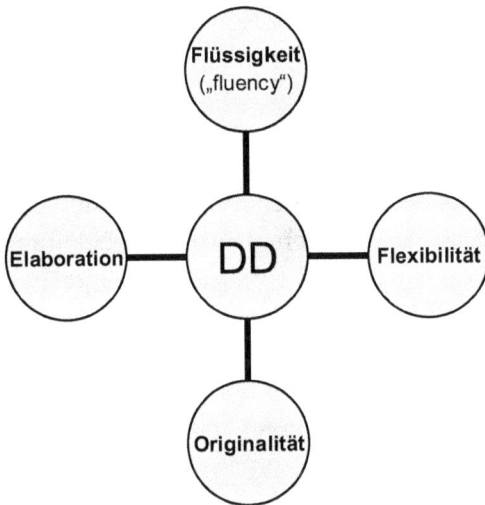

Abb. 3: Divergierendes Denken (DD) und dessen Merkmale („productive factors", nach Guilford 1956)

1.5   Laterales Denken

Ähnlich wie „Divergentes Denken" wird der Begriff „Laterales Denken" im Zusammenhang mit Kreativität häufig verwendet. Geprägt hat ihn einer der weltweit führenden Kreativitätsexperten: Der Mediziner Edward De Bono (geb. 1931 auf Malta).

Wie er auf den Begriff kam, beschreibt De Bono selbst: Als Mediziner habe er sich mit physiologischen Aspekten des Herz-Kreislaufsystems beschäftigt, also mit „lebenswichtigen Systemen" in unserem Körper. Dabei interessierte er sich vor allem für die kreative, bildhafte Informationsverarbeitung sowie für den Körper als Beispiel für ein selbstorganisierendes System. Diese Forschungskombination führte ihn zu einer „anderen Art zu denken". Was er damit meinte, erklärte er einem Journalisten in einem Interview:

> „[...] die Notwendigkeit, ‚lateral' zu denken, also abseits der eingeschliffenen Denkschienen nach neuen Lösungsansätzen und Alternativen zu suchen." De Bono 1996, S. 51

Der Begriff „Laterales Denken" war geboren; „das war 1967". Nicht ohne Stolz erwähnt De Bono, dass der Begriff inzwischen im Oxford English Dictionary aufgenommen wurde.

Was veranlasste De Bono, einen eigenen Begriff für kreatives Denken zu finden? Offenbar war ihm der Begriff „Kreativität" zu ungenau:

„[...] die Definition des Begriffs „Kreativität" [ist] sehr breitgefächert und verworren. Sie umfaßt Elemente wie ‚neu', ‚schaffen', und sogar ‚Wert' oder ‚Nutzen'. In diese großflächige Beschreibung können mehrere, völlig unterschiedliche Prozesse einbezogen sein. Der Begriff ‚laterales Denken' ist im Gegensatz dazu sehr klar und präzise. Laterales Denken bezieht sich in erster Linie auf die Veränderung von Konzepten und Wahrnehmungen. Es basiert auf dem Verhalten selbstorganisierender Informationssysteme." Ebd. S. 53

> „Laterales Denken ist also mehr als ein anderer Begriff für „divergentes" (oder produktives, schöpferisches) Denken. Divergentes Denken ist nur ein Element lateraler Denkprozesse. Divergentes Denken ist darauf bedacht, eine Fülle von Möglichkeiten zu durchleuchten; in dieser Hinsicht ähnelt es dem ‚Querdenken', aber es ist nur ein Aspekt des lateralen Denkens." Ebd. S. 53

Was unterscheidet Guilfords „divergierendes" (synonym „divergentes") Denken vom „Lateralen Denken"? Letzteres ist für De Bono ein übergeordneter Begriff, der divergentes Denken zwar umfasst, jedoch damit nicht identisch ist. So kann Laterales Denken durchaus auch ‚konvergentes' (oder reproduktives) Denken einschließen.

Was genau meint De Bono nun mit dem Begriff „Laterales Denken"? Es geht ihm vor allem um die menschliche Wahrnehmung. Er vergleicht es mit einem Gebäude, um das man herumgeht und von verschiedenen Seiten aus betrachtet.

> „Unter dem Eintrag im Concise Oxford Dictionary ist zu lesen: ‚Das Bemühen, Probleme mit Hilfe unorthodoxer oder scheinbar unlogischer Methoden zu lösen.' Der Schlüssel ist das Wörtchen ‚scheinbar'. Die Methoden mögen auf den ersten Blick bar jeder Logik erscheinen, aber sie stützen sich auf die Logik von Systemen, die mit Codes arbeiten und eine mentale Provokation brauchen." Ebd. S. 51

„In diesem Prozeß bemühen wir uns, ein Problem aus verschiedenen Warten zu betrachten. Alle Standpunkte gelten als richtig und können friedlich nebeneinander existieren. Die einzelnen Perspektiven werden nicht vernetzt, sondern unabhängig voneinander entwickelt. In dieser Hinsicht gehen laterales Denken und Erforschen Hand in Hand, ebenso wie Wahrnehmen und Erforschen. Sie gehen um ein Gebäude herum und fotografieren es aus verschiedenen Blickwinkeln, die alle gleichermaßen Gültigkeit haben." Ebd. S. 52

„"Solange man ein bestehendes Loch tiefer gräbt, kann man kein zweites Loch an einer anderen Stelle graben. [...] Beim ‚vertikalen Denken' nimmt man eine bestimmte Position ein und versucht dann, auf dieser Grundlage aufzubauen. Der nächste Schritt hängt vom jeweiligen Standort ab: er muss an diesen Punkt anknüpfen und sich logisch daraus ableiten lassen. Das bedeutet, dass man das vorhandene Gerüst schrittweise weiterentwickelt oder dasselbe Loch tiefer bohrt." Ebd. S. 51

Ein weiteres Bild, das De Bono benutzt, ist ein Loch, das man in die Erde graben will.

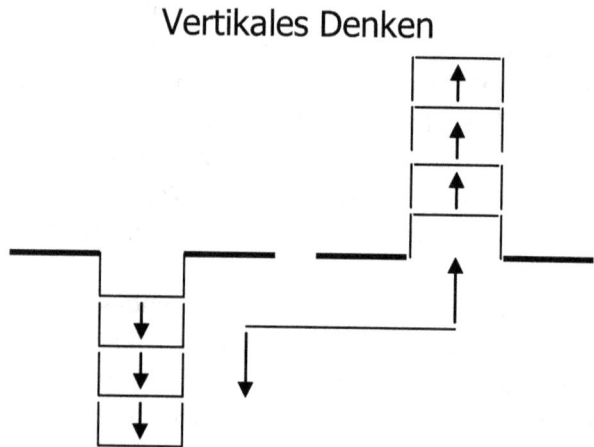

Abb. 4: Vertikales Denken als Gegenpol zum Lateralen Denken, (nach De Bono 1996, S. 51)

Wenn man auf einem Standpunkt stehen bleibt, bleibt einem nur die vertikale Bewegung, sei es nach oben oder nach unten.

Freilich: es gibt auch eine Arbeit, die im positiven Sinne „in die Tiefe" und einer „Sache auf den Grund" gehen will. Dies ist hier jedoch nicht gemeint. Vertikales Denken beschreibt eher ein „Auf der Stelle treten", also das Gegenteil vom lateralen Denken.

„Beim lateralen Denken bewegen wir uns ‚seitwärts', um die unterschiedlichsten Wahrnehmungen, Konzepte und Startpositionen auszuloten. Um aus den eingefahrenen Bahnen auszubrechen, können wir verschiedene Methoden benutzen, einschließlich der mentalen Provokation." Ebd. S. 51

Als weiteres Bild wählt De Bono eine Hauptstraße, die man „querfeldein" verlässt, um eine Nebenstraße zu erreichen.

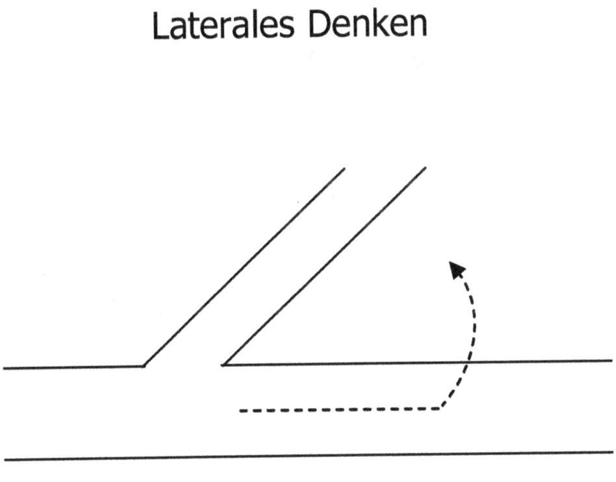

Laterales Denken

„Statt der vorgezeichneten, geradlinigen Bahn zu folgen, bemühen wir uns, die Handlungsmuster querfeldein zu durchbrechen."
De Bono 1996, S. 52

Abb. 5: Laterales Denken verlässt eingefahrene Denkspuren (nach De Bono 1996, S. 52)

„Das tradierte Denken, das eine Zusammenfassung der Geschichte darstellt, verläuft geruhsam in eine bestimmte Richtung. Doch plötzlich geschieht etwas, was nicht eingeplant war und womit niemand gerechnet hat. Daraufhin erfolgt ein Umdenken, was zu neuen Entdeckungen und Erkenntnissen führt." Ebd. S. 46

Häufig sind es Zufälle, Fehler oder auch „Hirngespinste", die das gewohnte Denken aus der Bahn werfen. Viele Entdeckungen und Erfindungen sind Zufällen, Versehen oder Fehlern zu verdanken. Einsteins Gedankenexperimente, z.B. auf einem Lichtstrahl zu reiten, könnte man aus Sicht seiner damaligen Zeit als „Hirngespinst" deuten. Auch die Entdeckung ganzer Kontinente geht z.T. auf Irrtümer zurück.

„Kolumbus segelte auf seiner Suche nach Indien nur aufgrund eines Messfehlers in westlicher Richtung über das Meer. Er legte die falschen Berechnungen des Ptolemäus über den Erdumfang zugrunde. Hätte er die richtigen Zahlen besessen, [...] hätte er vermutlich niemals Segel gesetzt, weil ihm bewusst gewesen wäre, dass seine Schiffe nicht genug Proviant für eine so lange Reise bunkern könnten." Ebd. S. 47

„[...] die Grenzen früherer Erfahrungen und der ‚Vernunft' bewirken, dass sich unsere Gedanken immer wieder in denselben Bahnen bewegen. Diese Grenzen lassen sich durch Zufälle, Versehen, Fehler und Hirngespinste durchbrechen – oder durch eine bewusste mentale Provokation." Ebd. S. 48

Grenzen des Denkens durchbrechen

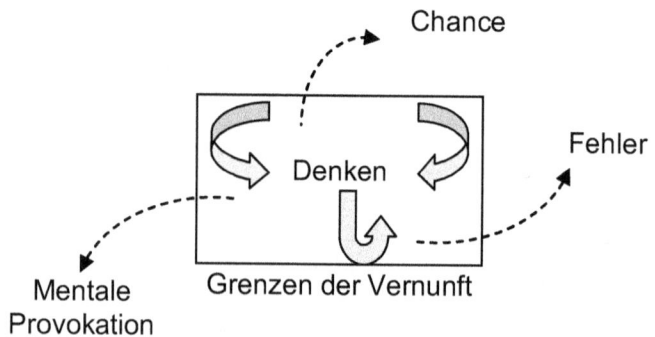

Abb. 6: Zufällen, Fehler, Pannen: Viele Entdeckungen und Erfindungen haben wir ihnen zu verdanken (nach De Bono 1996, S. 48)

De Bono will die Kreativität jedoch nicht dem Zufall überlassen. Es geht ihm auch weniger um Kreativität als abstrak-
te Größe oder allgemeinen Begriff.

Vielmehr steht Laterales Denken für spezielle Methoden, mit
denen man neue Konzepte und Ideen suchen kann, und das
auf gezielte und systematische Weise. Dabei ist die „mentale
Provokation" ein wichtiges Element, um eingefahrenes Denken zu provozieren.

Diese Methoden kann man erlernen und trainieren. Die
grundlegende Bedeutung dieses Ansatzes erklärt, warum De
Bono bei den Methoden immer wieder erwähnt wird (s.
Kap. 2.2, 2.10, 2.19, 2.21).

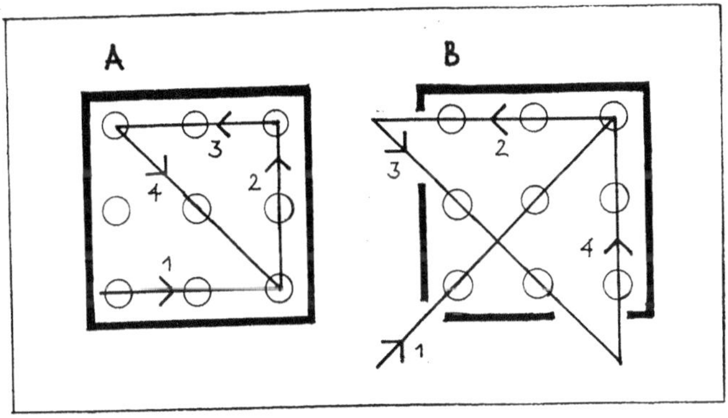

Abb. 7: Beispiel für Laterales Denken. Wie lassen sich die 9 Punkte in
einem Zug miteinander verbinden (A)? Die Lösung ist nur möglich,
wenn Grenzen übersprungen werden (B)

„Der Begriff ‚laterales Denken' bleibt den speziellen Methoden und Techniken vorbehalten, die planvoll, methodisch und systematisch eingesetzt werden können, um neue Ideen und Konzepte zu erarbeiten. Es gibt ja auch den allgemeinen Begriff Mathematik und daneben die einzelnen Methoden, mit denen sich die verschiedenen Rechenoperationen ausführen lassen." Ebd. S. 54

1.6   Phantasie als Schlüssel

Ohne Phantasie ist Kreativität nicht denkbar. Phantasie verleiht dem menschlichen Denken „Flügel". Nach dem Soziologen Heinrich Popitz (1925-2002) lassen sich drei Formen der Phantasie unterscheiden, und damit drei „Wege der Kreativität".

„Der Mensch bringt es zuwege, etwas Neues zu schaffen. Er kann aus eigenen Kräften die Welt, in der er lebt, verändern und so als Urheber seine eigene Existenz neu definieren. Grundlegend und dauerhaft kann dies auf drei Wegen gelingen". Popitz 2005, S. 3

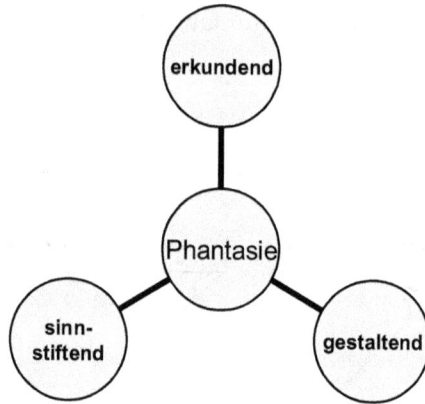

Abb. 8: Formen der Phantasie bzw. „Wege der Kreativität" (nach Popitz 2000, S. 3)

- „*Erkundende* Phantasie" sucht, probiert, fragt, entdeckt, erfindet – „auf der Suche nach neuem Wissen"

- „*Gestaltende* Phantasie" stellt technische und künstlerische „Artefakte" her und formt sie – „auf der Suche nach neuen Gehalten und Weisen des Bewirkens"

- „*Sinnstiftende* Phantasie" deutet, begründet, rechtfertigt – „auf der Suche nach neuem Sinn".

„Erkundende und sinnstiftende Phantasie sind kognitiv kreativ, insofern neues Wissen und neue Glaubensgewißheiten entstehen; gestaltende Phantasie wirkt faktisch, artefaktisch". Ebd.

Phantasie ist nicht nur ein „Hirngespinst", sondern eine Kraft, mit der wir Ideen in die Welt setzen, unser Bild von der Welt und die Welt selbst verändern können. Popitz unterscheidet drei „Kraftfelder":

- erkundende Phantasie weist auf die „*Subjektivierungskraft*" („die Fähigkeit des erkennenden Subjekts, Realitäten in sich hineinzubilden")

- gestaltende Phantasie weist auf die „*Objektivierungskraft*" („das Vermögen, Vorstellungen aus sich herauszusetzen und in die Welt einzubilden")

- sinnstiftenden Phantasie weist auf die menschliche „*Transzendierungskraft.*" Ebd. S. 4

Es sind diese „merkwürdigen Begabungen", die den Menschen zu einer schöpferischen Kreatur machen und Schlüssel zu seiner Kreativität sind.

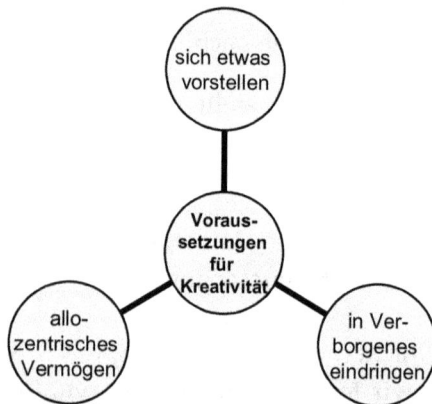

Abb. 9: Voraussetzungen für Kreativität (nach Popitz 2000, S. 4)

Für das kreative Handeln nennt Popitz drei innere Voraussetzungen:

- die Fähigkeit, sich etwas „vorzustellen"; „etwas, was
  nicht da ist, innerlich da sein zu lassen"

- die Fähigkeit, über die Vorstellungskraft bzw. Phantasie
  „in Verborgenes einzudringen, also auch in das, was sich
  gegen unsere Vorstellung sperrt, der Vergegenwärtigung
  entzieht"

- ein „allozentrisches" Vermögen, ein „Hin-Hören und Hin-
  Sehen-Können, ein Begreifen vom Anderen her", „den Ei-
  gensinn eines Andersseienden zu erfassen." Ebd. S. 4

Die in Teil II vorgestellten Methoden sind mögliche Vehikel,
um kreatives Denken zu üben und spielerisch zu trainieren.

1.7 Kreativität und Flow

Kreativität und Flow sind Begriffe, die eng miteinander verbunden sind. Als Csikszentmihalyi den Begriff „Flow" Mitte der 1970er Jahren prägte, war er nicht der erste, der dieses Phänomen entdeckt hatte. So war es z.b. in der Pädagogik schon lange bekannt. Kurt Hahn (1886-1974) hatte es „schöpferische Leidenschaft" genannt, Maria Montessori (1870-1952) „Polarisation der Aufmerksamkeit".

Gemeint ist immer der gleiche mentale Zustand: Menschen, die sich darin befinden, erleben Freude, Glück oder Begeisterung. Gleichzeitig ist er mit höchster Aufmerksamkeit und Konzentration verbunden. Was motiviert Menschen dazu?

„Sie alle lieben ihre Arbeit. Was sie antreibt, ist nicht die Hoffnung auf Ruhm oder Geld, sondern die Möglichkeit, einer Arbeit nachgehen zu können, die sie mit Freude erfüllt." Ebd. S. 158

Diese spielerische Freude beschreibt Mozart in einem Brief an den Vater. Als man bezweifelt, dass der 21-Jährige das Orgelspiel beherrscht, fordert Mozart den Zweifler heraus und bittet, ihm ein Thema vorzugeben.

Mozart hat sich einer Herausforderung gestellt, und dabei offenbar größtes Vergnügen empfunden. Dabei entstand kreative Höchstleistung, und das scheinbar wie von selbst.

Mihaly Csziksentmihalyi wurde 1934 in Italien als Sohn einer ungarischen Familie geboren. Als Professor für Psychologie an der University of Chicago prägte er 1975 den Begriff „Flow". Seine auf Interviews basierenden Studien umfassen auch das Thema Kreativität.

„Ich habe diese optimale Erfahrung als flow bezeichnet, weil viele der Befragten dieses Hochgefühl als einen nahezu spontanen, mühelosen und doch zugleich extrem konzentrierten Bewusstseinszustand beschrieben." Csikszentmihalyi 2001, S. 162

„ich führte es [das Thema] spazieren, und mitten darin, [...] fieng ich major an, und ganz was scherzhaftes, aber in nämlichen tempo, dann endlich wieder das thema, und aber arschling; endlich fiel mir ein, ob ich das scherzhafte wesen nicht auch zum thema der fuge brauchen könnte? ich fragte nicht lang, sondern machte es gleich, und es gieng so accurat, als wenn es ihm der Daser* angemessen hätte. der H: Dechant war ganz ausser sich. [...] mir hat freylich mein Prelat gesagt, dass er sein lebetag niemand so bündig und ernsthaft die orgl habe spiellen hören." Mozart an den Vater, 23.10.1777. Mozartbriefe, S. 65

*Salzburger Schneider

Abb. 10: Wolfgang Amadeus Mozart (1756-1791), im Alter von 33 Jahren (nach einem unvollendeten Ölgemälde von Joseph Lange 1789)

Dieser mentale Zustand des Flow ist mit einem großem Glücksgefühl verbunden. Dieses unterscheidet sich jedoch von den Rauschzuständen, die durch passive Vergnügungen erreicht werden, wie z.B. durch Alkohol, Drogen oder Konsum. Im Gegensatz zu Flow führen diese

„schnell in die Sucht – in die Sklaverei der Entropie."
Csikszentmihalyi 2001, S. 181

Csikszentmihalyi überträgt den physikalischen Begriff „Entropie" – ein „Maß für Ordnungslosigkeit" in geschlossenen Systemen – auf den psychosozialen Bereich. Wenn wir uns der Bequemlichkeit und Trägheit hingeben, erhöht sich das Maß der Ordnungslosigkeit in unserem Leben. So wie ein physikalischer Körper von der Schwerkraft (Gravitation) nach unten gezogen wird, wird auch unser Leben „nach unten" gezogen. Der Psychiater Holm-Hadulla spricht von der „Gravitation zum Chaos".

Im Zustand des Flow stellen wir uns dieser Entropie entgegen: wir bauen auf, setzen Energie ein und erhöhen den Grad an Ordnung und Komplexität um uns herum. Kreativität und Ordnung sind daher kein Widerspruch, sondern bedingen sich gegenseitig (Brunner 2007b).

Kreativität erfordert also auch Kraft, Disziplin und Bereitschaft zu mühevoller Arbeit. Obwohl das Umfeld eine wichtige Rolle spielt, lassen sich kreative Menschen selbst von schwierigsten Bedingungen nicht abschrecken. So hat Mozart auf seinen vielen Reisen häufig auch im Wirtshaus komponiert.

Michelangelo (1475-1564) hat sich auf dem Gerüst der Sixtinischen Kapelle wohl Arme und Beine verrenkt und unter ärmlichsten Bedingungen gelebt.

Gleichzeitig hat er ein kreatives Meisterwerk erschaffen, das wir noch heute bewundern.

> „Der Alltag ist immer bedroht von Langeweile, Stumpfsinn und sinnloser Hektik. Diesen Verkleidungen der existenziellen ‚Gravitation zum Chaos' muss sich jeder Mensch kreativ entgegenstellen."
> Holm-Hadulla 2007, S. 120

> „ich hab vor meiner abreise zu Mannheim dem H: v: Gemmingen das Quartett welches ich zu Lodi abends im wirthshaus gemacht habe..."
> Mozart an den Vater aus Paris, 24.3.1778; Mozartbriefe, S. 96

> „...dass ich nicht einen Groschen habe und sozusagen barfuß und nackt bin und meinen restlichen Lohn erst bekomme, wenn ich das Werk vollendet habe. Ich ertrage die größten Entbehrungen und Mühseligkeiten."
> Michelangelo an seinen Bruder in Florenz, 18.9.1512; in: Briefe S. 48

Abb. 11: Michelangelo Buonarroti (1475-1564) im Alter von ca. 50 Jahren (nach einem Portrait von Jacopino del Conte ca. 1535)

„Es war eine Baracke mit geteertem Boden und Glasdach, das nur unvollständig vor Regen schützte, wie oft wir es auch in Stand setzen ließen. [...] Es war eine erschöpfende Arbeit, alle paar Stunden solche Behälter zu verschieben, um die Flüssigkeit in einen großen Tiegel zum Sieden zu gießen und mit einer langen eisernen Stange umzurühren." Marie Curie, Radvanyi 2001, S. 22

„Wir hatten besondere Freude daran zu sehen, dass unsere Radiumkonzentrate spontan leuchteten. Pierre hatte zwar gehofft, dass sie sehr schöne Farben haben würden. Er musste aber zugeben, dass die unerwartete Erscheinung ihm viel besser gefiel. [...] Wir lebten in einer eigentümlichen Anspannung, wie in einem Traum. Es geschah, dass wir nach dem Abendessen an unsere Arbeitsstätte zurückkehrten, um alles noch einmal zu betrachten. [...] und dieses Leuchten [...] war für uns jedes Mal ein neuer Grund für freudige Gefühle und Zufriedenheit." Marie Curie, in: Radvanyi 2001, S. 23

Und Marie Curie (1867-1934) hat mit ihrem Mann in einem Pariser Schuppen unter miserablen Bedingungen gearbeitet, um die radioaktiven Proben chemisch aufzubereiten.

Wozu diese ganze Mühe? Marie Curie gibt die Antwort selbst: Sinn all dieser Anstrengungen ist die Freude, die Hingabe an eine Frage, die Faszination, die Überraschung, das ästhetische Erlebnis. Mit anderen Worten: es geht um die Erfahrung des Flow.

Abb. 12: Marie Sklodowska-Curie (1867-1934), hier im Pariser Labor mit 43 Jahren (nach einem Foto des Hulton Archivs/Getty Images). Die polnische Chemikerin und Physikerin mit französischer Staatsbürgerschaft erhielt zwei Nobelpreise, einmal mit ihrem Mann 1903 und als Witwe 1911.

Nach Csikszentmihalyi ist Flow durch neun Hauptelemente
gekennzeichnet, die in Abb. 13 wiedergegeben sind.

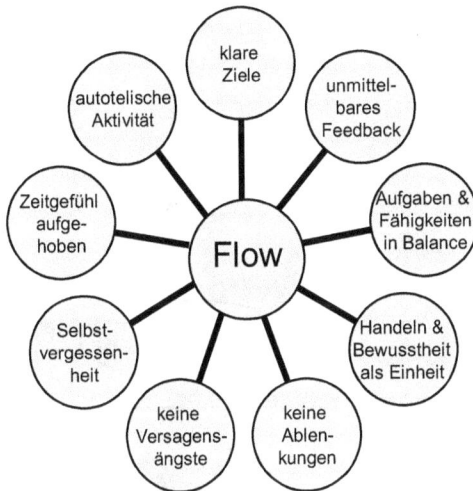

Abb. 13: Die 9 Hauptelemente von Flow (nach Csikszentmihalyi 2001,
S. 163f)

Ein Schlüsselelement ist die Selbstvergessenheit. Dabei fällt
die scheinbare Paradoxie auf, dass das Selbst offenbar dann
am besten zu sich findet, wenn es sich selbst vergisst. Eine
Erfahrung, für die die Hirnforschung inzwischen auch ein
neurologisches Korrelat gefunden hat (s. Kap. 1.12).

Auch die Balance von Aufgaben und Fähigkeiten ist ein wesentliches Kennzeichen von Flow. Sind Aufgaben und Fähigkeiten im Gleichgewicht, befindet man sich in einer Art
„Flow-Kanal". In diesem balancierten Zustand wird man bis
an seine Grenzen herausgefordert. Dabei ist man einerseits
vor Überforderung und damit vor Angst und Stress ge-

schützt. Andererseits verhindert der Kanal auch Unterforderung und damit Langeweile und Müdigkeit. (s. Abb. 14)

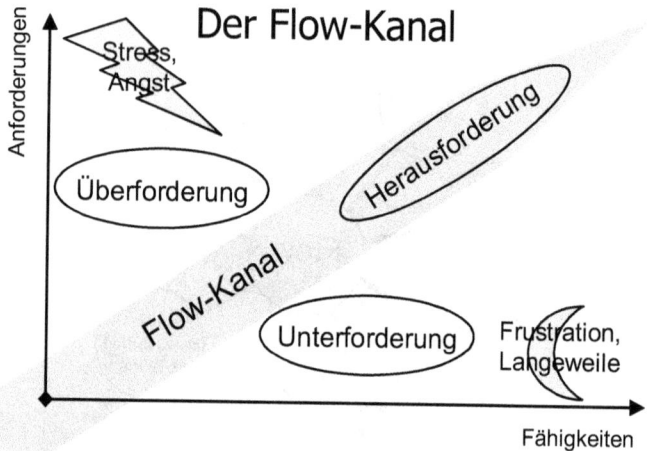

Abb. 14: Im Flow-Kanal sind Anforderungen und Fähigkeiten im Gleichgewicht. Dies schützt sowohl vor Überforderung als auch vor Unterforderung.

Das vielleicht wichtigste Merkmal von Flow ist das „autotelische" Element. Gemeint ist die Fähigkeit, nicht so sehr das Endergebnis im Blick zu haben, sondern

„den Schaffensprozess um seiner selbst willen zu genießen." Ebd. S. 113

Die Motivation kommt dabei ganz von innen heraus (intrinsisch), äußere Anreize (extrinsisch) spielen – wenn überhaupt – nur eine untergeordnete Rolle.

Die von Csikszentmihalyi interviewten Personen waren auf ihrem Gebiet alle sehr erfolgreich, und dennoch nicht außengeleitet:

„Keiner strebe nach Geld oder Ruhm [...] Was sie glücklich machte, war, dass sie für etwas bezahlt wurden, das ihnen ungeheuren Spaß machte, und dass dieser Handel ihnen auch noch das Gefühl gab, etwas Sinnvolles zu tun." Ebd. S. 180

Hier fühlt man sich an den alten Weisheitsspruch der Wanderer erinnert, der Laotse zugeschrieben wird: „Der Weg ist das Ziel."

1.8 Die kreative Persönlichkeit

Was unterscheidet außergewöhnlich kreative Persönlichkeiten von „normalen" Menschen? Die Antwort auf diese Frage ist schwierig. Vereinfacht könnte man sagen, dass sie bestimmte, für Kinder typische Eigenschaften bis ins hohe Alter bewahren. Dazu gehört vor allem die Neugier, die Einstein für das entscheidende Merkmal seiner Kreativität hielt.

„Ich habe keine besondere Begabung, sondern bin nur leidenschaftlich neugierig."
Albert Einstein, in: Seelig 1954, S. 13

Kinder sind fähig, sich für alles zu interessieren, selbst für etwas so Unscheinbares wie ein Herbstblatt oder einen rostigen Nagel. Gesunde Kinder können ihre ganze Aufmerksamkeit auf Dinge richten, und dies völlig zweckfrei.

„In dieser Hinsicht haben Kinder häufig einen Vorteil gegenüber Erwachsenen. Ihre Neugier ist wie ein konstanter Lichtstrahl, der alles, was sich in ihrer Reichweite befindet, hell erleuchtet und mit Interesse versieht." Csikszentmihalyi 2001, S. 492

„Das Schönste, was wir erleben können, ist das Geheimnisvolle. Es ist das Grundgefühl, das an der Wiege von wahrer Kunst und Wissenschaft steht. Wer es nicht kennt und sich nicht mehr wundern, nicht mehr staunen kann, der ist sozusagen tot und seine Augen sind erloschen."
Albert Einstein 1968, S. 9

„Wenn ich mich frage, woher es kommt, dass gerade ich die Relativitätstheorie gefunden habe, so scheint es an folgendem Umstand zu liegen: Der normale Erwachsene denkt nicht über die Raum-Zeit-Probleme nach. Alles, was darüber nachzudenken ist, hat er nach seiner Meinung bereits in der frühen Kindheit getan. Ich dagegen habe mich derart langsam entwickelt, da ich erst anfing, mich über Raum und Zeit zu wundern, als ich bereits erwachsen war. Naturgemäß bin ich dann tiefer in die Problematik eingedrungen als ein gewöhnliches Kind." Albert Einstein, in: Seelig 1954, S. 84

Mit der Neugier verbunden ist eine weitere Fähigkeit: sich wundern und staunen können. Einstein sprach davon noch als alter Mann. Er selbst sah in dieser Fähigkeit den Schlüssel für seine Entdeckungen. Dadurch unterscheidet sich Einstein von vielen Altersgenossen, die diese Fähigkeit verlernen. Ein fast alterstypischer Prozess, wie Csikszentmihalyi feststellt:

„Mit zunehmendem Alter verlieren die meisten Menschen die Fähigkeit zum Staunen, die ehrfürchtige Scheu vor der Majestät und Vielfalt des Lebens. Aber ohne Staunen bekommt das Leben etwas Mechanisches. Kreative Individuen sind kindlich in dem Sinne, dass sie sich diese Neugier bis ins hohe Alter bewahren. Sie freuen sich am Fremden und Unbekannten." Ebd. S. 492

Doch lässt sich Kreativität mit einfachen kindlichen Wesensmerkmalen gleichsetzen oder auch nur hinreichend erklären? Kreative Menschen sind keine Kinder mehr, sondern „reife Persönlichkeiten" im Sinne von C.G. Jung (1875-1961). Nach Ansicht des Schweizer Nervenarztes und Mitbegründers der Tiefenpsychologie sind dies Menschen, die eine sehr komplexe Persönlichkeitsstruktur entwickelt haben. Sie können auch mit widersprüchlichen Ausprägungen leben und haben Schattenseiten in sich integriert.

Csikszentmihalyi lehnt sich an diese Definition an:

„Eine komplexe Persönlichkeit ist in der Lage, die volle Bandbreite von Eigenschaften zum Ausdruck zu bringen, die als Möglichkeiten im menschlichen Repertoire vorhanden sind." Ebd. S. 88

Kreative Persönlichkeiten können sich demnach sehr widersprüchlich verhalten, entweder gleichzeitig oder nacheinander in verschiedenen Situationen. Csikszentmihalyi nennt zehn gegensätzliche Merkmalspaare (s. Abb. 15). Sie sind bei kreativen Menschen häufig gemeinsam zu beobachten und durch ein „dialektisches Spannungsverhältnis" miteinander verbunden.

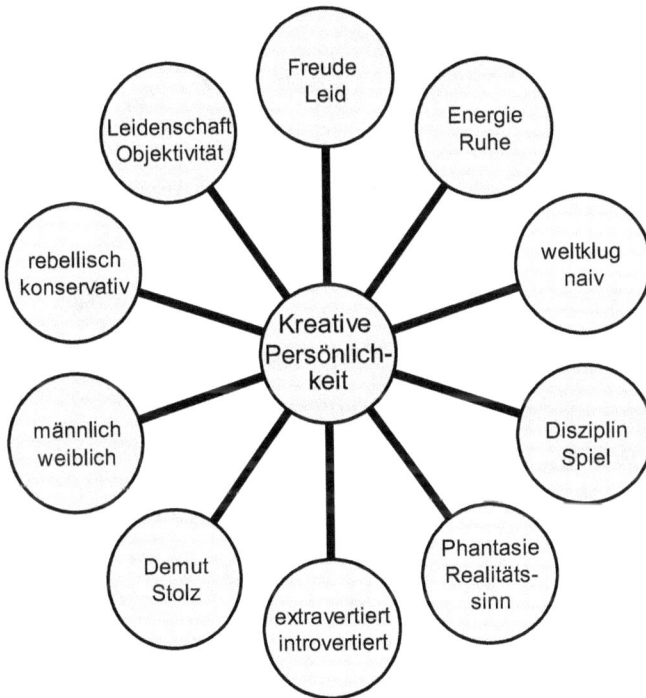

Abb. 15: Zehn paradoxe Merkmalspaare der kreativen Persönlichkeit (Csikszentmihalyi 2001, S. 89ff)

Kreative Menschen sind mit diesen jeweiligen Extremen vertraut und können sie nebeneinander aushalten, ohne durch übermäßige innere Konflikte aus dem Gleichgewicht zu geraten. Eine andere Frage ist natürlich, wie es den indirekt betroffenen Mitmenschen damit geht.

Ein etwas einfacheres Persönlichkeitsmodell hat Gardner entwickelt. Nach seinen Untersuchungen zeichnen sich herausragende Menschen im Wesentlichen durch drei Schlüsselelemente aus: Reflektieren, Stärken einsetzen und Erfahrungen sinnvoll bewältigen (s. Abb. 16).

Drei Schlüsselelemente

Reflektieren

Kreative Persönlichkeit

Stärken einsetzen

Erfahrungen sinnvoll bewältigen

Abb. 16: Drei Schlüsselelemente, die mit außergewöhnlicher Kreativität verbunden sind (Gardner 1999, S. 177f)

1. An erster Stelle steht die Fähigkeit zur **Reflexion**. Dazu gehört es, die Ereignisse des täglichen Lebens regelmäßig aus der Distanz zu betrachten und zu überdenken.

So tragen außergewöhnlich kreative Menschen oft ein kleines Notizbuch bei sich, so z.b. Leonardo da Vinci, Edison oder Picasso. Gandhi geht täglich spazieren, meditiert regelmäßig und spricht immer wieder mit seinen Mitarbeitern über seine „Experimente mit der Wahrheit".

Abb. 17: Mahatma Gandhi (1869-1948) (Mahatma=„Große Seele"), hier ein Jahr vor seinem Tod in Bengalen (nach einem Foto aus dem Archiv des Government of India)

Gegenstand der Reflexion ist neben der Arbeit auch die Reaktion des potentiellen Publikums, das die eigene Erfindung oder Entdeckung beurteilen wird. Dabei spielt Feedback eine zentrale Rolle.

> „Wichtig ist, sich um eine Rückmeldung auf die eigene Arbeit zu bemühen und anderen zuhören zu können. Aber man sollte sich davon auch nicht überwältigen lassen." Ebd. S. 179

> 2. Die Fähigkeit, die eigenen **Stärken auszuspielen,** bedeutet, die eigenen Talente zu erkennen und sinnvoll einzusetzen.

Was außergewöhnlich kreative Menschen von anderen unterscheidet,

> „...ist das Ausmaß, in dem es ihnen gelingt, ihre Ungewöhnlichkeit zu erkennen und für sich zu nutzen." Ebd. S. 180

Dies heißt auch, sich von den eigenen Schwächen nicht niederdrücken zu lassen, ja sie sogar in einen Vorteil umzuwandeln.

So litt Gandhi in seinen jungen Jahren unter seiner Schüchternheit, die besonders deutlich wurde, als er als frisch gebackener Jurist Plädoyers halten sollte. Dieses Handicap wandelte er um, indem er sich auf die schriftliche Form der Mitteilung verlagerte. Er schrieb Briefe an politische Entscheidungsträger, wandte sich an die Presse und gab eine eigene Zeitschrift heraus. In Kombination mit Mut, Zivilcourage und großer innerer Kraft konnte er trotz seiner Schüchternheit einen enormen sozialen Einfluss gewinnen.

Es geht also darum, die eigenen Stärken und Schwächen so einzusetzen, dass man in der jeweiligen Domäne Erfolg hat und ggf. im Wettbewerb einen Vorsprung gewinnt.

> 3. Die Fähigkeit, **Erfahrungen sinnvoll zu bewältigen**, bedeutet, Erfahrungen auf positive Weise zu interpretieren und zu verarbeiten.

Außergewöhnlich kreative Menschen sehen auch in Rückschlägen eine Chance, sich weiterzuentwickeln. Niederlagen werden so zu Herausforderungen, es in der Zukunft anders und besser zu machen. Diese Frustrationstoleranz impliziert die Bereitschaft, permanent zu lernen,

> „so dass man die richtigen Lehren daraus zieht, um dann mit frischer Energie voranzuschreiten." Ebd. S. 181

Nach Gardner ist Freud ein Beispiel für eine herausragende Persönlichkeit, die alle drei Schlüsselelemente in sich vereint:

- Schon als Kind denkt der spätere Nervenarzt viel über seine täglichen Erfahrungen nach und stellt als Begründer der Psychoanalyse die Technik der Introspektion in den Mittelpunkt;

- Er ist sich seiner Schwächen bewusst, ohne sich von ihnen lähmen zu lassen. Stattdessen setzt er seine Energie in Bereiche ein, in denen er anderen voraus ist (innere Vorgänge analysieren, Fallgeschichten erstellen und deuten, eine neue Theorie entwickeln);

- Er lässt sich von Rückschlägen nicht entmutigen. „Die frühen Jahre seiner Karriere waren angefüllt mit Niederlagen, die einen weniger selbstbewußten Menschen lahmgelegt hätten." Ebd. S. 105

Ohne Anspruch auf Vollständigkeit sollen hier beispielhaft weitere kreative Persönlichkeiten und ihre Merkmale vorgestellt werden.

Bei *Johann Sebastian Bach* (1685-1750) sehen wir, dass zur Kreativität auch Disziplin gehört. Mit seiner Einstellung als Thomas-Kantor in Leipzig beginnt er ab 1723 ein gewaltiges Unternehmen.

„Nun muss sie [Anna Magdalena] vor allem beim mühseligen, oftmals von einem auf den anderen Tag anstehenden Ausschreiben der Noten helfen; auch die erst ungelenke, dann zunehmend sicherere Notenschrift der älteren Söhne findet man in dem erhaltenen Aufführungsmaterial." Geck 2005, S. 100

Abb. 18: Johann Sebastian Bach (1685-1750) im Alter von 61 Jahren (nach einem Gemälde von Elias Gottlob Haußmann 1746)

In kürzerer Zeit komponiert er etwa fünf Kantatenjahrgänge, d.h. pro Jahrgang etwa 60 Kantaten für alle Sonn- und Feiertage. Bach geht „mit Feuereifer" an die Arbeit: Jahr für Jahr wird er Woche für Woche eine Kantante einstudieren und aufführen, die er in den meisten Fällen sogar neu komponiert hat. Anlässlich hoher Festtage sind es manchmal bis zu drei Kantaten. Was dies bedeutet, können wir nur erahnen. Jedenfalls erforderte dies außergewöhnlichen Fleiß und ein enormes Durchhaltevermögen.

Dabei erwartet den Vollblutmusiker zu Hause nicht Ruhe und Frieden, sondern eine vielköpfige Familie. Allein bis 1742 werden – neben den Kindern aus erster Ehe – 13 weitere Kinder geboren. Um sein gewaltiges Schreibpensum zu bewältigen, werden die Familienmitglieder mit eingespannt – vor allem seine Frau, die ehemalige Kammersängerin Anna Magdalena.

Um noch einmal auf *Albert Einstein* zurückzukommen: auch bei ihm sind Arbeitseifer, Disziplin und eine introvertierte Konzentrationsfähigkeit ausgeprägt.

Als Student stillen die Vorlesungen seinen Wissensdurst nicht. Ihn interessieren Fragen, die in Zürich nicht behandelt werden. Er hilft sich selbst, indem er sich in das Laboratorium und „stille Kämmerlein" zurückzieht. Daheim studiert er Originalschriften von naturwissenschaftlichen Größen, wie Helmholtz, Hertz und Kirchhoff (Seelig 1954, S. 30). Dadurch gewinnt er eine Vertrautheit mit der Materie, die ihm gegenüber seinen Altergenossen einen großen Vorsprung verschafft.

„Er wußte, wie man hartnäckig eine ganze schlaflose Nacht hindurch und an Tagen, die mit Aktivität und verschiedenen Beschäftigungen ausgefüllt sind, über seine Probleme nachdenkt. Diese Konzentrationsgabe war das wesentliche Charakteristikum von Einsteins Denken."
Infeld 1968, S. 461

„Ich bin ein richtiger ‚Einspänner', der dem Staat, der Heimat, dem Freundeskreis, ja selbst der engeren Familie nie mit ganzem Herzen angehört hat."
Einstein, in: Seelig 1954, S. 48

Abb. 19: Albert Einstein (1879-1955) im Alter von 51 Jahren (nach einem Foto bei seiner Ankunft in New York 1930)

„Dadurch wurde ich 1902-09 in den Jahren besten produktiven Schaffens von Existenzsorgen befreit. [...] Endlich ist ein praktischer Beruf für Menschen meiner Art überhaupt ein Segen. Denn die akademische Laufbahn versetzt einen jungen Menschen in eine Art Zwangslage, wissenschaftliche Schriften in impressiver Menge zu produzieren – eine Verführung und Oberflächlichkeit, der nur starke Charaktere zu widerstehen vermögen."
Einstein, in: Seelig 1986, S. 12

Nach dem Studium sitzt er, der sich selbst als „Einspänner" bezeichnet, allein in einer Amtsstube. Am Berner Patentamt schätzt der Physiker die stillen Zeiten. Auch für die dort gewährte existentielle Sicherheit ist er zeitlebens dankbar. Rückblickend hält er solche Arbeitsbedingungen für geradezu ideal, da sie Spielraum für kreatives Denken lassen. Die Fähigkeit, eigenständig zu arbeiten, war bei Einstein mit einer hohen Konzentrationsfähigkeit verbunden. Dabei werden seine Hartnäckigkeit und seine Energie im Einsatz für eine Sache deutlich.

Ähnlich wie Bach soll Einstein in der Berner Zeit zu Hause am Küchentisch den Kinderwagen geschaukelt haben, während er an seinen neuen Thesen arbeitete.

Ein weiteres Beispiel für zielstrebige Energie gibt *Charles Darwin* (1809-1882), diesmal verbunden mit Wagemut und Risikobereitschaft.

Abb. 20: Charles Darwin (1809-1882), im Alter von 69 Jahren (nach einem Foto von Julia Margaret Cameron 1868)

Wie ein Abenteurer begibt er sich für fünf Jahre auf die Weltmeere, um in unbekannte Tier- und Pflanzenwelten vorzustoßen. Aus seinen Beobachtungen entwickelt er völlig neue Fragestellungen, die er in dieser Zeit an niemand anderen als an sich selbst richten kann.

Auch bei *Leonardo da Vinci* erkennen wir, dass es ihm in erster Linie um Hingabe an die Sache geht, nicht um Ruhm oder Geld. So mahnt er seine Malerkollegen vor allem, Liebe zum Detail zu entwickeln.

„Wenn du sagst, dass dir durch das Verbessern Zeit verloren geht [...], dann musst du verstehen, dass das Geld, das wir über unsere alltäglichen Lebensbedürfnisse hinaus verdienen, nicht viel ist; und wenn du es im Überfluss habe willst, kannst du doch nicht alles ausgeben, und so gehört es dir nicht. [...] Wirst du aber studieren und deine Werke gut feilen mit Hilfe der Theorie, [...] so wirst du Werke hinterlassen, die dir mehr Ehre bringen werden als das Geld." Leonardo da Vinci, in: Kupper 2007, S. 58

„Es gibt eine gewisse Zunft von Malern, die glauben, dass sie trotz ihres geringen Fleißes in eitel Gold und Himmelblau leben müssen. Diese behaupten in grenzenloser Dummheit, sie könnten bei der schlechten Bezahlung nichts Rechtes schaffen; aber sie wären wohl imstande, ebensoviel zu leisten wie ein anderer, wenn man sie gut bezahlen würde. Ei, sieh dir diese Toren an!" Leonardo da Vinci, Notizbücher, S. 62/63

Abb. 21: Leonardo da Vinci (1452-1519) zwischen 58 und 63 Jahren (nach dem sogenannten Selbstbildnis um 1510-1515)

„Der Kern der Dummheit ist nicht Unfähigkeit zu denken oder Mangel an Wissen, sondern ist die Gewissheit, mit der Gedanken vertreten werden. [...] Das platte Fehlen von Alternativen lässt den einzigen Standpunkt absolut richtig erscheinen". De Bono 1972, S. 145

Umgekehrt verurteilt Leonardo verschiedene Fehlhaltungen, die er bei Kollegen beobachtet. Seine Kritik richtet sich an die Eitelkeit und Dummheit mancher Zeitgenossen.

Was deutlich wird, ist Leonardos Selbstbewusstsein und der hohe Stellenwert, den er gleichzeitig der Demut einräumt.

Tatsächlich gelten Arroganz und Dummheit als große Gegenspieler der Kreativität.

Diese wird besonders durch das eigene Ego blockiert, wenn es selbst im Mittelpunkt und damit der Sache im Weg steht. Dazu gehört auch die Besorgnis um Ruhm, Erfolg oder um die eigene Position innerhalb der Gesellschaft.

„Wenn alles, was ein Mensch sieht, denkt oder tut, dem Eigeninteresse dienen muss, bleibt für neue Lernerfahrungen keine Aufmerksamkeit übrig. […] Genauso schwierig ist es, wenn eine Person reich und berühmt ist, aber ihre gesamte Energie darauf konzentriert, noch mehr Ruhm und Reichtum anzusammeln." Csikszentmihalyi 2001, S. 491f

Aufmerksamkeit ist ein kostbares und knappes Gut. Jeder Mensch hat davon nur ein begrenztes Maß zur Verfügung. Letztlich geht es dabei um die kostbarste Ressource, die wir haben: unsere Lebenszeit. Wie wollen wir sie einsetzen? Worauf kommt es letztlich an? Was ist wesentlich, was ist unwesentlich? Dies erfordert immer wieder Entscheidungen, Verzicht und Loslassen.

Den Fernseher einschalten, oder doch lieber das gute Buch lesen? Shoppen gehen, oder doch lieber einen Spaziergang machen? Im Internet herumsurfen, oder doch lieber Klavier spielen?

„Damit wir kreative Energie freisetzen können, müssen wir loslassen können und einen Teil der Aufmerksamkeit von den voraussagbaren Zielen abziehen, die von Genen und Memen in unsere Köpfe programmiert wurden, und diese Aufmerksamkeit statt dessen benutzen, um die uns umgebende Welt um ihrer selbst willen zu erforschen." Ebd. S. 492

Mozart über das „lection geben":
„Das ist mir unmöglich. das lasse ich leuten über, die sonst nichts können, als Clavier spiellen. ich bin ein Componist, und bin zu einem kapellmeister gebohren. ich darf und kann mein talent im Componiren, welches mir der gütige gott so reichlich gegeben hat, (ich darf ohne hochmuth so sagen, denn ich fühle es nun mehr als jemals) nicht so vergraben; und das würde durch die viellen scolaren, denn das ist ein sehr unruhiges metier."
An seinen Vater, Mannheim, 7.2.1778; in: Mozartbriefe 2006, S. 84

Dazu gehört auch die Fähigkeit, sich gegen etwas zu entscheiden. So wie sich Mozart beispielsweise gegen das „lection geben" entscheidet.

Es ließen sich noch zahlreiche gelebte Beispiele kreativer Persönlichkeiten finden – aus Kunst und Design, Architektur und Technik, Dichtung und Marketing. Diese aufführen zu wollen würde die Grenzen dieser Einführung sprengen.

1.9   Phasen des kreativen Prozesses

Offenbar laufen kreative Prozesse in Phasen ab. Die ersten Beschreibungen solcher Phasen stammen von Wissenschaftlern, darunter dem deutschen Mediziner Hermann von Helmholtz (1821-1894) und dem französischen Mathematiker Henri Poincaré (1854-1912). Sie beschreiben ihre Erfahrungen, die sie bei Entdeckungen und Erfindungen auf ihrem Gebiet gemacht haben.

Diese subjektiven Darstellungen motivierten andere Forscher, das Phänomen Kreativität theoretisch zu beleuchten, was zur Entwicklung eines „Phasenmodells" führte (Wallas 1926, Hadamard 1945).

Dabei haben sich vier Phasen herauskristallisiert: Präparation, Inkubation, Illumination und Verifikation.

1. Die **Präparation** dient der Vorbereitung. Der Gegenstand der Fragestellung wird fokussiert, analysiert und strukturiert. Das verfügbare Wissen wird zusammengetragen und nach Kriterien geordnet.

2. Mit **Inkubation** ist gemeint, dass etwas „ausgebrütet" wird (incubare [lat.] = brüten). Dies geschieht auf der unbewussten Ebene. Man distanziert sich bewusst von der Fragestellung, legt sie sogar ganz beiseite, indem man sich mit anderen Dingen beschäftigt. Wenn die Fragestellung wieder auftaucht, geht man spielerisch und locker damit um.

3. **Illumination** bedeutet Erleuchtung, spontaner Einfall, Eingebung (illuminatio [lat.] = Erleuchtung). Es ist das klassische „Aha"-Erlebnis. Man sieht endlich Licht im Dunkeln.

4. In der Phase der **Verifikation** wird geprüft, ausgearbeitet und abgerundet (veritas [lat.] = Wahrheit, Wirklichkeit). Es geht um die Frage, ob der Einfall einer kritischen Überprüfung standhält bzw. ob sich die Erfindung anwenden und realisieren lässt. Der Weg von der Erkenntnis, dass heißes Wasser Dampfdruck erzeugt, bis zur Entwicklung der Dampfmaschine ist lang und mühsam. Er wird in dieser Phase zurückgelegt.

"At the Preparation stage we can consciously accumulate knowledge, divide up by logical rules the field of inquiry, and adopt a definite 'problem attitude'.

At the *Incubation* stages we can consciously arrange, either to think on other subjects than the proposed problem, or to rest from any form of conscious thought.

If we are consciously to control the *Illumination* stage we must include in it the [...] psychological events which precede and accompany the 'flash' [...]

In *Verification* we can consciously follow out rules like those used in Preparation."
Wallas 1926, S. 79

Phasen des kreativen Prozesses

Leonardo beschreibt Phase 1 auf seine Weise: „Wenn Du die Perspektive gründlich gelernt und Dir alle Teile und Formen der Dinge gut gemerkt hast, dann gehe spazieren und beobachte beim Lustwandeln immer wieder die Haltungen und Gebärden der Menschen beim Sprechen, beim Streiten, beim Lachen oder Raufen [...] Und zeichne all das mit flüchtigen Strichen in Deinem Büchlein auf, das Du immer bei Dir tragen musst. [...] Es gibt doch so unendlich viele Formen und Vorgänge, dass das Gedächtnis sie nicht alle zu behalten vermag. Deshalb musst Du diese [Skizzen] als Vorbilder und Lehrzeichnungen aufheben." Leonardo da Vinci, Notizbücher, S. 73/74

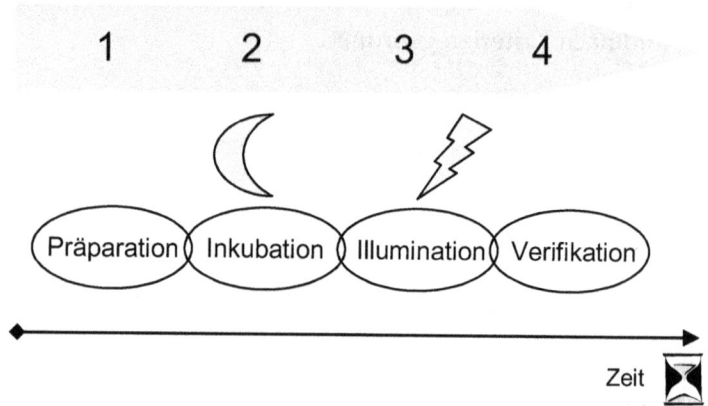

Abb. 22: Der kreative Prozess lässt sich in vier Phasen einteilen (idealtypisches Modell)

Leonardo da Vinci beschreibt den Vorgang der **Präparation** sehr treffend. Er beobachtet, sammelt und legt in seinem Notizbuch einen Fundus an, den er abspeichert, um später jederzeit darauf zurückgreifen zu können.

Der Mathematiker Poincaré beschreibt aus eigener Erfahrung, wie er auf den Beweis bestimmter Funktionen gekommen ist:

„Seit vierzehn Tagen mühte ich mich ab, zu beweisen, dass es keine derartigen Funktionen gibt, wie doch diejenigen sind, die ich später Fuchssche Funktionen genannt habe; ich war damals sehr unwissend, täglich setzte ich mich an meinen Schreibtisch, verbrachte dort ein oder zwei Stunden und versuchte eine große Anzahl von Kombinationen, ohne zu einem Resultate zu kommen." 1914, S. 41-52

Poincaré beschreibt eine nächtliche Illumination: „Eines Abends trank ich entgegen meiner Gewohnheit schwarzen Kaffee, und ich konnte nicht einschlafen: Die Gedanken überstürzten sich förmlich; ich fühlte ordentlich, wie sie sich stießen und drängten, bis sich endlich zwei von ihnen aneinander klammerten und eine feste Kombination bildeten. Bis zum Morgen hatte ich die Existenz einer Klasse von Fuchsschen Funktionen bewiesen, und zwar derjenigen, welche aus der hypergeometrischen Reihe ableitbar sind; ich brauchte nur noch die Resultate zu redigieren, was in einigen Stunden erledigt war." 1914, S. 41-42

Abb. 23: Henri Poincaré (1854-1912) im Alter von 55 Jahren (nach einer Photographie von H. Roger-Viollet 1909). Der französische Mathematiker, Physiker und Philosoph betrieb Forschungen, die sich auf die Astronomie, Geodäsie und Potentialtheorie auswirkten.

Wir sehen Poincaré geradezu vor uns, wie er das mathematische Ei ausbrütet. Er befindet sich mitten in der **Inkubationsphase**.

Der Erfolg kommt über Nacht: Poincaré erlebt eine **Illumination**. Ihm kommt es vor, als würden sich seine Gedanken selbstständig machen und die Lösung quasi „ohne ihn" finden.

In diesem Zusammenhang folgen noch drei weitere ähnliche Erlebnisse, und zwar immer dann, wenn er die Arbeit am Schreibtisch unterbricht und auf Reisen geht. Einmal sitzt er im fahrenden Bus, einmal geht er am Meer spazieren und einmal auf einem Boulevard. Rückblickend reflektiert er die beeindruckende Erfahrung dieser „Geistesblitze" so:

„Das Auftreten dieser plötzlichen Erleuchtung ist sehr überraschend, wir sehen darin ein sicheres Zeichen für eine voraufgegangene, lange fortgesetzte unbewusste Arbeit [...]. Wenn man an einer schwierigen Frage arbeitet, so kommt man oft bei Beginn der Arbeit nicht recht vorwärts; dann gönnt man sich eine kürzere oder längere Ruhepause und setzt sich darauf wieder an seinen Arbeitstisch. In der ersten halben Stunde findet man auch jetzt nichts, und dann stellt sich plötzlich der entscheidende Gedanke ein." Ebd. S. 44

Poincaré befindet sich in bester Gesellschaft. Geistesblitze wurden auch von anderen berühmten Mathematikern und Naturwissenschaftlern berichtet, darunter Archimedes, Newton und Gauß.

Von einem der ältesten dokumentierten Geistesblitze berichtet der römische Architekt Vitruv im 1. Jh. v. Chr. Die Geschichte handelt von *Archimedes* (287-212 v. Chr.), der vom König Hiero gebeten wurde, den Betrug eines „Goldarbeiters" aufzudecken. Ihm hatte der König eine bestimmte Menge Gold überlassen mit dem Auftrag, als Weihegabe für die Götter einen goldenen Kranz anzufertigen. Nachdem der „Unternehmer" das prachtvolle Stück abgeliefert hatte, wurde vermutet, ihm sei Silber beigemischt, also heimlich Gold entwendet worden. Doch wie könnte man einen solchen Verdacht nachträglich beweisen? Diese Frage beschäftigte Archimedes, als er zufällig in eine Badestube ging. Als er dort in die randvoll gefüllte Badewanne stieg, floss eine gewisse Menge Wasser über den Rand – die Menge, die sein Körper verdrängte. In dem Moment kam Archimedes die Lösung in den Sinn: das Auftriebsgesetz (Archimedische Prinzip) war entdeckt. Sein freudig ausgerufenes „Heureka" steht noch heute für eine plötzliche Erkenntnis.

Abb. 24: „Heureka" in der Badewanne: Archimedes (287-212 v. Chr.), antiker Mathematiker, Physiker und Ingenieur aus Syrakus, Sizilien. Von ihm wird einer der frühesten dokumentierten Geistesblitze der Wissenschaftsgeschichte berichtet.

„[...] und als er dort in die Badewanne stieg, bemerkte er, dass ebensoviel wie er von seinem Körper in die Wanne eintauchte, an Wasser aus der Wanne herausfloß. Weil (dieser Vorgang) einen Weg für die Lösung der Aufgabe gezeigt hatte, hielt er sich daher nicht weiter auf, sondern sprang voller Freude aus der Badewanne, lief nackend aus dem Haus und und rief mit lauter Stimme, er habe das gefunden, was er suche. Laufend rief er nämlich immer wieder griechisch: „Ich hab's gefunden! Ich hab's gefunden"!
Vitruv um 22 v.Chr., Buch 9, Vorrede (10)

Dass es kein „Hirngespinst" war, konnte er in einer anschließenden Messreihe prüfen (s. Verifikationsphase, Kap. 1.9). Er tauchte den Kranz in ein randvoll gefülltes Gefäß und fing das überlaufende Wasser mit einem Messbecher auf. Diesen Vorgang wiederholte er mit demselben Gewicht Gold bzw. Silber. Und siehe da: die jeweils aufgefangene Wassermenge war unterschiedlich groß. Also musste sich auch das Volumen der drei Objekte unterscheiden! Auf diese Weise konnte Archimedes die Beimischung des Silbers und damit den Betrug tatsächlich nachweisen.

„An einem Tag im Jahre 1666 verfiel Newton, der sich auf das Land zurückgezogen hatte und Früchte von einem Baum fallen sah [...] in tiefes Nachdenken über die Ursache, die alle Körper in eine Linie zwingt, die, wenn sie verlängert würde, annähernd durch den Erdmittelpunkt verliefe. Was ist das, fragte er sich, für eine Kraft? [...] Sie würde auf die Frucht, die soeben von diesem Baum gefallen ist, wirken, wenn sich diese 3000 und auch wenn sie sich 10.000 Klafter hoch befände. Wenn dem so ist, muss diese Kraft von der Stelle, an der sich der Körper des Mondes befindet, bis zum Mittelpunkt der Erde wirken." Voltaire 1784, der diese Geschichte von Newtons Nichte erfuhr

Auch *Isaac Newton* (1643-1727) kam eine entscheidende Einsicht, als er in einer entspannten Situation war: Im sommerlichen Garten. Seinem Biografen, William Stukeley, erzählt er von dieser Begebenheit.

Abb. 25: Isaac Newton (1643-1727), englischer Mathematiker, Physiker, Astronom und Philosoph, im Alter von 59 Jahren (nach einem Gemälde von Godfrey Kneller 1702)

Newton sei 23 Jahre alt gewesen, als er zur Teezeit im Schatten der Apfelbäume saß. Wie immer fiel einer der Äpfel zu Boden. Doch diesmal sei er nachdenklich geworden: Warum fällt der Apfel eigentlich stets senkrecht nach unten? Warum bewegt er sich nicht seitlich oder aufwärts, sondern immer zum Erdmittelpunkt?

Es muss also eine Kraft geben, die den Apfel an sich zieht. Und diese Anziehungskraft muss im Mittelpunkt der Erde liegen. Wenn also Materie andere Materie anzieht, zieht die Erde nicht nur den Apfel an, sondern genauso auch umgekehrt: der Apfel die Erde! Die Idee der Schwerkraft war geboren, ausgelöst durch eine alltägliche Beobachtung und durch eine einfache Frage, die normalerweise nur Kinder stellen (Brunner 2007a).

"And thus he began to apply this property of gravitation to the motion of the earth and of the heavenly bodys [...] This was the birth of those amazing discoverys, whereby he built philosophy on a solid foundation, to the astonishment of all Europe."
Stukeley 1752, S. 20

Nach dieser Illumination werden weitere zwanzig Jahre vergehen, bis Newton daraus eine umfassende Theorie ausarbeitet. Diese dringt in astronomische Dimensionen vor und umfasst die Bewegung der Erde und anderer Himmelkörper, bis hin zur Ausdehnung des Universums. Das 1687 erschienene Werk „Philosophiae naturalis principia mathematica" zählt zu den bedeutendsten naturwissenschaftlichen Werken der Weltgeschichte.

„Aber alles Brüten, alles Suchen ist umsonst gewesen, traurig habe ich jedesmal die Feder wieder niederlegen müssen. Endlich vor ein paar Tagen ist's gelungen – aber nicht meinem mühsamen Suchen, sondern bloss durch die Gnade Gottes möchte ich sagen. Wie der Blitz einschlägt, hat sich das Räthsel gelöst; ich selbst wäre nicht im Stande, den leitenden Faden zwischen dem, was ich vorher wusste, dem, womit ich die letzten Versuche gemacht hatte, – und dem, wodurch es gelang, nachzuweisen." Gauß über einen mathematischen Einfall, 1805. in: 1917, S. 25

Auch *Carl Friedrich Gauß* (1777-1855) berichtet von einer mathematischen Einsicht, die ihn mit 28 Jahren wie der Blitz getroffen habe.

Abb. 26: Carl Friedrich Gauß (1777-1855) im Alter von 63 Jahren (nach einem Gemälde von C.A. Jensen 1840). Der deutsche Mathematiker gilt als einer der größten Mathematiker aller Zeiten.

Für den frommen Mann war die Eingebung das Geschenk göttlicher Gnade, die außerhalb seiner Macht stand und die er nur dankbar annehmen konnte.

Auch der Erfinder des Augenspiegels, *Hermann von Helmholtz (1821-1894)*, kannte die Erfahrung der Illumination. Nach Durststrecken angestrengten Nachdenkens hätten sich „günstige Einfälle" immer wieder unmerklich „in sein Bewusstsein eingeschlichen", ohne dass er zunächst deren Bedeutung erkannte. In anderen Fällen waren die Einfälle plötzlich da, „ohne Anstrengung, wie eine Inspiration". Ein typischer Moment dafür war morgens beim Aufwachen, oder eine Arbeitspause mit körperlicher Entspannung und Erfrischung.

„So weit meine Erfahrung geht, kamen sie [die günstigen Einfälle] nie dem ermüdenden Gehirne und nicht am Schreibtisch. [...] Besonders gern aber kamen sie [...] bei gemächlichem Steigen über waldige Berge in sonnigem Wetter. Die kleinsten Mengen alkoholischen Getränks aber schienen sie zu verscheuchen." Von Helmholtz 1890; in: 1986, S. 15/16

Abb. 27: Hermann von Helmholtz (1821-1894), hier mit 60 Jahren (nach einem Gemälde von L. Knaus 1881). Der deutsche Mediziner erfand als 29-Jähriger den Augenspiegel (1850), neben zahlreichen anderen medizinischen, physiologischen und physikalischen Pionierleistungen.

Empirische Studien bestätigen, dass Menschen sich am kreativsten fühlen, wenn sie sich bewegen: gehen, laufen oder schwimmen. Offenbar sind es halbautomatische Bewegungsabläufe, die unsere Kreativität fördern.

„Wir sprechen oft über die 3 Bs, Bus, Bad und Bett. Das ist dort, wo die großen Entdeckungen in unserer Wissenschaft gemacht wurden,"

wie es ein englischer Physiker einmal formuliert hat (Spitzer 2007, S. 51).

Die griechischen Philosophen hatten dieses Geheimnis schon
früh erkannt. Sie entwickelten ihre Gedanken, während sie
in Gärten und Parks auf und ab wandelten. So erwarb Plato
ein Parkgelände, das nach dem Heros Akademos „Akade-
meia" hieß. Darauf gründete er um 387 v.Chr. seine Schule.
Ihre Anhänger, die „Akademiker", lehrten und lernten unter
den prachtvollen Platanen und Ölbäumen dieses nordwest-
lich von Athen gelegenen Hains (Pierer 2005).

„Wird die neue
Generation von
Physikern, die zu-
sammengekauert
vor ihren Computern
hockt, genauso
interessante Ideen
hervorbringen?"
Csikszentmihalyi
2001, S. 199

Abb. 28: Die Schule von Athen, Raffael (1509/10). Das Wandfresko
wurde im Auftrag von Papst Julius II für den Vatikan in Rom erstellt.
Im Zentrum stehen Platon und Aristoteles. Das Bild verweist auf die
Denkschule des antiken Griechenlands und deren Einfluss auf die
europäische Kultur, Wissenschaft und Bildung.

Zur Dauer der Inkubationsphase gibt es keine festen Regeln.
Sie kann einige Stunden oder viele Jahre andauern. Es ist zu
vermuten, dass die Dauer auch von der Art der Fragestellung abhängt: je umfassender und tiefgreifender diese ist,
desto länger wird daran „gebrütet." Eine kosmische Frage

wie die von Galilei oder eine evolutionswissenschaftliche
wie die von Darwin kann ein ganzes Menschenleben bean-
spruchen. In der andauernden Beschäftigung sammeln sich
viele kleine Geistesblitze und Aha-Erlebnisse an, die erst im
Laufe der Zeit ein Gesamtbild ergeben. Dabei spielen auch
Zufall und Glück eine wichtige Rolle. Dies setzt voraus, im
entscheidenden Moment wachsam, achtsam und aufmerksam zu sein, um ihn nicht zu verpassen, d.h. um

„den günstigen Augenblick zu ergreifen: *Kairos* nann-
ten das griechische Denker im Unterschied zum blinden Zufall (*Tyche*)." Mainzer 2007, S. 8

Nach der griechischen Mythologie ist Kairos der Gott des
rechten Augenblicks und der günstigen Gelegenheit. Dargestellt wird er als Jüngling mit geflügelten Schuhen und einer
Haarlocke, die in die Stirn fällt. „Die Gelegenheit beim
Schopf packen" ist eine Redensart, die darauf zurückgehen
soll. Erst durch diese wachsame Präsenz kann Zufall zum
„kreativen Zufall" werden (ebd. S. 22).

Was sich bei der Illumination genau abspielt, ist noch immer
ein Geheimnis. Poincaré hatte bereits vor hundert Jahren
Überlegungen dazu angestellt, die aus heutiger Sicht sehr
aktuell klingen (s.a. Kap. 1.12). So unterscheidet er zwei
Formen des Ichs: das sublime und das bewusste.

„Das sublime Ich steht keineswegs tiefer als das bewusste Ich, es arbeitet nicht rein automatisch, es hat
die Fähigkeit zu unterscheiden, es hat Feingefühl; es
kann auswählen, es kann ahnen. Es kann sogar besser
ahnen als das bewußte Ich, denn es hat dort Erfolg, wo
jenes versagt." 1914, S. 46

„Es ist ganz sonder-
bar bei den wissen-
schaftlichen Bestre-
bungen: oft ist nichts
von größerer Wich-
tigkeit, als zu sehen,
wo es nicht ange-
zeigt ist, Zeit und
Mühe anzuwenden.
Man muss andrer-
seits auch nicht den
Zielen nachgehen,
deren Erreichung
leicht ist. Man muss
einen Instinkt dar-
über erlangen, was
unter Aufbietung der
äußersten Anstren-
gungen gerade noch
erreichbar ist."
Albert Einstein, in:
Seelig 1954, S. 169f

Es ist bemerkenswert, dass ein Mathematiker aus dieser Zeit nicht rein mechanisch denkt, sondern der Intuition und dem Feingefühl einen so hohen Stellenwert einräumt. Er relativiert sogar den Stellenwert der Intelligenz:

„Die bevorzugten unbewussten Erscheiungen, welche befähigt sind, ins Bewußtsein zu treten, sind diejenigen, welche unsere Sensibilität direkt oder indirekt am tiefsten beeinflussen."
Poincaré 1914, S. 47

„Mit Verwunderung wird man bemerken, dass hier bei Gelegenheit mathematischer Beweise, die doch nur von der Intelligenz abhängig zu sein scheinen, die Sensibilität in Betracht kommen soll. Aber man wird es verstehen, wenn man sich das Gefühl für die mathematische Schönheit vergegenwärtigt, das Gefühl für die Harmonie der Zahlen und Formen, für die geometrische Eleganz. Das ist ein wahrhaft ästhetisches Gefühl, welches allen wirklichen Mathematikern bekannt ist; dabei ist in der Tat Sensibilität im Spiele."
Ebd. S. 47/48

„Die nützlichen Kombinationen sind gerade die schönsten, [...] welche unsere Sensibilität am besten erregen können [...]."
Poincaré 1914, S. 48

Der Mathematiker Poincaré bringt also sogar Schönheit und Eleganz mit ins Spiel. Die „ästhetische Sensibilität" spielt im kreativen Prozess eine wichtige Rolle, nämlich bei der Auswahl möglicher Ideenkombinationen, die das unbewusste Ich angehäuft hat. Aus seiner Sicht ist es die eigentliche Aufgabe des mathematischen Entdeckers,

„... aus diesen Kombinationen eine derartige Auswahl zu treffen, dass er die überflüssigen eliminiert oder vielmehr sich gar nicht die Mühe gibt, dieselben in Betracht zu ziehen. Die Regeln, nach denen eine solche Auswahl getroffen werden muss, sind ungemein fein und subtil [...], sie lassen sich mehr fühlen als formulieren." Ebd. S. 46

Dieser Auswahlprozess findet also auf einer unbewussten Ebene statt. Hier kommen Ideen in die engere Wahl; nach Poincaré „das Resultat einer ersten Auslosung." (ebd. S. 47)

Doch wie kann man sich einen solchen unbewussten Prozess vorstellen? Wie kommt es, dass einige unbewusste Ideen aus der Tiefe emporsteigen, andere aber nicht? Poincaré ist sich darüber im Klaren, dass es schwer ist, das Geheimnis dieser „Black Box" zu ergründen. Der Schlüssel liegt für ihn darin, dass Wahrheit, Harmonie und Schönheit zusammenfallen. Das Sensorium dafür ist die ästhetische Sensibilität. Sie übernimmt

„... die Rolle jenes äußerst feinen Siebes, [...] und dadurch wird es begreiflich, weshalb derjenige, dem diese Sensibilität versagt ist, niemals ein wirklicher Pfadfinder auf dem Gebiete der Mathematik werden kann." Ebd. S. 49

„... kommen derartig plötzliche Inspirationen nur nach tagelangen bewußten Anstrengungen vor, die gänzlich unfruchtbar zu sein schienen und bei denen man die Hoffnung, etwas zu erreichen, schon vollständig aufgegeben hatte. Diese Anstrengungen waren also nicht so unfruchtbar, wie man zu glauben geneigt war." Poincaré 1914, S. 45

So wichtig diese „weichen" Faktoren sind: es geht nicht ohne „harte" Arbeit. Dies betont auch Poincaré als Voraussetzung einer erfolgreichen Inkubation und Illumination. Reines Abwarten, Herumhängen und Faulsein darf daher nicht mit Genialität verwechselt werden:

„Wer keine Ahnung von Physik hat, wird nicht von einer plötzlichen Erkenntnis über die Quantenelektrodynamik getroffen, gleichgültig wie lange er schläft..." Csikszentmihalyi 2001, S. 152

„Genius is one per cent inspiration, ninety-nine per cent perspiration."
Edison 1932

„Nach 127 schlaflosen Stunden [...] war Edison, am 16. Juni 1888, vorläufig zufrieden. Eine berühmte Photographie zeigt ihn um fünf Uhr morgens nach dieser Dauerarbeit mit dem fertiggestellten Phonographen, und einem Gesichtsausdruck wie dem Napoleons nach gewonnener Schlacht."
Vögtle 2004, S. 75

„Nicht einmal die Möglichkeit eines Misserfolgs will er gelten lassen. Er ist des Glaubens, dass unabgelenkte, unablässige Arbeit alles vermag. Diese geniale Veranlagung für angestrengtes Arbeiten begeisterte mich schon als Junge, und machte Edison zu meinem Helden."
Henry Ford 1947, S. 11

Dies wussten wenige kreative Pioniere so gut wie *Thomas Edison* (1847-1931).

Er war für seinen Arbeitseifer bekannt, den er nicht nur für Erfindungen, sondern besonders auch für deren Umsetzung und laufende Optimierung investierte. Er gibt damit ein Vorbild und Beispiel für die Verifikationsphase.

Ein berühmtes Beispiel ist die „Fünf-Tage-Wache" im Juni 1888, von der die Zeitungen berichteten. Edison schließt sich in seinem Labor im amerikanischen Ort West-Orange ein, und seine besten Mitarbeiter gleich mit. Sein Ziel: den von ihm entwickelten Phonographen und dessen Tonwidergabe verbessern. Erst als er mit dem Ergebnis zufrieden ist, öffnen sich nach tagelangem Rückzug die Türen. Das anschließend aufgenommene Photo vom „Napoleon der Erfinder" geht um die Welt.

Für Henry Ford war Edison ein großes Vorbild, das er von Kindesbeinen an bewunderte. Dabei liefert Henry Ford (1863-1947) selbst ein Beispiel für erfolgreiche Innovation, indem er beispielsweise die Fließbandtechnik im Automobilbau perfektionierte.

Diese Beispiele verdeutlichen, wie viel Belastbarkeit, Durchhaltevermögen und Frustrationstoleranz die Verifikationsphase abverlangt.

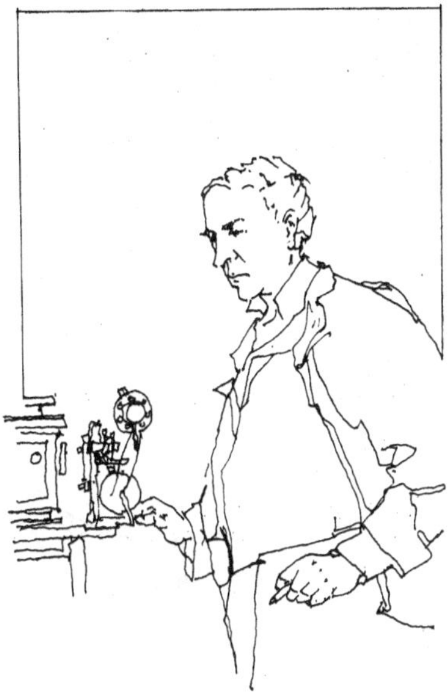

Abb. 29: Thomas A. Edison (1847-1931) im Alter von ca. 53 Jahren, mit einem Vorläufer des Filmprojektors (nach einem Foto um 1900 aus dem Archiv National Park Service, Washington D.C.)

„Seine Arbeit kann in zwei große Gruppen eingeteilt werden. Die eine betrifft seine unmittelbaren Leistungen als Erfinder, und hier handelt es sich um Geräte; die andere das Beispiel, das er gab, indem er Wissenschaft und Alltagsleben innig verknüpfte und bewies, dass bei beharrlicher unablässiger Überprüfungs- und Experimentierarbeit schließlich jedes Problem zu bewältigen ist."
Henry Ford 1947, S. 19

Es sei noch einmal darauf hingewiesen, dass es sich bei den vorgestellten Phasen in ihrem idealtypischen Nacheinander um ein theoretisches Modell handelt. In der Realität verlaufen die beschriebenen Teilschritte oft nicht linear, sondern zirkulär: sie überlappen sich, bilden Schleifen und sind in der Regel nicht kontinuierlich hintereinander geschaltet.

Abschließend sei ergänzt, dass die vierte Phase (Verifikation) noch unterteilt werden kann in die Phase der Bewertung und der Ausarbeitung/Umsetzung. In diesem Fall wird der kreative Prozess auf 5 Phasen erweitert.

Phasen des kreativen Prozesses

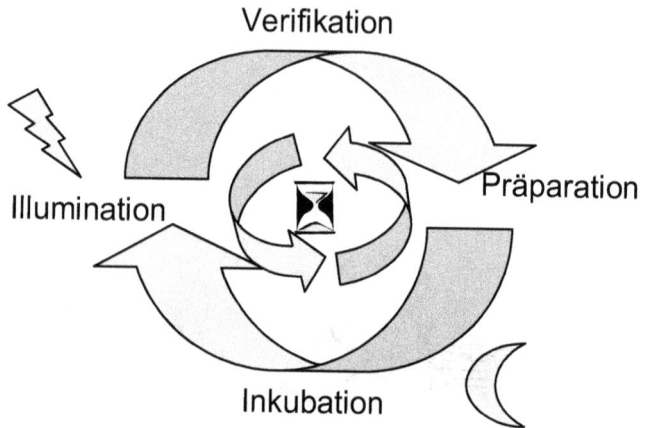

Verifikation

Illumination

Präparation

Inkubation

Abb. 30: Die Phasen verlaufen in Wirklichkeit nicht linear, sondern rekursiv und in Schleifen

1.10   Das Systemmodell

Aus systemischer Sicht ist der kreative Prozess nicht allein vom einzelnen Individuum abhängig, sondern von einem ganzen System, welches das jeweilige Individuum einschließt. Auch ein Edison oder Einstein haben sich bei ihren Entdeckungen nicht im „luftleeren Raum" befunden.

„Zu behaupten, Einstein sei der Erfinder der Relativitätstheorie, ist so, als wollte man sagen, dass der Funke für das Feuer verantwortlich sei. Der Funke ist notwendig, aber ohne Luft und Brennmaterial würde es keine Flamme geben." Csikszentmihalyi 2001, S. 18

Man könnte also den Funken mit dem Individuum vergleichen, das Brennmaterial und die Luft mit den systemischen
Rahmenbedingungen. Feuer ist das Ergebnis der Wechsel-
wirkung verschiedener Komponenten. Auch Kreativität
entsteht nicht isoliert in einzelnen Köpfen, sondern aus der
Interaktion systemischer Komponenten. Das von Csikszentmihalyi entwickelte Systemmodell besteht aus drei
Hauptelementen: Domäne, Feld und Individuum.

Das Systemmodell I

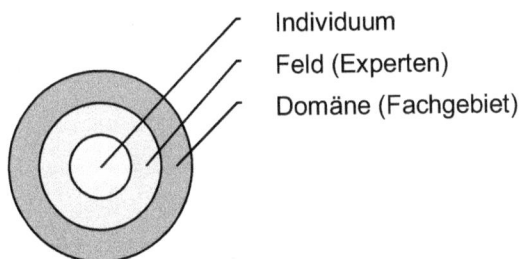

Individuum

Feld (Experten)

Domäne (Fachgebiet)

Abb. 31: Das Systemmodell nach Csikszentmihalyi 2001
(einfache Variante)

Was bedeuten die einzelnen Hauptelemente?

1. Mit **Domäne** ist das Fachgebiet gemeint, das aus symbo-
lischen Regeln, Traditionen und Verfahrensweisen besteht.
Das kreative Individuum kennt sich darin aus, sei es durch
Wissen oder Fertigkeiten.

„Ein Musiker muss sich in musikalischen Traditionen auskennen, das Notensystem beherrschen und lernen, ein Instrument zu spielen, bevor er daran denken kann, eine neue Symphonie zu schreiben. Bevor ein Erfinder das Design eines Flugzeugs verbessern kann, muss er sich mit der Physik und Aerodynamik vertraut machen und wissen, warum Vögel nicht vom Himmel fallen." Csikszentmihalyi 2001, S. 19

Ohne diese Sorgfalt, eine solide Grundausbildung und fundiertes Fachwissen ist Kreativität undenkbar.

„In der Wissenschaft ist es praktisch ausgeschlossen, einen kreativen Beitrag zu leisten, ohne das Grundwissen der Domäne zu verinnerlichen." Ebd. S. 75

Leonardo da Vinci betont die Bedeutung der Domäne aus seiner Sicht: „Wenn du eine wahre Kenntnis von den Formen der Dinge gewinnen willst, musst du bei den Einzelheiten derselben beginnen und nicht zum zweiten [Gegenstand] übergehen, bevor du den ersten gut im Gedächtnis hast und vollkommen beherrschst. Handelst du anders, so wirst du Zeit vergeuden oder dein Studium sehr in die Länge ziehen. Bedenke, dass du die Sorgfalt eher lernen sollst als die Fertigkeit." Notizbücher, S. 59

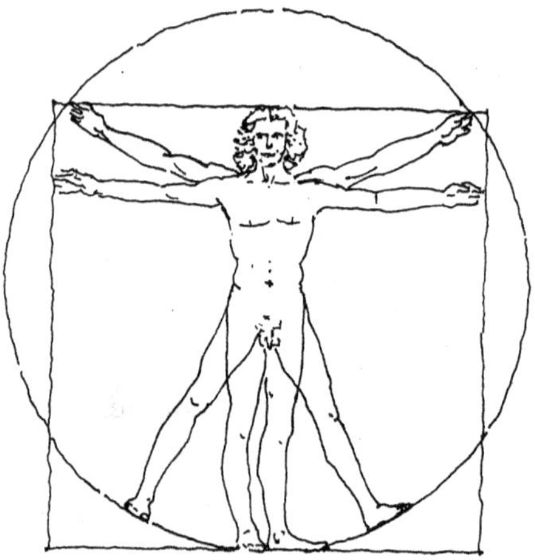

Abb. 32: Zeichnung von Leonardo da Vinci von 1490 („Vitruvmann"). In anatomischen Studien analysierte er den menschlichen Körper und seine Proportionen. Ein Thema, das auch den römischen Architekten Vitruv im 1. Jh. v. Chr. beschäftigt hatte.

Erst wenn man dieses „Handwerkzeug" beherrscht, kann man beginnen, damit zu spielen, ganz nach dem italienischen Sprichwort:

„Impara l'arte, e mettila da parte (Erlerne die Kunst, damit du sie verlernen kannst)." Ebd. S. 134f

Abb. 33: Pietà, Marmor. Michelangelo schuf sie 1498/99 im Auftrag eines französischen Kardinals für den Petersdom in Rom. Das Werk zeigt das handwerkliche Können des 23-Jährigen und führte zu seinem künstlerischen Durchbruch.

Während die Domäne für viele Menschen nur dem Broterwerb dient, ist es für kreative Menschen eine Berufung:

„Sie würden ihre Aktivität selbst dann fortsetzen, wenn sie nicht dafür bezahlt würden, einfach um die Tätigkeit weiter ausüben zu können." Ebd. S. 61

Nach Csikszentmihalyi ist die Auswirkung auf die Domäne eng mit der Definition von Kreativität verbunden: Ein we-

Ein Zeitzeuge, der das Atelier von Michelangelo besuchte, berichtet: „... dass ich Michelangelo gesehen habe, der, über sechzig Jahre alt und nicht einmal von besonders robuster Statur, in einer Viertelstunde mehr Marmorsplitter von einem sehr harten Marmor entfernte als es drei junge Steinmetze in drei oder vier geschafft hätten, eine fast unglaubliche Sache, hätte man es nicht gesehen; [...] dass ich Angst hatte, das ganze Stück würde entzwei gehen und mit einem einzigen Schlag hieb er Brocken von drei bis vier Finger Dicke heraus. Er entfernte sie mit so großer Genauigkeit, dass er bei dem geringsten Fehler das Ganze verloren hätte, weil der Marmor [...] nicht repariert oder ausgebessert werden kann." Blaise de Vignère, in: Paolucci 2000, S. 80

sentliches Kennzeichen der Kreativität ist, dass sie in der Domäne nachhaltig Spuren hinterlässt.

„Kreativität ist jede Handlung, Idee oder Sache, die eine bestehende Domäne verändert oder eine bestehende Domäne in eine neue verwandelt. Und ein kreativer Mensch ist eine Person, deren Denken oder Handeln eine Domäne verändert oder eine neue Domäne begründet." Ebd. S. 48

Es genügt jedoch nicht, die Regeln einer Domäne genau zu kennen. Vielmehr geht es darum, sich intensiv mit diesen auseinanderzusetzen, sie zu hinterfragen und sogar ggf. in Frage zu stellen.

„… zur Kreativität gehört auch, dass man unzufrieden mit diesem Wissen wird und es ganz oder teilweise ablehnt, um neue Wege zu beschreiten." Ebd. S. 135

2. Mit **Feld** ist die Welt der Experten gemeint, die die Qualität der Domäne bestimmen und überwachen. Sie haben eine Art Filterfunktion und bilden eine Art „Kraftfeld".

Das Kraftfeld ist in dreierlei Hinsicht bedeutsam (ebd. S. 69f):

1. es kann eine reaktive oder proaktive Haltung einnehmen und dadurch das Neue stimulieren oder hemmen

2. es kann einen engen oder weiten Filter bei der Auswahl von Neuheiten anwenden

3. es hat eine Verbindung zum übrigen Gesellschaftssystem und ist dadurch fähig, Unterstützung und Ressourcen in die eigene Domäne zu leiten.

Die Reaktion des Feldes entscheidet letztlich über den Erfolg einer Neuerung.

„Dabei darf man aber nicht vergessen, dass eine Domäne nur durch die explizite oder implizite Zustimmung des dafür verantwortlichen Feldes verändert werden kann." Ebd. S. 48

Kreative Personen müssen diese Hürde nehmen, damit ihnen ein Durchbruch gelingt.

„… Was zählt, ist, ob ihr kreatives Werk anerkannt und in die Domäne aufgenommen wird. Das kann durch Zufall oder durch Beharrlichkeit geschehen oder einfach, weil man zur richtigen Zeit am richtigen Ort war." Ebd.

Einstein hatte das Glück, dass sich die Tür zum Feld für ihn frühzeitig öffnete. So waren es die großen Physiker jener Zeit, die auf die Spezielle Relativitätstheorie aufmerksam wurden. Eine Schlüsselfigur war Max Planck, der ihre Bedeutung schnell erkannte und offenbar auch neidfrei zuließ. Es wurden Sonderdrucke angefertigt und verbreitet, die in der Expertenwelt ein „relativistisches Feuer" entfachten. Einstein wurde 1909 gebeten, einen Vortrag auf einer Tagung in Salzburg zu halten,

„Der Entschiedenheit und Wärme, mit der er für die Relativitätstheorie eintrat, ist wohl zum großen Teil die Beachtung zuzuschreiben, die sie bei den Fachgenossen so schnell gefunden hat." Einstein über Max Planck; in: Seelig 1954, S. 77

„auf der die wichtigsten Vertreter der Physik anwesend [waren], um Einstein persönlich kennen zu lernen." Wickert 2005, S. 65

Eine solche Resonanz kann man sicher als ideal bezeichnen. Was hätte ein Vincent van Gogh darum gegeben, zu seinen Lebzeiten vom Feld der Maler und Kunstsammler auch nur annähernd so erkannt zu werden?

„Wenn ich unrecht
hätte, wäre einer
genug!"
Einstein; in: Hawking
2001, S. 240

Dennoch erlebt Einstein auch Widerstand. So erscheint 1931 ein Buch mit dem Titel „100 Autoren gegen Einstein", das der Angegriffene jedoch mit Gelassenheit hinnimmt.

> 3. Das **Individuum** steht im Mittelpunkt dieses Modells und ist sozusagen der „Katalysator" des kreativen Prozesses. Alle Rahmenbedingungen sind letztlich nutzlos, wenn sie sich nicht in einem denkenden bzw. handelnden Zentrum inkarnieren.

Hier entstehen die neuen Impulse; und es müssen gar nicht viele sein:

> „Galilei oder Darwin hatten nicht so furchtbar viele neue Ideen, aber die wenigen, auf die sie sich beschränkten, waren von so umwälzender Bedeutung, dass sie die gesamte Kultur veränderten. Auch die Teilnehmer unserer Studie berichteten häufig, dass sie in ihrer gesamten Laufbahn nur zwei oder drei wirklich gute Ideen gehabt hätten, aber jede Idee war so produktiv, dass man ein Leben lang damit beschäftigt war, sie zu überprüfen, zu erläutern, weiterzuentwickeln und anzuwenden." Csikszentmihalyi 2001, S. 93

Das Individuum befindet sich einerseits in Interaktion mit dem System, in dem es sich befindet. Andererseits muss es auch bestimmte Voraussetzungen mitbringen, um kreativ sein zu können (s. Kap. 1.8). Besonders wichtig sind neben Talent und Begabung auch die Leidenschaft für die Sache, und das Durchhaltevermögen:

„Ohne eine brennende Neugier und ohne ein lebendiges Interesse ist es unwahrscheinlich, dass man die Ausdauer aufbringt, um Neues und Bedeutendes zu schaffen. Diese Art von Interesse ist nicht ausschließlich intellektueller Natur. Es wurzelt normalerweise in tiefen Gefühlen, in denkwürdigen Erfahrungen, die auf eine Lösung drängen." Ebd. S. 129f

Es geht also um mehr als um bloßen Ehrgeiz und Profitgier.

„Wer ausschließlich vom Wunsch nach Reichtum oder Ruhm getrieben ist, wird sich vielleicht ernsthaft um Fortschritte bemühen, aber er wird selten den Anreiz verspüren, über das notwendige Maß hinaus zu arbeiten und sich ins Unbekannte vorzuwagen." Ebd. S. 130

Dies bestätigt auch Edison. Auch wenn er als weltberühmter und reicher Mann starb, entschied er sich immer wieder für die Arbeit an der Sache, statt für das „schnelle Geld". Und dies selbst in jungen Jahren, als er zeitweise am Rande des Existenzminimums um das pure Überleben kämpfte.

Ein Kristallisationspunkt, an dem die drei Elemente des Systemmodells zusammentreffen, ist der **Ort**, an dem man lebt und arbeitet (Csikszentmihalyi 2001, S. 186). Dieser ist in dreierlei Hinsicht wichtig, denn er bietet im Idealfall

- Zugang zur Domäne

- neuartige Anregungen durch eine hohe Interaktionsdichte

- Zugang zum Feld der Experten.

„Obwohl er [Edison] durch seine Tätigkeit mit Bankiers, Maklern, Geldleuten in Berührung kam, [...] brachte er für das Spekulieren, das ‚bloße Geldmachen' der manchmal wie besessenen Leute um ihn herum keinerlei Verständnis auf. Er investierte seine Einkünfte wie immer in Apparate und neue Pläne."
Vögtle 2004, S. 25

Typische Beispiele solcher „Orte" sind das Florenz der Renaissance, das Wien der klassischen Musik oder die Universitäten Oxford, Cambridge oder Harvard für die Wissenschaft.

Doch auch hier sind Verallgemeinerungen mit Vorsicht zu behandeln: der Ort für Kant war Königsberg, das er zeitlebens nie verließ; der Ort für Darwin war jahrelang das Expeditionsschiff „Beagle"; und der Ort für Einstein war in seinen produktivsten Jahren ein Dienstzimmer im Berner Patentamt.

Abschließend sei ergänzt, dass Gardner das Systemmodell – die Triade aufgreifend – noch etwas ausdifferenziert (s. Abb. 34).

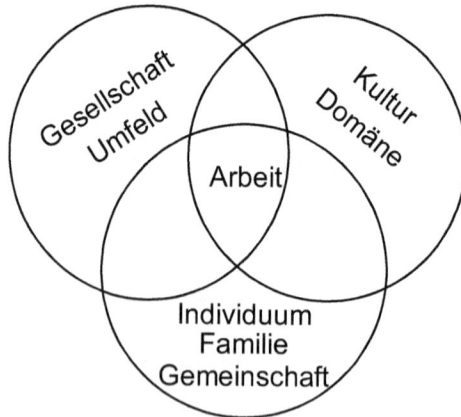

Abb. 34: Das Systemmodell, etwas weiter ausdifferenziert (Gardner 1999, S. 153)

1.11 Kreative Intelligenz

Ein anderes Modell der Kreativität stellt das Individuum in den Mittelpunkt. Howard Gardner erkennt den Wert des systemischen Ansatzes zwar an, setzt jedoch einen anderen Schwerpunkt. Auch wenn jedes Individuum in einem systemischen Kontext steht – d.h. in Beziehungen zu anderen Personen, zu Bildungsdomänen und zu sich selbst-, so gibt es zwischen den einzelnen Individuen erhebliche Unterschiede:

> „Individuen unterscheiden sich jedoch untereinander in dem Ausmaß, in dem sie eine oder mehrere dieser Beziehungen betonen; und außergewöhnliche Menschen unterscheiden sich dramatisch untereinander und von gewöhnlichen Individuen durch das Gewicht, das sie auf eine bestimmte Beziehung legen."
> Gardner 1999, S. 24

Für Gardner, den Begründer des Konzepts der multiplen Intelligenzen, ist Kreativität eine Form von Intelligenz. Nach seiner Analyse gibt es vier kreative Intelligenzformen, die er anhand von Persönlichkeiten prototypisch erläutert: die Meisterschaft, die Neuerung, die Selbstbeobachtung und die Beeinflussung.

Howard Gardner wurde 1943 in den USA geboren, nachdem seine jüdischen Eltern 1938 aus Nürnberg geflohen waren. Als Professor für Erziehungswissenschaften an der Harvard University entwickelte er das Konzept der Multiplen Intelligenzen. Auch Kreativität ist demnach eine Form von Intelligenz.

1. „Mozart ist das Beispiel für den **Meister**. Der Meister ist ein Individuum, das völlige Meisterschaft über eines oder mehrere Bildungsgebiete erlangt hat. Seine oder ihre Neuerung vollzieht sich innerhalb einer etablierten Praxis.

2. Freud dient uns als Beispiel für den **Neuerer**. Ein Neuerer kann eine bereits existierende Domäne gemeistert haben, aber er konzentriert seine Energien auf die Schaffung eines neuen Gebiets. Freud schuf das Gebiet der Psychoanalyse.

3. Virginia Woolf ist unser Beispiel für die **Selbstbeobachterin** oder Introspekteurin. Den höchsten Stellenwert hat für eine solche Person die Erkundung seines oder ihres Innenlebens: der alltäglichen Erfahrungen, mächtigen Bedürfnisse und Ängste, der (eigenen oder fremden) Bewußtseinsvorgänge.

4. Gandhi steht als Beispiel für den **Beeinflusser**. Das vornehmste Ziel einer solchen Person ist die Einflußnahme auf andere Individuen. Gandhi übte Einfluß durch seine Führung verschiedener politischer und sozialer Bewegungen aus, durch sein machtvolles persönliches Beispiel, und, weniger direkt, durch seine anregenden autobiographischen und moralischen Schriften." Ebd. S. 25

Kreative Intelligenz

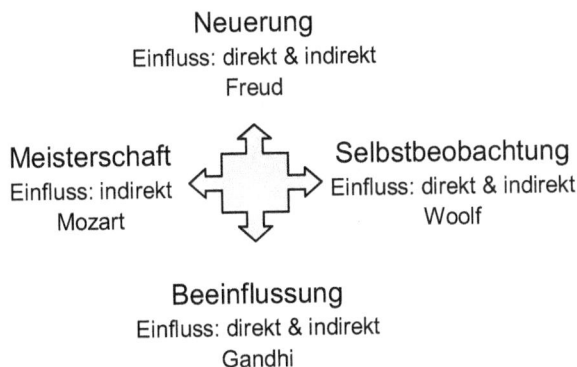

Neuerung
Einfluss: direkt & indirekt
Freud

Meisterschaft   Selbstbeobachtung
Einfluss: indirekt   Einfluss: direkt & indirekt
Mozart   Woolf

Beeinflussung
Einfluss: direkt & indirekt
Gandhi

Abb. 35: Vier Formen der Kreativen Intelligenz (nach Gardner 1999)

Die Grenzen zwischen den Intelligenzformen sind nicht starr, sondern fließend. Dies zeigt Gardner am Beispiel von dem Nervenarzt Sigmund Freud, der als Begründer der Psychoanalyse mehr oder weniger alle vier Prototypen in sich vereint.

Dem Einwand, dass dieses Modell die Bedeutung des Einzelnen zu sehr betont, begegnet Gardner wie folgt:

„Tatsächlich haben häufig gerade jene, die von der Bedeutungslosigkeit des Individuums überzeugt waren (wie Leo Tolstoi oder Karl Marx), diese Auffassung durch den enormen Einfluss ihrer eigenen Werke Lügen gestraft." Ebd. S. 29

„... denn Freud war
ein Meister auf dem
Gebiet der Neurolo-
gie, ‚schuf' das Ge-
biet der Psychoana-
lyse, betrieb eine ge-
naue Selbstanalyse
seiner eigenen Le-
benserfahrung und
hatte großen Einfluss
auf Dutzende von
Anhängern, schließ-
lich sogar auf Millio-
nen von Patienten
und Lesern."
Gardner 1999, S. 25

Abb. 36: Sigmund Freud (1856-1939), im Jahr seiner Emigration aus Wien nach London bzw. ein Jahr vor seinem Tod (nach einem Foto von The Library of Congress Prints & Photographs Online Catalogue 1938)

Es ist sicher ein verdienstvoller Versuch, das Phänomen „Kreativität" durch solche Konzepte und Modelle greifbar zu machen. Dennoch werden sie die Realität niemals vollständig erfassen können. Würden wir bei den folgenden Worten eine herausragende kreative Persönlichkeit erwarten?

„Ich kam nicht aus einer musikalischen oder intellektuellen Familie. Ich bin kein Osteuropäer. Ich bin, soweit ich weiß, kein Jude. Als ich klein war, war ich kein Wunderkind. Ich habe kein fotografisches Gedächtnis und spiele auch nicht schneller als andere Menschen. Ich spiele nicht gut vom Blatt ab. Ich brauche acht Stunden Schlaf. Ich sage aus Prinzip keine Konzerte ab, nur wenn ich wirklich krank bin. Meine Karriere verlief so schleppend, dass ich das Gefühl habe, dass entweder mit mir oder mit allen anderen in diesem Beruf etwas nicht stimmt. [...] Mit Literatur – lesen und schreiben – ebenso wie dem Betrachten von Kunstwerken habe ich recht viel Zeit verbracht. Wann und wie ich all diese Stücke gelernt habe, die ich spiele, während ich im übrigen auch noch ein alles andere als perfekter Ehemann und Vater war, kann ich mir absolut nicht erklären."

Wer war's?

Im Original:
"I did not come from a musical or intellectual family. I am not Eastern European. I am not, as far as I know, Jewish. I have not been a child prodigy. I do not have a photographic memory; neither do I play faster than other people. I am not a good sight reader. I need eight hours' sleep. I do not cancel concerts on principle, only when I am really sick. My career was so slow and gradual that I feel something is either wrong with *me* or with almost anybody else in the profession. Literature – reading and writing – as well as looking at art have taken up quite a bit of my time. When and how I should have learned all those pieces that I have played, besides being a less than perfect husband and father, I am at a loss to explain."
In: The New Yorker 1996; 72 (6): 49

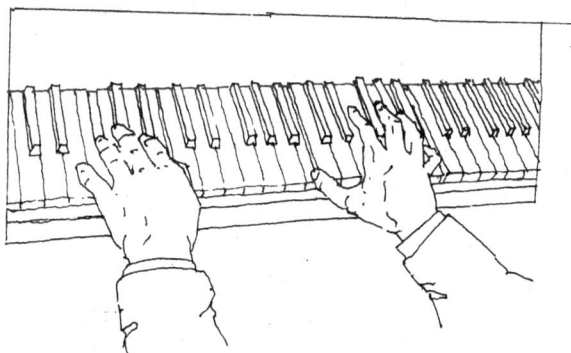

Abb. 37: Das Zitat stammt vom österreichischen Pianisten Alfred Brendel (geb. 1931 in Wiesenberg, Nordmähren) bei einer Ehrung in London 1993

1.12   Ohne Gehirn geht nichts

Kreative Fähigkeiten sind nicht auf den Menschen beschränkt. Auch Tiere handeln kreativ und innovativ. Wer
hätte nicht schon einmal ein Vogelnest bewundert, das aus
vielen kleinen Teilen kunstvoll und stabil konstruiert wurde? Verhaltensbiologen sind immer wieder erstaunt über
den Einfallsreichtum im Tierreich.

So war man bisher davon ausgegangen, dass nur der
Mensch in der Lage ist, sich die Zukunft vorzustellen und
vorauszuplanen. Doch ein Experiment konnte zeigen, dass
dies offenbar auch schon Vögel können.

Die Wissenschaftler hatten Buschhäher das erwartete Frühstück vorenthalten, also morgens hungern lassen. Daraufhin
begannen die Vögel, abends Futter zu verstecken und es am
nächsten Morgen zu verspeisen. Damit zeigten die Buschhäher eine Fähigkeit, die man vorher für spezifisch menschlich
hielt: die bewusste Vorausplanung in die Zukunft, was eine
Art Vorstellungskraft voraussetzt. Diese Neuigkeit war es
wert, in einer renommierten Fachzeitschrift publiziert zu
werden (Raby et al 2007).

"Knowledge of and planning for the future is a complex skill that is considered by many to be uniquely human. [...] The results described here suggest that the jays can spontaneously plan for tomorrow without refrence to their current motivational state, thereby challenging the idea that this is a uniquely human ability."
Raby et al 2007

Abb. 38: Auch Vögel können gezielt vorsorgen. Buschhäher bunkern abends ihr Frühstück, das auch noch möglichst abwechslungsreich sein soll. (Raby et al 2007)

Auch Primaten überraschen die Forscher immer wieder mit innovativen „Ideen". So stellten Wissenschaftler des Max-Planck-Instituts für Evolutionäre Anthropologie Orang-Utans vor eine schwierige Aufgabe. Die Forscher hielten ihnen einen Leckerbissen vor Augen, an den sie nicht herankamen: Eine Erdnuss schwamm in einer durchsichtigen, vertikalen Röhre. Das Problem: Die Röhre war schmal und nur zu einem Viertel mit Wasser gefüllt. Die Nuss schwamm also weit unten, und das Tier konnte nur sehnsuchtsvoll hineinblicken. Eine Orang-Utan-Hand passte jedenfalls nicht hinein. Wie also da herankommen?

"The sudden acquisition of the behavior, the timing of the actions and the differences with the control conditions make this behavior a likely candidate for insighful problem solving. " Mendes et al, 2007

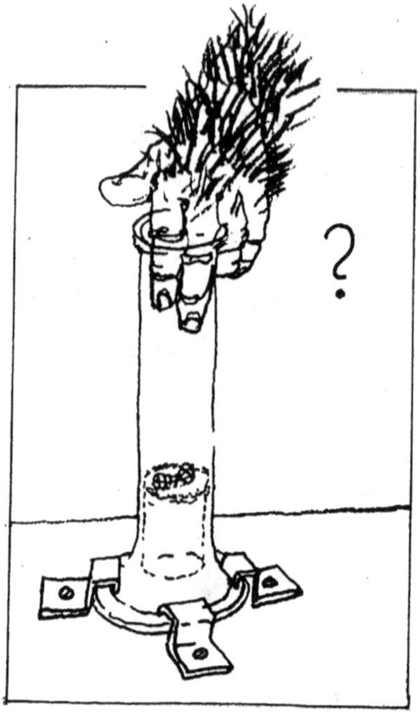

Abb. 39: Eine Erdnuss schwimmt unten in einem schmalen Rohr. Wie da herankommen? Orang-Utans überraschen mit einer innovativen Idee (Mendes et al 2007).

Die „Idee" der Orang-Utans war so originell, dass sie es bis in eine renommierte britische Fachzeitschrift schaffte (Mendes et al 2007):

Die Primaten liefen zum Wasserspender. Dort füllten sie das Maul voll Wasser, liefen zurück zum Rohr und spuckten das Wasser hinein. Das taten sie sooft, bis der Wasserspiegel hoch genug angestiegen war, und damit auch die ersehnte Nuß.

Alle fünf Tiere waren also auf die „Idee" gekommen, Wasser als Werkzeug zu benutzen und damit den Wasserspiegel zu erhöhen – und das unabhängig voneinander und schon beim ersten Versuch. Im Durchschnitt mussten sie dreimal zum Wasserspender laufen, der fester Bestandteil des Versuchskäfigs war, also nicht extra angebracht wurde. In keinem Experiment zuvor hatten sie Wasser als Werkzeug benutzen müssen.

Nach dem ersten Erfolg fanden andere Lösungsversuche (z.B. mit Händen oder dem Maul) gar nicht mehr statt. Stattdessen führten sie die gefundene Lösungsvariante immer schneller durch: brauchten sie am Anfang noch durchschnittlich 10 Minuten, um an die Nuss zu kommen, dauerte es beim zehnten und letzten Versuch nur noch 30 Sekunden.

Ein Verhalten, das auf eine einfallsreiche bzw. einsichtsvolle Problemlösung deutet, so das Resümee die Forscher.

Dies sind nur zwei Beispiele für Innovationen im Tierreich – jenseits instinktiver Programmierung. Verhaltensbiologische Studien zeigen immer wieder, dass der Mensch die Intelligenz und Kreativität im Tierreich unterschätzt – und damit seine Alleinstellung überschätzt.

Kreativität sichert das Überleben und hat daher in der Evolution einen hohen Stellenwert – nicht nur beim Menschen. Die Evolutions- und Verhaltensbiologie, aus der die beiden Beispiele stammen, gehört daher sicher zu den spannendsten Wissenschaften unserer Zeit.

Dies gilt auch für die Neurowissenschaft. Kreativität geschieht nicht im luftleeren Raum, sondern in unserem Gehirn. Was geschieht dort, wenn wir uns im „Flow" befinden, wenn wir über einem Rätsel „brüten" (Inkubation) oder eine „Erleuchtung" (Illumination) haben? Dies wird letztlich wohl ein Geheimnis bleiben. Dennoch sind durch technische Innovationen bildgebende Verfahren entstanden, die ganz neue Einblicke gewähren. Wissenschaftler können dem Gehirn quasi über eine „Lifeschaltung" bei der Arbeit zusehen. Und das ohne Eingriffe oder Operationen, wie es früher notwendig war.

Die Neurowissenschaft hat dadurch einen enormen Auftrieb erhalten und zählt zu den vielversprechendsten Wissenschaften unserer Zeit.

Intuition, Inkubation und Illumination sind zentrale Begriffe, wenn es um Kreativität geht (s. Kap. 1.9). Doch sie bezeichnen nur ein großes Rätsel, ohne es zu beantworten. Es ist, als würde man erzählen, was in einer „Black Box" geschieht, ohne letztlich zu wissen, worüber man spricht.

Für die Hirnforschung ist es daher eine Herausforderung, etwas Licht in dieses Dunkel zu bringen und dem sogenannten „Neuen Unbewussten" auf die Spur zu kommen (Spitzer 2007, S. 51f). Zunehmend wird deutlich, dass „Emotionen" oder „Intuition" unser scheinbar so „rationales" Denken und Verhalten viel stärker beeinflussen als uns bewusst ist.

Bewusstes Denken hat in Hinblick auf Kreativität zwei Begrenzungen (ebd. S. 53):

1. quantitativ: Es kann sich gleichzeitig nur auf wenige Gegenstände konzentrieren. Genau genommen sind es plus/minus 7 („The magical number seven-plus or minus two", Miller 1956). Wenn die Kontonummer also mehr als 7 Zahlen hat, fangen wir an, Gruppen zu bilden („chunking", „clustering"). Schimpansen sind in dieser Beziehung auch nicht viel schlechter als wir: nach neueren Experimenten kommen sie auf die Zahl 5, d.h. sie können 5 Inhalte gleichzeitig bearbeiten.

2. qualitativ: Es „arbeitet eher konvergent als divergent", d.h. zielgerichtet, geradlinig, logisch.

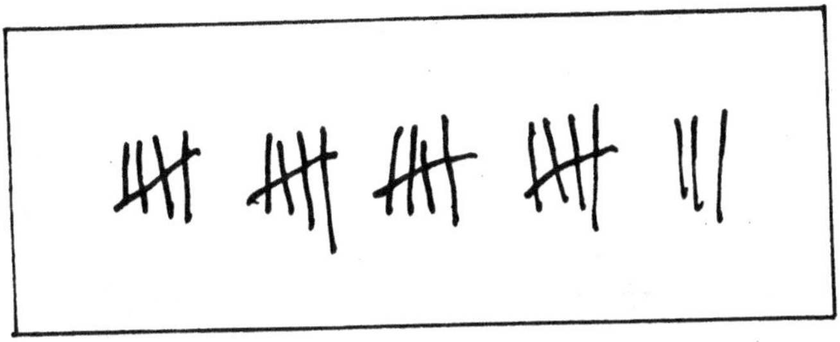

Abb. 40: 7 plus minus 2: das ist die Zahl der Inhalte, die unser bewusstes Denken gleichzeitig erfassen kann. Bei größeren Zahlen bilden wir Gruppen („chunks"), um die Übersicht zu behalten.

Die unbewussten Prozesse, die Kreativität erzeugen, sind jedoch eher divergent, also weder geradlinig noch fokussiert. Sie finden parallel und zirkulär statt. Und vor allem: sie laufen „unterirdisch" und unbemerkt ab.

So „brütet" das Gehirn während der Inkubation ohne bewusstes Nachdenken, man könnte auch sagen: *ohne unser Zutun*. Diese unbewusst ablaufenden Prozesse arbeiten an einer Antwort, ohne dass wir es merken.

„Es denkt in uns, unbemerkt, anders (als bewusstes Denken funktioniert) und effektiv." Spitzer 2007, S. 53

„Bitte nicht stören!" so scheint das Gehirn zu melden. In der Tat scheint es bei der Inkubation darum zu gehen, das Gehirn in Ruhe arbeiten zu lassen und nicht bei seiner Arbeit zu unterbrechen.

„[...] eine Lösung nicht von uns, wohl aber für uns" Ebd. S. 54

Viele „Heureka"-Erlebnisse haben wir Forschern zu verdanken, die vor lauter Grübeln erschöpft einschliefen und mit der richtigen Antwort aufwachten (s. Kap. 1.9).

So erging es auch dem deutschen Chemiker Friedrich August Kekulé (1829-1896), der an der damals noch geheimnisvollen Struktur des Benzolmoleküls knobelte. Er hatte sich bereits längere Zeit mit diesem Rätsel beschäftigt, als er auf seinem Arbeitsstuhl vor dem knisternden Kaminfeuer in Halbschlaf versank.

Vor seinem inneren Auge verwandelten sich die sprühenden Funken in Atome, die hin und her tanzten und „schlangenartige" Formen annahmen. Die Erkenntnis traf ihn wie ein Blitz, der ihn aufweckte: die Ringform war sein „Heureka"-Erlebnis.

„Alles in Bewegung, schlangenartig sich windend und drehend. Und siehe, was war das? Eine der Schlangen erfasste den eigenen Schwanz und höhnisch wirbelte das Gebilde vor meinen Augen. Wie durch einen Blitzstrahl erwachte ich; auch diesmal verbrachte ich den Rest der Nacht um die Consequenzen der Hypothese auszuarbeiten." Kekulé 1890, S. 1306

Abb. 41: Friedrich August Kekulé von Stradonitz (1829-1896) im Alter von 61 Jahren (nach einem Gemälde von Heinrich von Angeli 1890). Der deutsche Chemiker und Naturwissenschaftler legte die Grundlagen für die Strukturtheorie der organischen Chemie.

C_6H_6

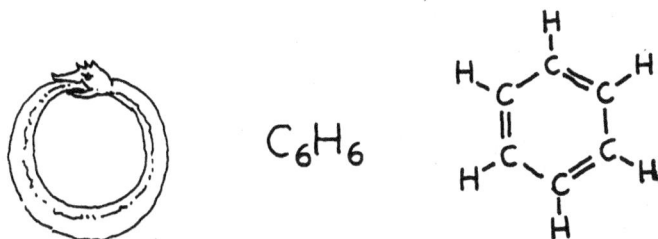

Abb. 42: Traumbild von Kekulé: eine Schlange beißt sich in den Schwanz. Die Strukturformel des Benzols wurde im Halbschlaf entdeckt.

Neuere Studien bestätigen, dass „Darüber Schlafen" tatsächlich eine weise Volksweisheit ist.

„Sleep inspires insight", so der Titel einer Studie deutscher Schlafforscher, die in „Nature" publiziert wurde (Wagner et al 2004)

In einem Experiment stellten sie 66 Versuchspersonen zwischen 18 und 31 Jahren vor eine Aufgabe. Sie sollten verschiedene Zahlenreihen („Number Reduction Task") analysieren. Dabei wussten sie nicht, dass es eine versteckte Regel gab, die die Lösung erheblich vereinfachte und beschleunigte („hidden rule"). Nach einem vorbereitenden Training gab es für alle eine 8-stündige Pause, allerdings unterschiedlicher Art:

die erste Gruppe blieb tagsüber wach, die zweite blieb nachts wach, und die dritte Gruppe durfte schlafen.

Anschließend begann der eigentliche Test: Die Versuchspersonen knobelten über den Zahlenreihen. Der Clou: Wer die versteckte Regel gefunden hatte, konnte die Aufgabe über eine Abkürzung („short cut") wesentlich einfacher und schneller lösen. Das Ergebnis war eindeutig: Die Gruppe, die geschlafen hatte, war am erfolgreichsten. Fast 60% der ausgeschlafenen Personen fanden die versteckte Regel spontan heraus, was man an der schnellen Reaktionszeit sah. Bei den Personen, die wach geblieben waren, waren es nur knapp 23%. Die Erfolgsrate der Gruppe, die geschlafen hatte, war also fast dreimal so hoch im Vergleich zu den beiden Gruppen, die nicht geschlafen hatten (p = 0.014).

Diesen Erfolg hatten die „Schläfer" allerdings nur dann, wenn vor dem Schlaf die Trainingsphase stattgefunden hatte. Fand dieses Training nicht statt, ging der Vorsprung der „Schläfer" verloren; sie waren dann nicht besser als der Durchschnitt der übrigen Versuchspersonen auch.

"In conclusion, our results show that sleep acts on newly aquired mental representations of a task such that insight into hidden task structure is facilitated. [...] Thus, our data support the concept that sleep, by hippocampal-neocortical replay, not only strengthens memory traces quantitatively, but can also 'catalyse' mental restructuring, thereby setting the stage for the emergence of insight."
Wagner et al 2004

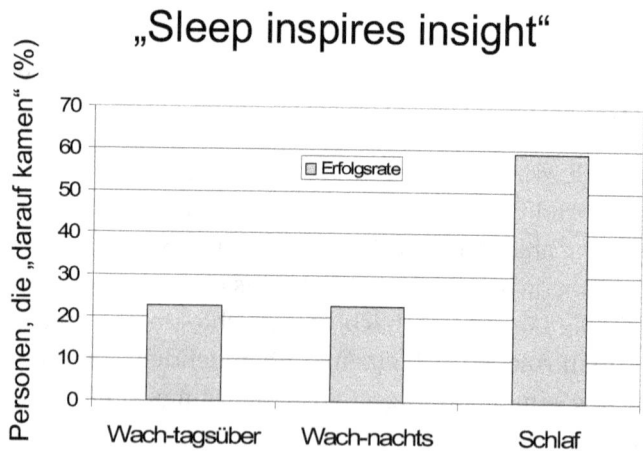

Abb. 43: Die Gruppe, die in der Pause geschlafen hatte, war fast dreimal so erfolgreich wie die Gruppen, die wach geblieben waren (p = 0.014. Wagner et al 2004)

Entscheidend war es also nicht, „ausgeschlafen" zu sein, sondern die Aufgabe „mit ins Bett zu nehmen" und „darüber zu schlafen". Dies war nur möglich, wenn die Aufgabenstellung vorher durch die Übung bekannt war. Dann konnte das Gehirn im Schlaf in Ruhe daran „brüten".

Die Forscher gehen davon aus, dass dabei neuronale „Umstrukturierungen" stattfinden, also Schlaf die „Emergenz von Einsicht" qualitativ katalysiert.

Heißt das, dass Inkubationseffekte nur im Schlaf stattfinden? Keineswegs. Derartige Effekte kommen auch im Wachzustand vor, wie eine holländische Studie bestätigen konnte (Dijksterhuis & Meurs 2006). Voraussetzung ist allerdings, dass die Versuchspersonen von der Aufgabe abgelenkt sind, sich also nicht bewusst damit beschäftigen können.

In der Studie wurden zunächst drei experimentelle Bedingungen definiert:

A. eine bestimmte Aufgabe *sofort* lösen

B. man erhält zunächst 3 Minuten Zeit, um über die Aufgabe *bewusst* nachzudenken, dann die Aufgabe lösen

C. man erfährt die Aufgabe, soll dann jedoch für 3 Minuten etwas ganz anderes tun, was mit der eigentlichen Aufgabe nichts zu tun hat (z.B. eine Knobelaufgabe oder Koordinationsaufgabe lösen). Die Ablenkung ist so fordernd, dass sie die gesamte Aufmerksamkeit beansprucht. Erst danach die eigentliche Aufgabe lösen.

Die studentischen Versuchspersonen wurden nach dem Zufallsprinzip in drei Gruppen (A-C) aufgeteilt. Alle hatten jeweils gleich viel Zeit, um die Aufgabe zu lösen (1 bzw. 2 Minuten).

Eine Aufgabe bestand darin, sich einen Ziegelstein vorzustellen und sich zu fragen: Was kann man damit alles machen?

Wie oben beschrieben, begann Gruppe A *sofort* zu antworten, Gruppe B konnte zuerst 3 Minuten *bewusst* nachdenken
und Gruppe C wurde 3 Minuten abgelenkt, bevor sie mit der
Aufgabe beginnen durfte („*unbewusst*").

Anzahl der Ideen

"It should also be
stressed that the
results are the con-
sequence of an
active unconscious
process. "
Dijksterhuis & Meurs
2006, S. 144

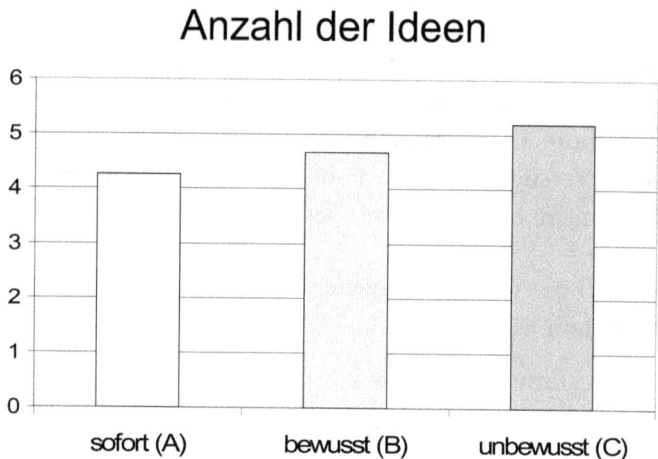

Abb. 44: Gruppe C, die zuvor abgelenkt worden war, hatte die meisten
Ideen produziert (Dijksterhuis & Meurs 2006, S. 143)

Anschließend wurden die Ideen gezählt und die Anzahl
zwischen den drei Gruppen verglichen (ingesamt 113 Personen). Und in der Tat: Gruppe C, die also zuvor abgelenkt
war, hatte die meisten Ideen produziert ($p < 0.11$).

Auch die Qualität der Ideen wurde ausgewertet: Zwei unabhängige Bewerter sollten die Kreativität auf einer Skala
von 1-7 einschätzen (1= minimal, 7= maximal). Auch hier

war das Ergebnis eindeutig: Gruppe C hatte signifikant die originellsten, kreativsten Ideen gefunden (p < 0,03).

Offenbar konnte das Gehirn während der Ablenkung auf unbewusster Ebene in Ruhe weiterarbeiten.

Kreativität der Ideen

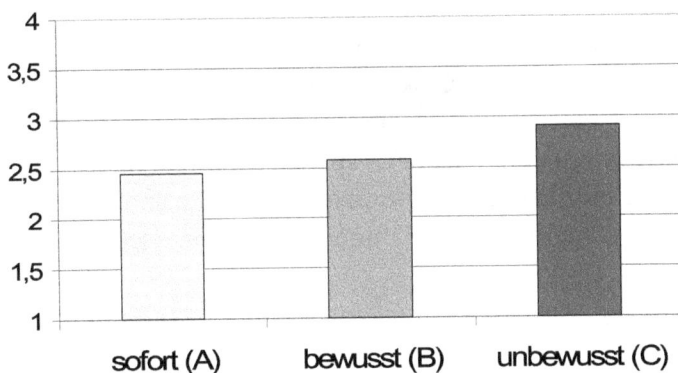

"The findings reported here speak to the relevance of unconscious thought and creativity or divergent thinking. One could say that unconscious thought is more 'liberal' than conscious thought and leads o the generation of items or ideas that are less obvious, less accessible and more creative. Upon being confronted with a task that requires a certain degree of creativity, it pays off to delegate the labor of thinking to the unconscious mind."
Ebd. S. 145

Abb. 45: Die Kreativität der Ideen wurde auf einer Skala zwischen 1 und 7 eingeschätzt (1= minimal, 7= maximal). Gruppe C, die zuvor abgelenkt worden war, hatte das beste Ergebnis. (Dijksterhuis & Meurs 2006, S. 143)

Zwei weitere experimentelle Varianten bestätigen diesen Trend:

Variante 2: Als sich die Versuchspersonen neue Namen für Nudeln ausdenken sollten, waren diejenigen am kreativsten, die vorher abgelenkt waren, also keine Zeit hatten, darüber nachzudenken.

Variante 3: Die holländischen Versuchspersonen sollten Orte auflisten, die mit demselben Anfangsbuchstaben beginnen (z.B. A wie Amsterdam oder Arnemuiden). Dies konnten sowohl größere Städte als auch kleinere Orte sein – beides war möglich. Dabei zeigte sich, dass alle drei Gruppen zwar gleich viele Ideen hatten. Gruppe C, die *nicht bewusst* nachgedacht hatte, waren jedoch die meisten kleineren Orte bzw. Dörfer eingefallen. Dies wurde als eine originellere bzw. kreativere Leistung gewertet als große, bekannte Städte zu nennen.

Die Autoren gehen davon aus, dass die unbewussten Prozesse in Bedingung C *aktiver Natur* sind, es sich also nicht nur um eine passive Ruhepause oder um einen passiven Neustart handelt. Vielmehr sprechen die Ergebnisse dafür, dass es aktive neuronale Prozesse sind, die an der Aufgabe gezielt weiterarbeiten, während das Bewusstsein abgelenkt ist.

Die Bilanz der Autoren: Es gibt eine Beziehung zwischen Kreativität und unbewusstem bzw. divergentem Denken. In Bezug auf kreative Ideen ist das unbewusste Denken dem bewussten überlegen, sowohl quantitativ als auch qualitativ: mehr, origineller bzw. ausgefallener. Wenn es um Kreativität geht, „lohnt es sich, die Denkarbeit an den unbewussten Geist zu delegieren", so die Neurowissenschaftler.

Und wie verhält es sich in Hinblick auf Flow (s. Kap. 1.7), d.h. was geschieht dabei im Gehirn?

Für diese Frage sind die Ergebnisse der folgenden Studie interessant (Goldberg et al 2006). Israelische Neurobiologen dachten sich ein Experiment aus, das im Scanner (funktioneller Magnetresonanztomograph, fMRT) durchgeführt wurde. Die Versuchspersonen (VP) erhielten dort bestimmte sensorische Reize (akustisch bzw. visuell) und sollten diese richtig einordnen. Die visuelle Variante bestand aus Bildern zweier Kategorien: entweder Tiere oder Gegenstände. Die VP sollte also das jeweilige Bild in eine dieser beiden Kategorien einordnen (s. Abb. 46)

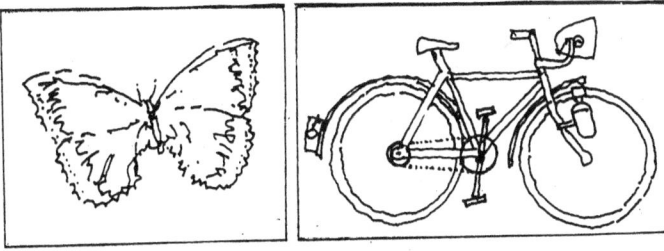

Abb. 46: Tier oder Gegenstand? Die Versuchsperson soll das Bild in eine der beiden Kategorien zuordnen. Das Aufgabentempo war einmal schnell und einmal langsam (Goldberg et al, 2006).

Die Forscher definierten drei experimentelle Bedingungen:

A. schwierige Variante. Die Reize (z.B. Bilder) folgten schnell hintereinander und mussten entsprechend *schnell* kategorisiert werden (12 je Block). Die VP waren also sehr gefordert.

B. leichte Variante. Die Reize (z.B. Bilder) folgten langsam hintereinander und konnten entsprechend *langsam* kategorisiert werden (4 je Block). Die VP waren also weniger gefordert.

C. ebenfalls die langsame Variante (s. B), jedoch mit einem qualitativen Unterschied: Die VP sollten den jeweiligen Reiz (z.B. das jeweilige Bild) nicht kategorisieren, sondern stattdessen auf ihre Emotionen achten, die er in ihnen auslöst. Die VP waren also mit ihrem subjektiven, inneren Befinden beschäftigt (*Introspektion*), statt mit einer objektiven, äußeren Aufgabe.

Variante A und B waren also vom Aufgabentyp her gleich (Fokus nach außen, d.h. auf eine Aufgabe) und unterschieden sich lediglich quantitativ (Anzahl der Stimuli pro Einheit).

Variante B und C waren unter dem quantitativen Aspekt gleich (Anzahl der Stimuli je Einheit). Variante C unterschied sich jedoch bezogen auf die anderen beiden Varianten qualitativ, und zwar bezogen auf den Aufgabentyp (Fokus nach innen, d.h. auf die eigenen Emotionen).

"Our results show a clear segregation between regions engaged during self-related introspective processes and cortical regions involved in sensorimotor processing. Furthermore, self-related regions were inhibited during sensorimotor processing. Thus, the common idiom 'losing yourself in the act' receives here a clear neurophysiological underpinnings."
Goldberg et al 2006, S. 330

Subjektive Selbstbewusstheit
„subjective self-awareness"

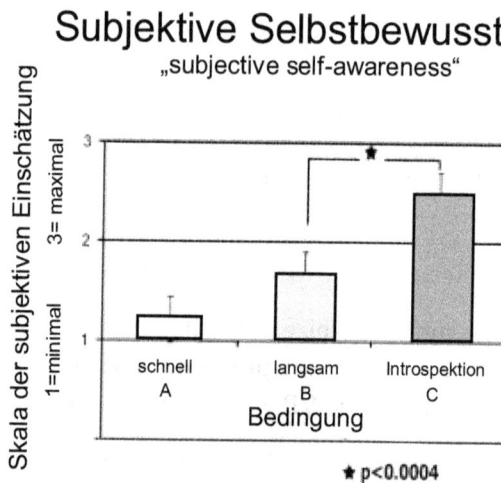

Abb. 47: Grad der Selbstbezogenheit je nach Bedingung. Je höher die äußeren Anforderungen (A), desto geringer die Selbstbezogenheit (Goldberg et al 2006).

Die Versuchspersonen schätzten den Grad ihrer Selbstbezogenheit (Selbstbewusstheit, „self-awareness") selbst ein. Diese war vom Aufgabentyp abhängig: Je herausfordernder die Aufgabe (s. A, schnell), desto geringer die Selbstbezogenheit. Diese wuchs bei einer geringeren Anforderung (B) und war am größten, als der Fokus nach innen gerichtet war (C).

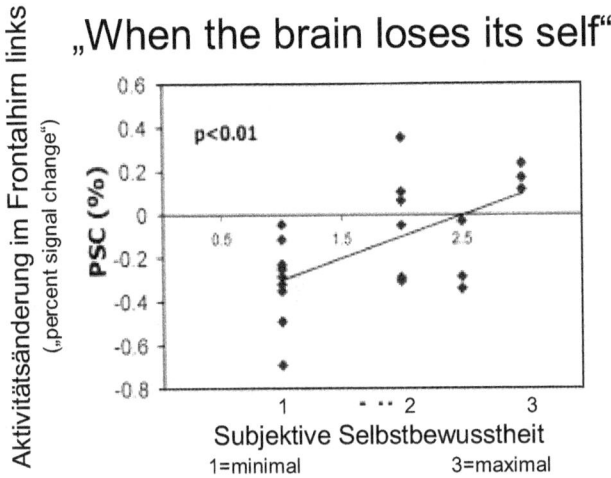

Abb. 48: Der Grad der Selbstbezogenheit ist proportional zur Aktivierung im präfrontalen Kortex. Je höher die Anforderung der Aufgabe, desto geringer die Selbstbezogenheit und desto geringer die kortikale Aktivierung (s. A, links). Das Gleiche gilt umgekehrt (s. C, rechts) (Goldberg et al 2006).

Was zeigte sich nun im Gehirn? Hier sahen die Forscher ein Muster, das sich je nach Aufgabentyp klar unterscheidet.

Bei hoher äußerer Anforderung (A) war die Aktivität im Präfrontalen Cortex (PFC) gering. Diese Aktivität stieg an, als die äußere Anforderung nachließ (B) und war maximal während der Introspektion (C).

"Essentially, these results argue that PFC self-representations are not a necessary element in the emergence of sensory perception. Indeed, it appears that self-related activity is actually shut off during highly demanding sensory tasks."
Ebd. S. 337

Kortikale Aktivierung bei Introspektion

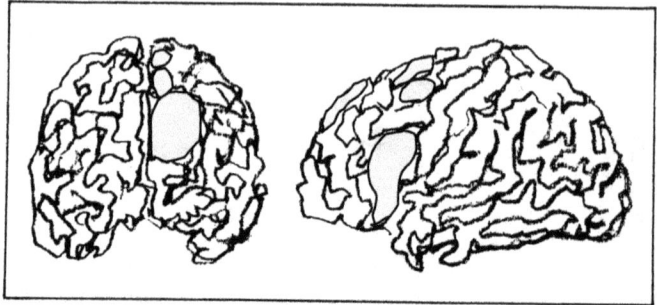

Abb. 49: Bei Introspektion ist der linke präfrontale Kortex aktiviert. Ansicht von vorn (linkes Bild) und Ansicht von links (rechtes Bild. Goldberg et al 2006, schematische Darstellung nach Spitzer 2007, S. 25)

Die Studie kommt zu dem Schluss, dass das Gehirn zwei verschiedene Muster zeigt, die vom Fokus der Wahrnehmung bzw. Aufmerksamkeit abhängen:

- Ist der Fokus nach innen gerichtet (auf das eigene Befinden), sind frontale Bereiche, die in Verbindung mit dem Selbst stehen, aktiviert.

- Ist der Fokus nach außen gerichtet (z.B. auf Objekte), werden diese frontalen Bereiche *ausgeschaltet*, und damit *deaktiviert*.

Die Neurobiologen schließen daraus, dass eine herausfordernde Aufgabe die neuronalen Ressourcen so sehr beansprucht, dass ablenkende bzw. störende Aktivitäten – wie die im „selbstbezogenen Kortex" – unterdrückt werden. Der Begriff „Sich *Selbst* Verlieren" bzw. „Sich *Selbst* Vergessen" erhält demnach ein neurologisches Korrelat.

„Kurz: wenn wir nicht bei den Dingen sind, dann sind wir *nicht* bei uns selbst."
Spitzer 2007, S. 26

Die Forscher stellen damit eine Verbindung zur Praxis des ZEN her. Das Ergebnis lässt sich jedoch wahrscheinlich auch auf den Gehirnzustand während des Flow übertragen (Spitzer 2007, S. 21).

"To conclude, the picture that emerges from the present results is that, during intense perceptual engagement, all neuronal resources are focused on sensory cortex, and the distracting self-related cortex is inactive. Thus, the term 'losing yourself' receives here a clear neuronal correlate. This theme has a tantalizing echoing in Eastern philosophies such as Zen teachings, which emphasize the need to enter into a 'mindless', selfless mental state to achieve a true sense of reality (Suzuki, 1964)." Goldberg et al 2006, S. 337

"Life is an art, and like perfect art it should be self-forgetting."
Suzuki 1964

2   Spezieller Teil: Ausgewählte Methoden

2.1   Eine kurze Gebrauchsanleitung

Organisatorische Hinweise

Im Anschluss finden Sie die Methoden, die für dieses Buch ausgewählt wurden, in alphabetischer Reihenfolge geordnet. Um die Übersichtlichkeit zu erleichtern, wird jede Methode nach einer einheitlichen, inneren Gliederung systematisch dargestellt.

Vorab einige Hinweise zur organisatorischen Vorbereitung, Durchführung und Nachbearbeitung. Da sie die meisten Methoden betreffen, werden sie hier einmalig aufgeführt, um Wiederholungen zu vermeiden.

Visualisierung

In der Regel braucht jede Methode mehrere Meter Visualisierungsfläche. Dafür gibt es wahlweise folgende Optionen:

a. Pinwände, mit den dazugehörigen Karten (verschiedene Farben und Formen), dicke Filzschreiber, Pin-Nadeln.

b. Flipcharts, entsprechende Papierrollen und dicke Filzschreiber. Um die beschrifteten Papierbögen aufzuhängen,
eignen sich Metallschienen an der Wand und Magnete, notfalls Kreppklebestreifen (cave: auf die Wandbeschaffenheit
achten!).

c. Große Tafel, mit Kreide und Schwamm.

Jede Visualisierungsform hat ihre Stärken und Schwächen.

a. Pinwand

Vorteile +	• Die Karten lassen sich umhängen, um-gruppieren und dadurch inhaltlich sortie-ren • Mobil, lässt sich an verschiedenen Orten platzieren
Nachteile ⊖	• Die Handhabung ist relativ aufwändig (auf einzelne Karten schreiben, jede ein-zeln befestigen) • Die Lesbarkeit lässt oft zu wünschen üb-rig (ungünstige Freihandschrift, begrenz-te Kartenfläche, Karten nicht liniiert) • Das Ergebnis lässt sich nicht abhängen, ohne dass die Information verloren geht. Dadurch kann wertvolle Visualisierungs-fläche blockiert werden. • Der materielle Verbrauch ist relativ hoch (Papier bzw. farbiger Karton, Stifte), was auch ökologisch belastet

b. Flipchart

Empfehlung	• Die Flipchart sollte auf Rollen stehen! • Stifte mit verschiedenen Farben einsetzen • Zum Aufhängen der beschriebenen Papierbögen eignen sich Metallschienen an der Wand (mit Magneten)
Vorteile +	• Räumlich mobil • Papier lässt sich abreißen und an anderer Stelle platzieren. Die Information geht dabei nicht verloren • Im Raum ausgebreitet, kann eine richtige „Galerie" aus beschriebenen Papierbögen entstehen
Nachteile ⊖	• Die Notizen können auf dem Blatt nicht verschoben bzw. korrigiert werden – was einmal geschrieben ist, ist geschrieben • Die Schreibfläche ist begrenzt. Die untere Zone des Hochformats ist schwer zugänglich, so dass man gebückt bzw. in Hockstellung schreiben muss • Die Lesbarkeit lässt oft zu wünschen übrig • Es besteht die Gefahr der Überfrachtung, d.h. zu viel Notizen auf zu engem Raum • Der materielle Verbrauch ist recht hoch (viel Papier, farbige Stifte), was auch ökologisch belastet

c. Tafel

Empfehlung	• Eine große Tafelfläche, die in der Höhe verstellbar ist, sollte zur Standardausstattung gehören! • Die Tafel sollte durch andere Medien (wie Leinwand, Pinwand) nicht verstellt werden, um sie parallel einsetzen zu können
Vorteile +	• Fast kein Materialverbrauch und kein Abfall • Einzelne Notizen können entfernt und an andere Stelle gesetzt werden • Bei großer Fläche können Ergebnisse aneinander gereiht werden und so nebeneinander stehen bleiben • Gute Lesbarkeit, da mit Platz nicht gegeizt werden muss und die Höhe verstellbar ist • Einfache Handhabung • Tipp: Kann notfalls auch als Fläche für Papier herhalten. Eventuell haften sogar Magnete! (sonst Kreppband)
Nachteile ⊖	• Nachteil: Als Wandtafel nicht mobil • Notizen können nicht so einfach umgruppiert/verschoben werden

Statt Whiteboard ist eine Tafel empfehlenswert (die Stifte für das Whiteboard sind erfahrungsgemäß häufig leer, wenn man sie braucht! Der Materialverbrauch ist im Vergleich zur Tafel deutlich höher).

Overhead und Beamer werden in diesem interaktiven Kontext weniger eingesetzt.

Sie sollten die Auswahl daran ausrichten, welches Medium am besten zu Ihnen passt und am einfachsten verfügbar bzw. handhabbar ist.

Ein kleiner Tipp: der Wert der Tafel wird derzeit wiederentdeckt, nicht zuletzt wegen ihrer einfachen Handhabung und umweltfreundlichen Eigenschaften.

Räumliche Anordnung

In der Regel ist eine lockere Stuhlanordnung in U-Form sinnvoll. Die TN sollten bequem sitzen und die Visualisierungsfläche gut sehen können.

Wenn sich die TN eigene Notizen machen sollen, sind kleine mobile Einzeltische ratsam, die sich auch leicht verschieben lassen.

Der Raum sollte störungsfrei, gut beleuchtet und großzügig bemessen sein (Bewegung, Platz für mobile Visualisierungsflächen etc.).

Auf eine freie Bodenfläche achten und mögliche Stolperfallen entfernen (Taschen, Flaschen, Kabel etc.)!

Tipp

Der Raum sollte großflächig und nach Möglichkeit leicht und mobil möbliert sein:

- Kleine mobile Einzeltische, die jeder TN leicht selbst versetzen kann und die man unterschiedlich anordnen kann (z.B. zur einer größeren Tischfläche zusammenstellen oder an die Wand schieben, um eine freie Raumfläche zu erhalten)

- Leichte, stapelbare Stühle

Auf helles, freundliches Licht achten. Nach Möglichkeit gerichtete Halogenstrahler statt diffuse Neonröhren!

Vorbereitung

Im Idealfall wird ein externer Moderator eingesetzt, der sich durch Vorgespräche in das Thema und in den Kontext einarbeitet.

Unabdingbar gehört es zur Vorbereitung, das jeweils benötigte Material zu besorgen, den Raum zu richten und die Visualisierungsflächen aufzubauen.

Anleitung

Der Ablauf einer Methode gliedert sich in der Regel in 3 Phasen:

- I. Einführen
- II. Durchführen
- III. Auswerten

Während sich Phase II bei den verschiedenen Methoden unterscheidet, ist der Ablauf von Phase I bzw. III bei den meisten Methoden ähnlich oder gleich. Hier die wichtigsten Elemente der Phase I und III im Überblick.

Zu Phase I. Einführen

a. Eine Fragestellung formulieren: die Aufgabe, den Gegenstand, das Thema oder Problem besprechen, eingrenzen, präzisieren und definieren. Die Aufmerksamkeit also darauf fokussieren. Die Kernfrage kurz schriftlich festhalten und visualisieren (Pinwand, Flipchart, Tafel).

b. Ablauf und Grundregeln erläutern

c. Material austeilen

Tipp zu Phase I

Die Aufgabenstellung als Frage formulieren!

z.B. „Was möchten wir künftig verbessern?"

Fragestellung: den TN mindestens 24 Stunden vor dem Treffen bekannt geben, um eine Inkubationsphase zu ermöglichen (nach Rohrbach 1969, S. 73; s. Kap. 2.13)

Zu Phase III. Auswerten

a. Sichten, strukturieren: Das Ergebnis nochmals in Ruhe durchsehen und inhaltlich ordnen (Querverbindungen herstellen, Gleiches oder Ähnliches zusammenführen, Doppelungen zusammenfassen, Cluster bilden)

b. Selektieren: In der Regel darf *erst jetzt* bewertet werden. Was will man priorisieren bzw. aussortieren? Was ist besonders interessant, sinnvoll, relevant, neu, realistisch, verwertbar, effektiv, nützlich?

c. Durch ein Auswahlverfahren die favorisierten Ideen herausfiltern. Wie kann man auswählen?

d. Ein besonders faires Verfahren: jeder TN erhält eine bestimmte Anzahl Punkte, die er in Form von Klebepunkten oder von Strichen vergeben kann. Diese darf er für sich bzw. anonym auf die einzelnen Ideen verteilen. Die Favoriten, also die Ideen mit den meisten Stimmen bilden die Basis für weitere Schritte.

e. Alternativ ist ein mündliches Verfahren innerhalb der Gruppe denkbar. Wurden Karten verwendet, können diese von der Gruppe in eine Rangfolge gebracht werden: Favoriten kommen nach oben, weniger geeignete Ideen nach unten (oder auf eine andere Pinwand), andere scheiden ganz aus. Da hier die Gruppe als Ganzes agiert und dieser Arbeitsschritt nicht anonym stattfindet, sollte der Moderator besonders auf einen fairen Ablauf achten.

f. Ggf. Ergebnisprotokoll erstellen und an alle aushändigen.

g. Nächste Schritte überlegen (weitere Maßnahmen, Umsetzung, was, wann, wer, wie, wo, womit, wozu). Dabei können Plenum, Kleingruppen und Einzelarbeit kombiniert werden. Auch externe Expertengruppen können einbezogen werden.

Tipps zu Phase III

Be-werten nicht mit ab-werten verwechseln! Auf einen konstruktiven Grundton achten!

Die sogenannte „Dot-mocraty" (Punkte vergeben) ist ein elegantes Verfahren, um ein Meinungsbild bzw. eine Abstimmung zu erhalten.

Eine Variante der Punktevergabe: Jeder TN erhält 3-6 Punkte, pro Idee dürfen maximal 2 Punkte vergeben werden.

Eine Variante der Auszählung (nach Rohrbach 1969, S. 74, s. Kap. 2.13; s.a. Scherer 2007, S. 121):

Gruppe 1: Ideen mit den meisten Punkten

Gruppe 2: Ideen mit einigen Punkten

Gruppe 3: Ideen mit wenigen oder keinen Punkten

Zu Gruppe 1: in die erste Reihe setzen, sofort umsetzen

Zu Gruppe 2: in die zweite Reihe setzen, noch abwägen, evtl. mittelfristig umsetzen

Zu Gruppe 3: zurückstellen, evtl. langfristig oder gar nicht umsetzen

Methodenübersicht

Tab. 2: Methoden und ihre Einsatzmöglichkeiten

	einzeln möglich*	in Großgruppen möglich*	Moderation sinnvoll	spezifische Vorbereitung erforderlich	Ideen generieren: intuitiv-kreativ	Ideen generieren: analytisch-systematisch	Ideen auswerten
Ausfallschritt-Technik	✔		✔		✔	✔	
Bionik	✔			✔	✔	✔	
Brainstorming	✔		✔		✔		
Brainwriting Pool			✔	✔	✔		
CATWOE	✔			✔		✔	✔
Flip-Flop			✔		✔	✔	
Force-Fit Spiel				✔	✔		
Galeriemethode		✔	✔	✔	✔		
Hutwechsel-Methode	✔		✔	✔	✔	✔	✔
Kartentechnik			✔		✔		
Kollektives Notizbuch	✔	✔	✔	✔	✔		
Methode 635					✔	✔	
Mind Map	✔		✔		✔		
Morphologische Methode	✔		✔	✔		✔	
Osborn Checkliste	✔		✔	✔		✔	✔
Reizbild-Analyse	✔		✔	✔	✔		
Reizwort-Analyse	✔		✔	✔	✔		
Trittstein-Methode	✔		✔		✔	✔	
Walt Disney-Methode	✔		✔	✔	✔	✔	✔
Zufallsmethode	✔		✔	✔	✔	✔	

*neben der üblichen Form in Kleingruppen

Scherer 2007, S. 16; Schlicksupp 2004, S. 7f; VanGundy 1988, S. xii-xiv

2.2 Ausfallschritt-Technik

Worum es geht

Eine Methode nach de Bono, die das Denken in Bewegung bringen soll. Dazu dienen provokative Reiz-Aussagen, die Selbstverständliches in Frage stellen. Um eine solche mentale Provokation anzukündigen, entwickelte de Bono die Silbe „po". Sie wurde aus bestimmten Begriffen herausgefiltert (Hy-po-these, Sup-po-sition, Po-tenzial, Po-esie) und deutet auf auf eine „Vorwärtsbewegung" und damit „Sprungbrett-Funktion" hin. Die Methode kann auch allein, d.h. in Einzelarbeit angewendet werden.

„Eine Provokation enthält eine Reiz-Aussage, die keinen Ist-Zusand beschreibt, sondern unser Gehirn aktivieren soll."
De Bono 1996, S. 155

Name

Ausfallschritt-Technik

Herkunft

„Das bedeutet, aus dem Repertoire streichen, in Abrede stellen, ausklammern, ausschließen, verneinen, oder mit einem Ausfallschritt aus dieser Denkschiene ausscheren." De Bono 1996, S. 158

Edward De Bono (*1933 auf Malta), Mediziner und einer der führenden Kreativitätsexperten. Er prägte u.a. den Begriff „Laterales Denken" (s. Kap. 1.5). Diese Methode ist eine Form davon, mit dem Ziel, eingefahrene Denkspuren zu verlassen.

Prinzip

Mischform: intuitiv-kreativ und analytisch-systematisch

Laterales Denken, mentale Provokation

„Mit der Ausfallschritt-Technik sprechen Sie aus, was als ‚selbstverständlich' erachtet wird, und kehren den Tatbestand um." Ebd. S. 161

Ausgangsbasis sind „Selbstverständlichkeiten" (Gewohnheiten, Situationen, Abläufe). Diese werden in Form von „Reiz-Aussagen" verfremdet, so dass sie mental herausfordern.

Das Wort „po" signalisiert – wie ein rotes Licht – eine solche Reiz-Aussage.

Hintergrund

„Alles, was wir als selbstverständlich betrachten, ist eine einengende Falle, aus der wir ausbrechen müssen, um eine provokative Reiz-Aussage zu entwickeln. Es spielt keine Rolle, wie unrealistisch oder absurd die daraus entstehende mentale Provokation scheinen mag." Ebd. S. 160

Ziel

Mentale „Fesseln bewusst abstreifen" (ebd. S. 160)

„Festgefahrene Methoden, Verfahren oder Systeme unter die Lupe nehmen, die auf den ersten Blick keinen Anlass zu Klagen geben und im Laufe der Zeit zu einem stabilen mentalen Gleichgewichtszustand geführt oder sich eingebürgert haben." (ebd. S. 160)

„dem eingefahrenen Gleis der Selbstverständlichkeit entkommen, daher der Name Ausfallschritt-Technik." Ebd. S. 158

Einsatzmöglichkeiten

Um alltägliche Abläufe, gewohnte Methoden, traditionelle Verfahrensweisen zu verlassen

Um festgefahrene Schablonen aufzubrechen

Als allgemeines Training für kreative Kompetenz

Räumliche Voraussetzung

s. Kap. 2.1

TN-Zahl

Ideal: 5-8

Auch einzeln möglich

Vorbereitung

Visualisierungsfläche (s. Kap. 2.1)

ggf. Notizblätter

Moderation

Ja, für eine Gruppe erforderlich (s. Kap. 3.1)

⌛ **Dauer**

ca. 30-50 Minuten (für Phase II), abhängig von Aufgabenstellung, Gruppengröße und Ideenfluss

📑 **Anleitung**

Vorgehen in 3 Phasen: I. Einführen (s. Kap.2.1), II. Durchführen, III. Auswerten (s. Kap. 2.1)

Zu Phase I:

Welche Tatbestände sind selbstverständlich? TN sammeln Beispiele aus ihrem Erfahrungsbereich. Kurz beschreiben und schriftlich festhalten. Daraus ein Beispiel auswählen.

Zu Phase II:

Schritt 1. Selbstverständlichkeit: Anhand des Beispiels einen formalen, situationsspezifischen Satz bilden, und schriftlich festhalten. Der Satz beginnt mit einer bestimmten Formel:

„Da haben wir unsere mentale Provokation."
Ebd. S. 158

Wir betrachten es als selbstverständlich, dass...

z.B. ... in Restaurants Nahrung angeboten wird.

Schritt 2. Mentale Provokation: Den zweiten Satzteil nun verfremden: „aus dem Repertoire streichen, in Abrede stellen, ausklammern, ausschließen, verneinen oder [...] ausscheren". Diesen Satz mit dem Signalwort „po" beginnen, z.B.

Po, in Restaurants wird keine Nahrung angeboten.

Schritt 3. „Mentale Bewegung": Sich diese Situation vorstellen, sie ausmalen, ggf. visualisieren.

z.B. die Leute sitzen an gedeckten Tischen und warten. Niemand kommt, um sie zu bedienen, es gibt keine Speisekarten, unbenutzte Kerzenständer etc.

Schritt 4: Welchen Vorteil könnte das haben? Welche Ideen kommen nun auf?

z.B. „Beim nächsten Besuch werden sie daran denken, belegte Brote mitzunehmen". In den gepflegten Räumen ein Picknick abhalten, Freunde mitbringen, lediglich Mietgebühren zahlen etc.

Schritt 5: Die Ideen sammeln (auf Pinwand, Flipchart, Tafel oder Notizpapier).

Varianten

De Bono beschreibt bestimmte Varianten, die sich auf die Themenauswahl beziehen:

Variante A. Lotterie: Jeder TN erhält mehrer kleine Zettel. Dort darf er alles notieren, was ihm selbstverständlich erscheint (Tatbestände, Sachverhalte, Abläufe, Vorgehensweisen etc.). Jeweils ein Einfall auf einen Zettel. Alle Zettel in einem Behälter sammeln und mischen. Dann darf jeweils ein Zettel gezogen werden, der bearbeitet wird.

Variante B. Alle „Selbstverständlichkeiten" untereinander auflisten und nummerieren. Nun darf ein TN eine Nummer wählen, z.B. 7. Der Eintrag an dieser Stelle wird nun bearbeitet. Jeder TN zunächst für sich allein.

Hinweise

Darauf achten, dass die Ideen nicht zu bequem und simpel sind, sondern möglichst ungewöhnlich und originell. De Bono nennt folgendes Beispiel:

Po, wir können nicht mit dem Auto zur Arbeit fahren.

Einfachster Ausweg: den Bus oder Zug nehmen.

Dies wäre nicht besonders originell. Produktivere Wege wären: in die Nähe des Arbeitsplatzes ziehen, einen Arbeitsplatz zu Hause einrichten, eine Verlagerung der Arbeitsplätze aufs Land, so dass der Verkehr morgens stadtauswärts (nicht mehr stadteinwärts) umgelenkt wird etc.

„Wenn Sie die Initiative ergreifen und Verbesserungen oder Veränderungen herbeiführen wollen, müssen Sie wissen, an welchem Punkt Sie den Hebel ansetzen." Ebd. S. 160

Vorteil, Stärke, Chance

✓ Diese Methode „reißt Sie aus dem Trott, so dass Sie gezwungen sind, die Dinge aus einer völlig neuen Perspektiv zu betrachten." (ebd. S. 160)

✓ Leicht anzuwenden

✓ Selbstverständliches hinterfragen

✓ Blinde Flecken auflösen

✓ Auch allein einsetzbar

✓ Spielerischer Ansatz

✓ Training zur Verbesserung der kreativen Kompetenz

Nachteil, Schwäche, Risiko

o Kann dazu verleiten, den Weg des geringsten Widerstands zu suchen und sich mit einfachen Alternativen zu begnügen

o Die Methode erscheint zunächst ungewohnt und erfordert einige Übung

Beispiele

Original nach de Bono (ebd. S. 159):

Po, in Restaurants sind Speisen und Getränke umsonst.

Idee: statt die Nahrung zu berechnen, die Zeit berechnen, die der Gast sitzen bleibt. Dies würde die Wartezeiten für andere Gäste verkürzen.

Po, in Restaurants gibt es keine Speisekarten.

Idee A: sich von einem guten Koch überraschen lassen (dieses Modell soll es übrigens bereits geben)

Idee B: es gibt Listen mit allen verfügbaren Zutaten. Daraus kann man sich selbst ein Menü zusammenstellen

Po, In Restaurants gibt es weder Geschirr noch Besteck.

Idee: Jeder Gast bringt sein eigenes mit und kann es dort deponieren. Es wird namentlich gekennzeichnet, so dass man immer von seinen privaten Tellern essen kann. Dies würde die Gäste an das jeweilige Restaurant binden.

Literatur

De Bono E. 1996, S. 158f

2.3   Bionik

Worum es geht

Die Methode zielt darauf, von der Natur zu lernen. Prinzipien, die sich in einer langen Evolutionszeit gebildet und
bewährt haben, werden beobachtet und analysiert. Anschließend werden sie auf die Ebene der Technik, Medizin
bzw. zivilisatorischen Umwelt übertragen. Der Hintergrund dieser Methode wird hier näher beschrieben, da sie
ein wichtiges Kreativitätsprinzip prototypisch illustriert:
die Analogiebildung.

„Die Natur hat die
Technik ‚erfunden‘.
Das klingt seltsam,
ist aber so. Technik
ist nicht erst eine
Errungenschaft des
Menschen. Ja, oft
scheint es so, als
hätten wir unsere
Erfindungen unmit-
telbar der Natur
abgeschaut.“
Nachtigall 2000,
S. 15

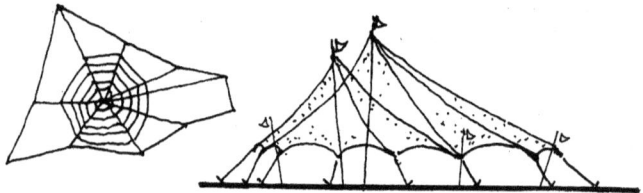

Name

Bionik. Synonym: Biomimikry, Biomimetik, Biomimese; bionics (engl.)

Herkunft

Der Begriff setzt sich zusammen aus „Bio-logie" und „Tech-nik".

Die ursprüngliche Wortschöpfung stammt von dem amerikanische Luftwaffenmajor J. E. Steele („bionics"). 1960 hatte er eine Tagung einberufen mit dem Ziel, das technische Radar zu verbessern. Das Vorbild kam aus der Natur: die Fledermaus. Ihr „biologisches Sonar" übertraf die damaligen technischen Radareinrichtungen „um Größenordnungen" (Nachtigall 1997, S. 1)

> „Lernen von der Natur als Anregung für eigenständigtechnisches Gestalten."
> Nachtigall 1997, S. 1

Prinzip

Anfangs: intuitiv-kreativ; später: analytisch-systematisch

Analogie bilden

Der Natur auf der Spur sein, „Nach"-Denken. „Erfindungen" der belebten Natur entschlüsseln. Systematisches Lernen von der Natur. Systeme, Strukturen bzw. Lösungen aus der Natur auf die Ebene der Technik, Medizin bzw. zivilisatorischen Umwelt übertragen. Analogien suchen. Interdisziplinärer Ansatz.

⌗ Hintergrund

Bionik studiert und nutzt die Ergebnisse der biologischen Evolution.

Die Idee, von der Natur zu lernen, war nicht neu. So war das Fliegen ein alter Menschheitstraum. Leonardo da Vinci (1452-1519) hat den Vogelflug gründlich analysiert und versucht, biologische Prinzipien auf Flugmaschinen zu übertragen. Auch der Italiener J.A. Borelli (1608-1679) hat hierzu Grundlagenforschung betrieben und Modelle entwickelt. Der Engländer Sir G. Cayley (1773-1857) studierte in diesem Zusammenhang eine bestimmte Pflanze: den Wiesenbocksbart. Seine Früchte schweben in der Luft und fallen dennoch stabil nach unten („Pusteblumen"). Cayley entwickelte aus dieser Analogie den ersten funktionierenden Fallschirm (ebd. s. 7f)

> „Die in Jahrmillionen erprobten Flugsysteme der Natur haben inzwischen eine Perfektion erreicht, die kaum überbietbar erscheint." Nachtigall 2000, S. 163

Ein weiterer Pionier der Bionik war Raoul H. Francé (1874-1943). Der in Wien geborene Botaniker und Mikrobiologe gilt als Universalgelehrter und eigentlicher Begründer der Bionik als Wissenschaft. 1917 erwähnt er erstmals den Begriff „Biotechnik". Wegweisend sind seine Werke „Die technischen Leistungen der Pflanze", 1919 und „Die Pflanze als Erfinder", 1920. Dort beschreibt er viele Analogien, wie pflanzliche „Hochbauten" oder „Zellfabriken". 1920 erhält er ein deutsches Patent: nach dem Vorbild der Mohnkapsel hatte er einen Streuer mit gleichmäßigem Streubild erfunden. „Seine Ideen fanden nicht die erhoffte öffentliche Zustimmung – bis Jahre später [...] die Bionik in den USA begründet wurde." www.soel.de/btq/BTQfranc.htm, S. 25)

> „Gewiß wird die Biotechnik den Unterricht der Technischen Hochschulen beeinflussen, vielleicht sogar reformieren, zweifelsohne vermag sie auch eine neue Blüte der Industrie nach sich zu ziehen, und zahllose große und weittragende Erfindungen liegen milliardenschwer im Schoß." Francé 1920, S. 69

Durch technische Entwicklungen (Produktionspro-
zesse, Computerleistung) entwickelte sich die Bionik
zu einer etablierten Fachdisziplin. Als einer der Vor-
reiter gilt Prof. Ingo Rechenberg, der den Begriff
„Evolutionsstrategie" prägte und 1972 den Lehr-
stuhl für „Bionik und Evolutionstechnik" an der TU
Berlin erhielt. Als Meilenstein gilt ein Vortrag, den
er als Student für Flugzeugbau 1964 hielt. Dort de-
monstrierte er im Windkanal, wie sich eine zickzack-
förmig gefaltete Gelenkplatte quasi von selbst eine
Form sucht, die den geringsten Luftwiderstand bietet.

Dieses einfache Experiment zeigte, „dass paradoxerweise das freie Spiel des Zufalls und der Auslese schneller als irgendeine andere systematische Probiermethode zur günstigsten Lösung führt." Der Spiegel 1964, S. 147

Rechenberg beschäftigte sich später mit verschiedenen Themen, z.B. Wasserstoff-produzierenden Bak-
terien in der Wüste.

Als weitere Koryphäe auf dem Gebiet gilt Werner
Nachtigall, der als Ordinarius für Zoologie 1990 die
Ausbildungsrichtung „Technische Biologie und Bionik" an der Universität Saarland gründete und Autor zahlreicher Fachbücher ist.

Ziel

Von der Natur lernen

Bewährte Ideen und Lösungen der Evolution imitieren bzw. übertragen

Einsatzmöglichkeiten

Neue Ideen suchen

Vorhandenes untersuchen, analysieren, verbessern

Architektur, Brückenbau, Design, Flugzeugbau, Medizin, Technik etc.

Gestaltung von Gebäuden, Produkten und Objekten

Prinzipiell für drei Bereiche (Nachtigall 1997, S: 5):

„Nebenbei gesagt: Auch bei biologischen Objekten wirkt ,gutes Design' immer auch ,schön' !" Nachtigall 1997, S. 131

- Konstruktion (z.b. Material, Werkstoff, Prothetik)

- Verfahren (z.B. Klima/Energie, Bauen, Sensorik)

- Information (z.B. Neurologie, Evolution, Prozess, Organisation)

Die Methode ist interdisziplinär angelegt und wendet sich in erster Linie an entsprechende Fachleute und Experten

Anleitung

Vorgehen in 3 Phasen: I. Einführen (s. Kap. 2.1), II. Durchführen, III. Auswerten (s. Kap. 2.1)

Zu Phase II.

Top-Down Ansatz (Analogie-Bionik)

Von der konkreten Fragestellung (Aufgabe, Gegenstand, Thema) ausgehen

Schritt 1. Das zentrale Prinzip (den zentralen Prozess) suchen und beschreiben (z.B. Telefonhörer → Kommunikation, Übertragung)

Schritt 2. Analogien für dieses Prinzip (diesen Prozess) in der Natur suchen (Pflanzen, Tiere)

Schritt 3. Vorbilder aus der Natur analysieren

Schritt 4. Erkenntnisse übertragen, Transfer bilden

☐
△ **Varianten**
○

Bottom-Up Ansatz (Abstraktions-Bionik)

Von der zweckfreien Beobachtung ausgehen

Schritt 1. Biologische Grundlagenforschung betreiben. Biologische Prinzipien (Struktur, Organisation, Funktion) zweckfrei beobachten, analysieren

Schritt 2. Das Prinzip abstrahieren bzw. verallgemeinern

Schritt 3. Mögliche Anwendungen suchen (z.B. Medizin, Technik, Architektur, Design)

Schritt 4. In interdisziplinären Teams ein Konzept bzw. Produkt entwickeln (Biologen, Mediziner, Techniker, Architekten, Statiker, Designer)

„Der Reichtum an Formen, Strukturen und Bauelementen in der Welt der Pflanzen ist weit größer als alle menschliche Phantasie." Nachtigall 2000, S. 166

Hinweise

Die Durchführung (s. Anleitung, Phase II) ist variabel und situationsabhängig

Zu Phase I: Die Fragestellung (Aufgabe, Gegenstand, Thema) nicht zu eng formulieren, um den Radius für Lösungsalternativen möglichst groß zu halten

Die Methode kann auch zur Optimierung bestehender Systeme/Funktionen eingesetzt werden

Vorteil, Stärke, Chance

✓ In der Natur gibt es fast unzählige Möglichkeiten, um Anregungen und Ideen zu erhalten

✓ Von der Evolution „erfundene" Lösungen haben sich naturgemäß bewährt (nachhaltig, belastbar)

✓ Auch für größere Gruppen geeignet

„Die Natur ist perfekt. Sollten wir sie dann kopieren? [...] Es ist ganz klar, dass die bionische Methode nicht zur Naturkopie führen kann [...] Sie hilft aber zu verstehen, wie die Natur konstruiert und überhaupt entwickelt." C. Di Bartolo, Istituto Europeo di Design, Milano. zit. in: Nachtigall 1997, S. 122

✓ Fördert interdisziplinäres Denken und Kooperationsfähigkeit

✓ Teamerlebnis, Teamentwicklung

✓ Auch als Training für kreatives Denken geeignet

Nachteil, Schwäche, Risiko

o Analogien finden kann schwierig sein, braucht Zeit und gründliche Fachkenntnisse

o Setzt Bereitschaft und Offenheit voraus

o Beiträge müssen am Ende sorgfältig aussortiert werden

o Die eigentliche Arbeit beginnt nach der Entdeckung: die Übertragung

o Benötigt solide fachliche Kompetenz und Erfahrung

Beispiele

Nachtigall beschreibt die einzelnen Projektschritte an einem eigenen Beispiel. In diesem Fall ging es darum, die Sohlen von Sportschuhen zu verbessern (Nachtigall 1997, S. 118f):

Schritt 1: Phänomenologie

Das Problem wird beschrieben: die mechanischen Eigenschaften der Sohlen sind nicht optimal aufeinander abgestimmt.

Schritt 2: Bionischer Bezug

Die Evolution passt sich an veränderte Umweltbedingungen an, was sich auch bei vielen laufenden Wirbeltieren beobachten lässt. Was kann man daraus für die Konstruktion des menschlichen Schuhwerks lernen?

Schritt 3: Anstoß zur Bearbeitung

Eine Firma für Sportschuhe hat Interesse an einem entsprechenden Produkt und erteilt den Auftrag.

Schritt 4: Recherche

Es folgt eine Recherche zum Thema „Elastizität im Tierreich" und „Schockabsorption im Tierreich". Grunddisziplin ist die Biologie, vor allem die vergleichende Anatomie, Morphologie und Histologie.

Schritt 5: Analogiebildung und Umsetzungsvorschläge

Die biologischen Prinzipien werden auf die technische Ebene übertragen und dort weiterentwickelt. Es werden Analogien gebildet, z.B. „Hautstruktur schnellschwimmender Meeressäuger" (Fluidfüllung) sowie „Känguruhprinzip" („Sohlenabhängung").

„Biologisch-technischer Erkenntnisgewinn ohne ‚mutvolle' Gegenüberstellung ist unmöglich." Nachtigall 1997, S. 127

Basierend auf diesen Ergebnissen werden Vorschläge zur Umsetzung entwickelt. Dies geschieht in einem „iterativen Prozess" in einem interdisziplinären Team, darunter Techniker, Designer und Manager.

Schritt 6: Anwendungspotential

Ziel der Bioniker bei diesem Beispiel ist eine „integrative Homogenität" des Materials, anstelle einer „strukturfunktionellen Heterogenität". Besonders die Materialforschung, die Schuh- und Bekleidungsindustrie kann von dem bionischen Ansatz profitieren. Bei einer zunächst schwierigen Anfangstechnologie ist nach Nachtigall eine „Serienproduktion letztendlich billiger und erfolgsversprechender".

Weitere Beispiele:

(Nachtigall 1997, S. 43/44, S. 134, F17ff)

„Barthlott erzählt, dass er die weittragenden Konsequenzen dieses Prinzips recht früh erkannt hat, aber er war zu seiner Zeit wohl der einzige. [...] Ein Physiker gab sogar den Hinweis, dass der Lotus-Effekt physikalisch gar nicht möglich wäre. Heute, nach spektakulären Erfolgen, erzählt Barthlott diese Geschichte amüsiert." Diese Geschichte ist nicht ungewöhnlich, „weil es symptomatisch ist für die Schwierigkeiten, die eine bionische Idee zu bestehen hat, bis sie sich durchsetzt." Nachtigall 2000, S. 296

- Warum haften Klettfrüchte so zäh an Fellen und Kleidern? Dies fragte sich der Schweizer Ingenieur George de Mestral, als er von einem Jagdausflug 1941 zurückkam und die Kletten von seiner Hose und dem Fell seines Schäferhunds entfernte Diesmal legte er die kleinen stacheligen Kugeln unter sein Mikroskop. Er analysierte das Haftungsprinzip und entwickelte daraus die Idee, einen Verschluss zu entwickeln: den Klettverschluss. Nach jahrelanger Entwicklungsarbeit wird daraus 1951 ein Patent, eine eigene Firma und seit 1959 ein Markenprodukt. Diese Verschlusstechnik wird inzwischen weltweit eingesetzt (www.velcro.de).

- Lotus-Effekt: Warum bleiben Pflanzenblätter immer trocken und sauber? Wassertropfen perlen daran ab, ohne einzudringen. Der deutsche Botaniker W. Barthlott hat dieses Phänomen in den 1970er Jahren bemerkt und später nach der Lotusblume als „Lotus-Effekt" bezeichnet. Analog zum biologischen Prinzip wurden inzwischen zahlreiche schmutz- und wasserabweisende Oberflächen bzw. Lacke entwickelt.

- Weitgespannte Tragwerke: Das Dach des Olympiastadions in München zeigt Prinzipien, die man „bei Spinnennetzen wiederentdeckt und dann erst verstanden hat."

- Verpackungstechnik: Früchte und Samen sind mit minimalem Materialaufwand, stoßfest und „recyclebar" verpackt. Die Verpackungsindustrie kann davon lernen; erste essbare Verpackungen sind bereits auf dem Markt.

- Laufmaschinen: Käfer können sich lagestabil und schnell bewegen. Von laufenden Insekten hat man Prinzipien gelernt, die man auf Laufmaschinen übertragen hat.

- Im Wasserkanal werden schwimmende Forellen oder Pinguine untersucht. Deren Formanpassung, Bewegungssteuerung und Druckwiderstand zeigen eine Perfektion, aus der man für die Konstruktion „strömungsoptimierter Körper" lernen kann.

- „Wachsen nach dem Vorbild der Bäume": Analog zur Struktur des Baumstamms wurde ein massiv-schwerer Träger in eine Leichtbauform umgewandelt.

- Geräteantrieb: Wasserläufer (z.B. die Gattung Gerris) bewegen sich mit ihren rudernden Mittelbeinen. Die japanische Firma Toyota hat analog dazu ein Sportgerät („Ruder-Roller) entwickelt.

„Manche Spinnen bauen glockenförmige Gespinste, die mit Fäden von Tragelementen abgehängt sind. Das berühmte Dach des Olympiastadions in München [...] zeigt Mechanismen zur Abhängung und zur Reduktion von Punktbelastungen, die man bei Spinnennetzen wiederentedeckt und dann erst verstanden hat." ebd. F17

„Auch hier hat die Natur erstaunliche Vorbilder parat. Aus ihrem seit Jahrmillionen erprobten Artenspektrum präsentiert sie für eine widerstandsmindernde Stromlinienform zahlreiche Erfolgsmodelle – von Fischen bis zu Delphinen, Pinguinen und Kolibris." Nachtigall 2000, S. 190

- Flügeldesign: Ein landender Weißstorch spreizt seine Handschwingen, was sich auf die Umströmung der Flügelenden positiv auswirkt. In Analogie hat der Airbus ebenfalls „Endflügelchen" erhalten.

- Leichtbau: Die Schale einer Meeresradiolarie ist vielfach durchlöchert, extrem leicht und dennoch druckfest. Die Spitze des Zeppelin-Flugschiffs „Hindenburg" hatte ebenfalls eine große Biegesteifigkeit bei geringstmöglichem Gewicht.

„Man muss die Natur nicht immer nur unter dem schwärmerischen Aspekt des Naturfreundes oder mit den Augen des Naturwissenschaftlers betrachten; sie hält auch die kritische Analyse mit dem nüchternen Blick des Technikers aus. Der Schleier des Geheimnisvollen und Wunderbaren bleibt und damit die Achtung vor einer Schöpfung, die auch im kleinsten Detail technische Überraschungen offenbart." Nachtigall 2000, S. 146

Literatur

Francé R H. Die Pflanze als Erfinder. Frank'sche Verlagshandlung, Stuttgart 1920

Nachtigall W. Vorbild Natur. Springer, Berlin Heidelberg 1997

Nachtigall W, Blüchel K. Das große Buch der Bionik. DVA, Stuttgart München 2000

Aerodynamik: Zickzack nach Darwin. Der Spiegel 1964 (47): 145-147

BTQ – Gesellschaft für Boden, Technik und Qualität: www.soel.de/btq/BTQfranc.htm (über Francé), S. 1-31 (Stand: 10/2007)

http://www.velcro.de/cms/Geschichte.6.0.html?&L=1 (Stand: 11/2007)

Allgemeiner Überblick

Alter U, Geschka H, Schaude G, Schlicksupp H.
Methoden und Organisation der Ideenfindung. Battelle Institut, Frankfurt/M. 1973, S. 42f

Knieß M. 2006, S. 101f

VanGundy 1988, S. 89ff

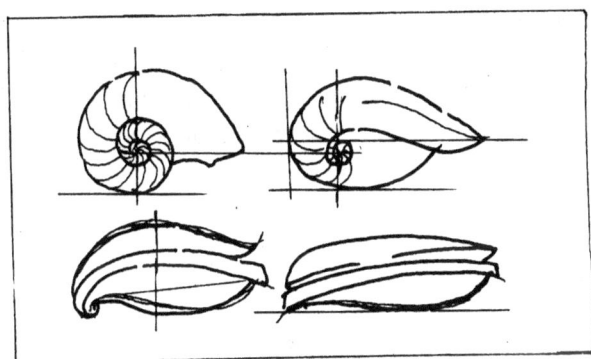

Abb. 50: Formanalogie: Eine Nautilus-Schale diente als Vorbild für die designerische Entwicklung einer Telefonform in Frankreich (aus: Nachtigall 1997, S. F16)

„Es klingt in der Tat etwas verrückt: Tiere und Pflanzen als Designer, die dem Maschinenbauer und Architekten etwas zeigen können! Und dennoch: Kein Konstrukteur ist bis heute in der Lage, auf herkömmliche Weise ein Kriterienpaar biologischen Designs- ultraleicht und zugleich hochfest- ähnlich gut in den Griff zu bekommen." Nachtigall 2000, S. 16

2.4   Brainstorming

> **Worum es geht**
>
> Brainstorming ist eine der am häufigsten angewandten Methode der Ideenfindung. Als Basismethode hat sie Modellcharakter für andere Methoden. Daher wird sie besonders ausführlich behandelt. Im Zentrum stehen die freie Assoziation und bestimmte Spielregeln. Nur wenn diese eingehalten werden, können sich die TN in der Gruppe sicher fühlen, sich öffnen und so zu dem gewünschten Synergieeffekt beitragen. Die Methode eignet sich besonders für heterogene Gruppen.

"If you try to get hot and cold water out of the faucet at the same time, you will get only tepid water. And if you try to criticize *and* create at the same time, you can't turn on either *cold* enough criticism or *hot* enough ideas. So let's stick soley to *ideas* – let's cut *all* criticism *during* this session."
Osborn (einen anderen Teamleiter zitierend) 1963, S. 156

Name

Brainstorming

Herkunft

Alex Osborn (1888-1966), US-amerikanischer Philosoph. Der zeitweise als Reporter tätige junge Osbor-
ne war 1919 Mitbegründer einer großen Werbeagentur (BBDO). Später gründete er am Buffalo State
College eine Stiftung für Kreativität („Creative Education Foundation", 1954) und das weltweit erste
Institut für kreative Problemlösung („Creative Problem Solving Institute"). Ein Jahr nach seinem Tod
wurde daraus das „Center for Studies in Creativity",
das noch heute in Buffalo unter leicht abgewandel-
tem Namen besteht („International Center for Studies in Creativity" am Creative Studies Depart-
ment.)

Osborn entwickelte das Brainstorming bereits in den
1930er Jahren. Er selbst habe die Methode jedoch
nicht völlig neu erfunden, so Osborn. Seit über 400
Jahren gäbe es in Indien eine ähnliche Methode, die
Hindu-Lehrer bei religiösen Gruppen anwenden.
(Osborn 1963, S. 161)

> „Using the brain to
> storm a problem".
> Osborn 1963, S. 161

Prinzip

Intuitiv-kreativ

Eine der am häufigsten angewandten Methode der
Ideenfindung. Als Prototyp für andere Kreativitätsmethoden hat sie Modellcharakter.

> „Man lässt Einfälle
> in den Bereich des
> Unterbewussten
> vordringen, um so
> eine Kettenreaktion
> freier Assoziationen
> auszulösen."
> Clark 1973, S. 18

Im Zentrum steht die freie Assoziation. Wichtige weitere Prinzipien: abwertende Kommentare und negative Kritik ausschalten, das Wissen und die Fantasie aller Beteiligten nutzen, Kommunikation straffen und demokratisieren.

Hintergrund

„Osborn beobachtete, dass alle Konferenzen [...] von einer Atmosphäre des ‚ausgeschlossen, unmöglich, nein und damit punktum!' beherrscht waren. Einfälle wurden abgewürgt, kaum dass sie erwähnt worden waren, und viel zu viele einfallsreiche Leute hüllten sich deshalb in Schweigen." Ebd. S. 17

Osborn hatte beobachtet, dass viele Konferenzen recht unproduktiv und unerfreulich verlaufen. Besonders junge Mitarbeiter trauten sich nicht, ihre Ideen zu äußern. Kein Wunder: neue Ideen wurden bereits im Keim erstickt – und dies durch z.T. ganz subtile Mechanismen. Das Ergebnis: nur wenige TN sprachen, und diese dafür umso mehr.

Mit Brainstorming entwickelte er ein Gegenmodell, um typische Blockaden zu vermeiden und um Gruppenprozesse in Schwung zu bringen. In den Jahren, als er die Werbeagentur leitete (1939-1946), also während des Zweiten Weltkriegs), implementierte er die Methode als festen Bestandteil des Arbeitsalltags. Der Erfolg war so offenkundig, dass sich die Methode in den USA rasch verbreitete, und auch darüber hinaus. Die zugrunde liegenden Regeln (s.u.) gelten auch für viele andere Kreativitätsmethoden.

„Aber gerade im Werbefach waren neue Einfälle, und zwar zu Hunderten, einfach lebensnotwendig. In dieser Situation begründete Osborn Brainstorming als glänzenden Generalangriff auf das geschilderte ‚negative' Konferenzdenken." Ebd.

Ziel

Ideenvielfalt vergrößern, Blickfeld aufweiten

Jeden TN aktivieren, faire Chancen für alle

Teamentwicklung, Verbesserung des sozialen Klimas und der Teamkultur

Einsatzmöglichkeiten

Für Fragestellungen, die relativ einfach und eindeutig zu beschreiben sind

Rein sprachliche Aufgaben (z.B. Logo, neuen Namen suchen)

Anfangsphase, als Einstieg (in ein Thema, in eine kreative Sitzung)

Etwas ausloten, suchen

Bei mentalen Sackgassen

Für heterogene Gruppen (verschiedene Fachrichtungen oder Abteilungen, verschiedene hierarchische Ebenen, beide Geschlechter)

Bei speziellen Fragestellungen: überwiegend Fachleute zusammenführen

"It took quite a while to make him realize that one of his 'worthless' ideas could be better than most of ours, or could be improved on or combined into one which might become the best of all our ideas." Osborn (über ein Teammitglied) 1963, S. 157

Räumliche Voraussetzung

s. Kap. 2.1

TN-Zahl

Ideal: zwei (s. Schwächen)

Auch einzeln möglich

Max. 8 (darüber: Gruppe aufteilen)

Vorbereitung

Notizpapier (DIN A4)

Visualisierungsfläche (s. Kap. 2.1)

Moderation

Ja, für eine Gruppe erforderlich (s. Kap. 3.1)

"Paradoxically, we can think up more ideas when trying hard but in a relaxed frame of mind. A good device is create the atmosphere of picnic." Ebd. S. 157

Dauer

ca. 30 Minuten (für Phase II), abhängig von Aufgabenstellung, Gruppengröße und Ideenfluss

Anleitung

Es gibt 4 Grundregeln:

"1. Criticism is ruled out.

- *Keine Kritik, Kommentare oder Korrekturen:* zunächst weder kritisieren noch werten – auch nicht non-verbal

2. ‚Free-wheeling' is welcomed.

- *Frei laufen lassen:* spontan assoziieren, mutig phantasieren

3. Quantity is wanted.

- *Quantität vor Qualität:* möglichst viele Ideen in kurzer Zeit produzieren; je mehr, desto besser, und das möglichst schnell

4. Combination and improvement are sought." Osborn 1963, S. 156

- *Kombinieren und verbessern:* auf andere Ideen eingehen, sie aufgreifen und ausbauen

Vorgehen in 3 Phasen

"Failure to narrow the problem to a single target can seriously mar the success of any brainstorming session. [...] Definition of aim is often half the battle." Ebd. S. 173

I. Einführen (s. Kap. 2.1), II. Durchführen, III. Auswerten (s. Kap. 2.1)

Zu Phase I:

Die Fragestellung sollte möglichst einfach und klar definiert sein. Ein komplexer Gegenstand sollte zuvor in kleinere Komponenten zerlegt werden.

Zu Phase II.

Schritt 1. Jeder TN äußert spontane Einfälle, Einwände und Ideen.

Schritt 2. Der Protokollant notiert vorne die Beiträge der Reihe nach, für alle gut sichtbar.

Schritt 3. Damit keine Einfälle verloren gehen, können sich die TN zwischendurch Notizen machen.

☐ **Varianten**
△
○ Zu Phase II:

„Stop-and-Go" (nach Osborn 1963, S. 179)

Es wird ein Rhythmus aus zwei Phasen gebildet: Phase A dauert 3 Minuten, Phase B dauert 5 Minuten. Phase A steht für Brainstorming, Phase B steht für Schweigen, Stille, „incubation". Die Phasen werden mit der Eieruhr gemessen und wechseln einander ab, bis die 30 Minuten vorüber sind.

Zu Phase III. Auswerten

Das Ergebnis in einem Protokoll festhalten. Dieses bildet die Grundlage für die anschließende Auswertung in Kleingruppen – entweder durch dieselben TN oder durch andere Experten.

Hinweise

Hier ist es besonders wichtig, auf die Regeln hinzuweisen und auf deren Einhaltung zu achten.

"Some of our best sessions have been sandwich-luncheons in the office. After coffee and cake we convene, the group rules are laid down, the problem is assigned. Suggestions begin to flow. Every idea [...] is written down." Ebd. S. 157

Zu den Regeln:

✓ *zu Regel 1. Keine Kritik*

Zu 1. "Adverse judgement of ideas must be withheld until later."

Dies ist nach Osborn die wichtigste Regel. Bewertungen haben später einen Platz, jedoch nicht in der Sammelphase. Diese Trennung („deferment-of-judgement") verhindert, dass der Ideenfluss unterbrochen wird, die TN blockiert/ frustriert sind oder lange hin und her diskutiert wird.

Auch auf indirekte Abwertungen achten! Nicht nur verbale (Ideenkiller), auch nonverbale Signale können blockieren (Killerface wie Stirnrunzeln oder verächtlich lachen, abwinken).

Zu 2. "The greater the number of ideas, the more the likelihood of useful ideas."

✓ *zu Regel 2. Frei laufen lassen:* es kommt auf eine spielerische, ungezwungene Haltung an. Nur so können neue, originale Ideen entstehen. Auch Laien dürfen mitspielen – sie sind frei von dem „blinden Fleck" bzw. nicht „betriebsblind" und können wertvolle Beiträge leisten. Experten sollten diese Anregungen daher grundsätzlich begrüßen.

Zu 3. "The wilder the idea, the better; it is easier to tame down than to think up."

✓ *zu Regel 3. Quantität vor Qualität:* auf die Ideenmenge kommt es an. Je mehr Ideen, desto wahrscheinlicher ist es, dass einige interessante bzw. relevante darunter sind. Das hohe Tempo sorgt für kurze, prägnante Beiträge und verhindert umständliche Erklärungen und Monologe.

Zu 4. "In addition to contributing ideas of their own, participants should suggest how ideas of others can be turned into *better* ideas; or how two or more ideas can be joined into still another idea."
Ebd. S. 156

✓ *zu Regel 4: Kombinieren und Verbessern:* Nicht nur sprechen, auch zuhören ist gefragt! Es gibt kein „Urheberrecht" für einzelne TN, vielmehr handelt es sich um Material bei einem gemeinsamen Spiel. An den positiven Aspekten einer Idee ansetzen, statt negative Aspekte fixieren.

Nur wenn diese Regeln eingehalten werden, können sich die TN sicher fühlen und zu dem gewünschten Synergieeffekt beitragen

Kurze Denkpausen (ca. ½ - 1 Minute) zulassen, ohne vorzeitig abzubrechen

Nach einem anfänglichen „Stürmen" (storming) ist mit einer Flaute zu rechnen (nach ca. 15 Min.). Dann eine kurze Pause einlegen (z.B. Fenster öffnen, herumlaufen, Kaffee trinken), und anschließend das Brainstorming fortsetzen. Die zweite „Welle" kann noch einmal recht ergiebig und produktiv sein.

Auf eine Atmosphäre achten, die entspannt und gleichzeitig konzentriert ist

Darauf achten, dass nicht durcheinander gesprochen wird, und dennoch alle drankommen. Tipp: der Reihe nach alle TN durchgehen, und das mehrfach.

"The spirit of a brainstorming session is important. Self-encouragement is needed almost as much as mutual encouragement." Ebd. S. 157

Flipchart: ist ein Papier voll geschrieben, abreißen und gut sichtbar aufhängen (z.B. an eine Wandschiene)

Erfahrungsgemäß kommen zu Beginn eher konventionelle Ideen, und erst später eher unkonventionelle.

Zu einem erfolgreichen Verlauf kann der Moderator beitragen, z.B. durch Impulse und stimulierende Fragen (s. Osborn-Checkliste, Kap. 2.16).

Das Ergebnis sind meist vage Ideen und Ansätze; fertige Lösungen sind nicht zu erwarten.

Auch nach der Sitzung arbeitet das Gehirn vieler TN weiter. Daher eine Anlaufstelle für nachträgliche Einfälle anbieten oder am nächsten Tag noch einmal nachfragen, wem noch etwas eingefallen ist.

"Deferment-of-judgement is the essence of group brainstorming." Ebd. S. 155

Es wird empfohlen, auch hier unter Zeitdruck zu arbeiten, also eine klare Zeitvorgabe zu machen und einzuhalten.

„Die Entscheidung über Wert, Durchführbarkeit und eventuelle Realisierung der produzierten Lösungsansätze erfolgt außerhalb des eigentlichen Brainstormings und möglichst auch durch Personen, die nicht daran teilgenommen haben." Rohrbach 1971, S. 84

Zu III (Auswerten): Es wird z.T. empfohlen, diese Phase vom eigentlichen Brainstorming (Phase II) zu trennen, sowohl zeitlich und ggf. auch personenmäßig. (Rohrbach 1971, S. 84)

Stärke, Chance

✓ Fördert originelle Ideen und ausgefallene Lösungen

✓ Wenig Regeln, einfach zu handhaben

✓ Geringer Aufwand (Material, Zeit), dennoch recht effektiv

✓ Ergebnis schnell sichtbar, daher Erfolgserlebnis im Team

"When I can make my brainstorming team feel they are playing, we get somewhere [...]. Each session should be a game with plenty of rivalry, but with complete friendliness all around." Ebd. S. 157

✓ Synergieeffekt einer Gruppe: sich gegenseitig anregen, fremde Ideen aufgreifen, andere Perspektiven und neues Wissen einbringen

✓ Auflockernd, anregend, motivierend, gute Stimmung

✓ Teambildung, indirektes Kommunikationstraining

✓ Auf allen hierarchischen Stufen einsetzbar

Schwäche, Risiko

o   Reine Gruppenarbeit, keine Einzelarbeit; keine
    Phasen der Stille und Konzentration, eigenstän-
    diges Denken wird eher erschwert, abgelenkt
    bzw. blockiert

o   Einige empirische Studien relativieren Osborns
    Optimismus, was den Gruppeneffekt betrifft. Es
    hat sich gezeigt, dass Gruppen den kreativen
    Prozess behindern können, da die individuelle
    Denkarbeit immer wieder unterbrochen wird.
    Im Vergleich zu Einzelpersonen schneiden
    Gruppen daher eher schlechter ab. Dieser nega-
    tive Effekt nimmt mit der Gruppengröße zu.

    > „Stimulierungs-
    > effekte lassen sich
    > überhaupt nur nach-
    > weisen, wenn die
    > Teilnehmer Ideen
    > austauschen können,
    > ohne sich zu blockie-
    > ren oder abzulen-
    > ken." Stroebe &
    > Nijstad 2003, S. 31

o   Der daraus resultierende Rat der Wissenschaft-
    ler: in Phasen vorgehen, d.h. zuerst in Einzelar-
    beit brainstormen. Dann die aufgeschriebenen
    Ideen austauschen, d.h. die Ideen der anderen
    gründlich lesen und überdenken. Dann wieder
    individuell brainstormen. Außerdem die Grup-
    pengröße minimal halten; ideale Zahl: zwei!

    > „Während z.B.
    > Zweiergruppen noch
    > fast genauso effektiv
    > brainstormen wie
    > zwei Einzelpersonen,
    > kommen Vierergrup-
    > pen häufig nur noch
    > auf halb so viele
    > Ideen wie vier Pro-
    > banden alleine."
    > Ebd.

o   Sehr abhängig von TN und deren Verhalten;
    starker Einfluss von Gruppendynamik (z.B.
    Dominanz Einzelner); Gefahr von sozialen Kon-
    flikten

o   Hierarchische Strukturen können stören bzw.
    hemmen, ebenso die fachliche Überlegenheit he-
    rausragender Experten

o Evtl. kann die Gruppe abgleiten, in Richtung verrückte und abwegige Einfälle oder weg vom Thema

o Mitschrift bzw. Protokoll: ist aufgrund der Ideenfülle und Geschwindigkeit nicht einfach. Besonders ein Protokoll ist heikel, da es wertfrei sein sollte. In der Literatur wird z.t. empfohlen, den Verlauf ggf. auf Tonband aufzuzeichnen.

o Teams aus Fachleuten verleiten zu Fachdiskussionen

o Laien fühlen sich durch Experten leicht eingeschüchtert und ausgeklammert

o Vorzeitiger Abbruch bei Denkpausen

o Die Fülle kann die Auswertung erschweren

o Der Eindruck, dass die Methode „leicht" ist, trügt: gewohnte Denkroutinen lassen sich nicht so schnell ablegen. Dies muss erst gelernt und geübt werden

o Für komplexe Aufgaben weniger geeignet

Literatur

Clark C H. Brainstorming. moderne industrie, München 1973

Geschka H, Schaude G, Schlicksupp H. Modern Techniques for Solving Problems. Chemical Engineering 1973: 91-97

Osborn A. Applied Imagination. Principles and Procedures of Problem Solving. New York 1963 (ursprünglich 1953)

Rohrbach B. Techniken des Lösens von Innovationsproblemen. In: Spezialgebiete des Marketing. Schriften zur Unternehmensführung, Gabler, Wiesbaden 1971 (16): 84-85

Stroebe W, Nijstad B. Störe meine Kreise nicht. Gehirn und Geist 2003 (2): 26-31

Allgemeiner Überblick

Boos E. 2007, S. 31f

Knieß M. 2006, S. 57ff

Schlicksupp H. 2004, S. 100ff

2.5　Brainwriting Pool

Worum es geht

Diese Methode wurde als Alternative zur Methode 635 konzipiert. Jeder TN kann in Ruhe Ideen sammeln und aufschreiben. Gleichzeitig können sich die TN über einen zentralen Ideenpool gegenseitig inspirieren und austauschen. So wird auf eine zeitlich Taktung verzichtet. Im Gegensatz zur Methode 635 ist das Verfahren daher relativ flexibel.

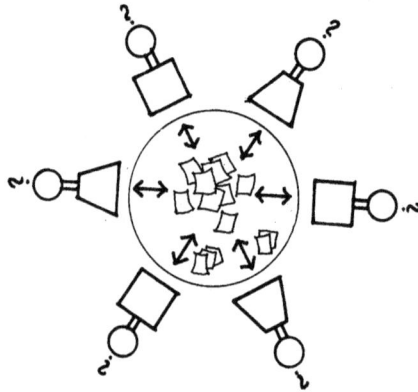

Name

Brainwriting Pool

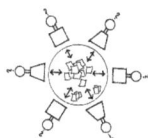

Herkunft

Battelle Institut (Alter et al 1973, Geschka et al 1973; s.a. Schlicksupp 2004)

Prinzip

Intuitiv-kreativ

Einfache Variante des schriftlichen Brainstormings, also Brainwriting. Kombination von Einzel- und Gruppenarbeit: jeder TN kann in Ruhe Ideen sammeln und aufschreiben. Gleichzeitig können sich die TN über einen zentralen Pool gegenseitig inspirieren und austauschen.

Eine Abwandlung der Methode 635: auf eine zeitliche Taktung wird jedoch verzichtet.

Hintergrund

Mündliche Beiträge (wie beim Brainstorming) können das Denken stören, unterbrechen und ablenken. Die Methode Brainwriting Pool fördert daher die konzentrierte Einzelarbeit. Gleichzeitig sind die TN visuell miteinander in Kontakt und im Austausch.

Empirische Studien bestätigen, dass reine Gruppenarbeit den kreativen Prozess eher behindern (Stroebe & Nijstand 2003, s. Brainstorming, Kap. 2.4). Diese Methode entspricht daher neueren wissenschaftlichen Erkenntnissen.

„Wer will, dass sich die Mitarbeiter [...] beim Brainstormen gegenseitig beflügeln, sollte sie zuerst individuell brainstormen und alle Ideen aufschreiben lassen. Danach werden die Vorschläge ausgetauscht, wobei aber sichergestellt werden muss, dass jeder die Ideen der anderen wirklich sorgfältig liest und überdenkt. An diesen Schritt wird schließlich ein erneutes individuelles Brainstormen angeschlossen."
Stroebe & Nijstad 2003, S. 31

Ziel

Jeder TN kann sich jederzeit von außen anregen lassen. So kann eine Vielzahl von Ideen und Lösungsansätzen entstehen, die sich vielfach aufeinander beziehen

Einsatzmöglichkeiten

Bei etwas komplexeren Fragestellungen als beim Brainstorming

Bei wenig strukturierter Themenstellung

Für eine spontane Stoffsammlung

Um vielfältige und offene Ideen zu generieren

Kann auch spontan in einer Diskussion oder Sitzung eingesetzt werden

Räumliche Voraussetzung

Kleine Einzeltische, die zum Quadrat zusammengestellt sind

Alternativ: großer Tisch (vorzugsweise rund)

TN-Zahl

Ideal: 4-8

Vorbereitung

Liniierte Blätter oder Karteikarten (inkl. Reserveblätter bzw. Reservekarten), Stifte

Zusammengestellte Einzeltische (alternativ: großer
Tisch)

1-2 Blätter mit Ideen/Lösungsvorschlägen

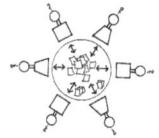

Moderation

Ja, sinnvoll (s. Kap. 3.1)

Dauer

Flexibel (üblicherweise ca. 20-40 Minuten)

Anleitung

Vorgehen in 3 Phasen: I. Einführen (s. Kap. 2.1), II.
Durchführen, III. Auswerten (s. Kap. 2.1)

Zu Phase I.

Alle TN sitzen an dem einen großen Tisch und erhalten je ein leeres (liniiertes) Blatt

In die Mitte des Tisches legt der Moderator 1-2 Blätter, auf denen bereits drei bis vier Ideen bzw. mögliche Lösungen stehen. Dort befindet sich der „Pool"

Zu Phase II. Ideensammlung

Schritt 1. Notieren: Jeder TN notiert auf seinem Blatt
alle Ideen und Assoziationen, die ihm zu dem Fragestellung (Aufgabe, Gegenstand, Thema) spontan
einfallen

Schritt 2. Austausch: Wenn einem keine Ideen mehr kommen, kann man sein Blatt über den Pool in der Mitte austauschen: das eigene Blatt kommt in den Pool, gleichzeitig nimmt man ein „fremdes" Blatt heraus, das ein anderer TN beschrieben hat

Schritt 3. Lesen & Notieren: Die „fremden" Gedanken und Ideen werden durchgelesen und reflektiert. Mit diesen Anregungen wird nun weiter gearbeitet: entweder auf demselben „fremden" Blatt (etwas ergänzen, erweitern, umdrehen etc.) oder auf einem neuen, leeren Blatt (etwas Neues, Unabhängiges)

Schritt 4. Dieser Austauschprozess kann beliebig oft und lang fortgesetzt werden.

Varianten

Variante A.

Schritt 1. In der Mitte liegt ein Stapel leerer Karteikarten (oder Blätter). Jeder TN nimmt sich eine Karte und notiert darauf eine Idee. Diese Karte reicht er an seinen rechten Nachbarn weiter.

Schritt 2. Dann nimmt er sich eine zweite leere Karte vom Stapel und schreibt eine zweite Idee darauf. Auch diese Karte wird nach rechts weitergereicht.

Schritt 3. Dies wird solange fortgesetzt, bis einem keine Idee mehr einfällt. Dann liest man die Karten, die man von seinem linken Nachbarn erhalten hat. Diese Ideen kann man ergänzen, verändern oder weiterentwickeln.

Schritt 4. Erhält man von links eine Karte, mit der man momentan nichts anfangen kann, legt man sie in den zentralen Pool.

Schritt 5. Bei einem Leerlauf (keine eigenen Ideen, keine Karte von links) kann man von diesem Pool eine beliebige Karte ziehen, weiter bearbeiten und wieder nach rechts in Umlauf bringen.

Wenn keine neuen Ideen kommen und alle Karten mehrfach zirkuliert sind, ist diese Phase beendet.

Hinweise

Zu Phase II:

Es darf fantasiert und „gesponnen" werden

Es darf nicht gesprochen werden

Darauf achten, dass deutlich geschrieben und verständlich formuliert wird

Störungen (Bemerkungen, Bewertungen, ironische Kommentare) vermeiden

Bei erfolgreicher Leistung die ganze Gruppe loben, nicht nur Einzelne

Trotz Flexibilität vorher einen Zeitrahmen festlegen (ca. 30 Minuten)

Reserveblätter bereithalten

⊙ Stärke, Chance

✓ Zeitliche Flexibilität

jeder TN kann seinem eigenen Rhythmus folgen; Dauer der Sitzung variabel; Beschäftigung mit einer Idee, die man länger ausdifferenzieren kann

✓ Flexibilität im Ablauf

keine besonderen Formulare: Ideenzahl nicht begrenzt; jeder kann prinzipiell alle Ideen der anderen TN erfahren

✓ Ausgleichende Wirkung auf das Team: dominante TN werden gebremst, zurückhaltende TN ermutigt; faire Chancenverteilung auf alle TN.

✓ Blockierende Kommentare werden verhindert

✓ Schriftliche Fixierung der Ideen

✓ Auch für etwas komplexere Fragestellungen geeignet (im Vergleich zu Brainstorming)

✓ Ideenfülle: der Pool im Zentrum füllt sich immer mehr an

✓ Ideen können verbessert und weiterentwickelt werden

✓ Vorzeitige Denkblockaden können durch externe Impulse gelockert bzw. aufgelöst werden

✓ Geringer organisatorsicher Aufwand, z.B. keine Formulare erforderlich

✓ Relativ unkompliziert im Ablauf, dennoch recht wirkungsvoll

Schwäche, Risiko

o Evtl. geringere Spontanität bei der Ideenproduktion

o Stimulation für neue Ideen ist begrenzt, da sie auf den schriftlich fixierten Ideen im Pool basiert

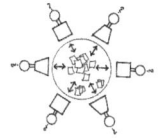

Literatur

Alter U, Geschka H, Schaude G, Schlicksupp H. Methoden und Organisation der Ideenfindung. Battelle Institut, Frankfurt/M. 1973, S. XI, S. 37

Geschka H, Schaude G, Schlicksupp H. Modern Techniques for Solving Problems. Chemical Engineering 1973: 91-97

Schlicksupp H. 2004, S. 120

Stroebe W, Nijstad B. Störe meine Kreise nicht. Gehirn und Geist 2003 (2): 26-31

Allgemeiner Überblick

Boos E. 2007, S. 46f

Knieß M. 2006, S. 74f

2.6   CATWOE

Worum es geht

Die Methode gehört in die Gruppe der Checklisten. Der Name (deutsch: Katzenjammer) bildet sich aus den Initialien der Kategorien der Checkliste. Damit wird die Fragestellung systematisch untersucht, wobei es vor allem um den Kontext bzw. das System geht. Im Folgenden wird die entsprechende Checkliste vorgestellt. Alle weiteren Details (Ziel, Ablauf etc.): s. Osborn Checkliste, Kap. 2.16

C: "the victims or beneficiaries of T ('transformation process')"

A: "those who would do T"

T: "the conversion of input and output"

W: "the worldview which makes this T meaningful in context"

O: "those who could stop T"

E: "elements outside the system which it takes as given"

Checkland & Scholes 1998, S. 35

Name

CATWOE

Herkunft

Checkland & Scholes 1998

Die Bezeichnung (deutsch: Katzenjammer) setzt sich aus den Initialien bestimmter Begriffe zusammen, ist also ein Akronym

Prinzip

Analytisch-systematisch

Systemisch

Die Methode gehört in die Gruppe der Checklisten. Im Zentrum steht nicht so sehr ein konkreter Gegenstand, sondern der Kontext, in dem er steht.

Hintergrund

Die Methode verfolgt einen systemischen Ansatz und geht davon aus, dass sich jede menschliche Aktion in einem System bewegt („human activity systems", Checkland & Scholes 1988, S. 36). Ein System besteht aus drei Einheiten:

Input → Transformation Process → Output

Entscheidend ist der Transformationsprozess. Hier wird der Input verändert, indem er gedeutet, interpretiert wird. Die Art, wie gedeutet und interpretiert wird, hängt von der jeweiligen „Weltanschauung" ab. Diese Kategorie ist daher eine der wichtigsten in der Checkliste, so die Autoren.

Die anderen Kategorien gehen davon aus, dass Beteiligte verschiedene Rollen einnehmen können: die Tätigkeit ausführen, die Aktivität stoppen, Opfer werden oder davon profitieren.

Einsatzmöglichkeiten

Bei Fragestellungen, die das Gesamtsystem in den Blick nehmen

Um die Ideenproduktion anzuregen (z.B. beim Brainstorming)

Um Ideen auszuwerten

Vorbereitung

Checklisten (s. Tab. 3): Kopien, evtl. auch an die Wand projizieren (Folie, Beamer)

Schreibzeug

ggf. Visualisierungsfläche (s. Kap. 2.1)

👆 **Hinweise**

Zu Phase I

Die Autoren empfehlen, die Fragestellung (Aufgabe, Gegenstand, Thema) auf eine bestimmten Art zu formulieren („root definition"):

„a system to do X by Y in order to achieve Z"

„System" steht für die beteiligten bzw. betroffenen Personen, X für die geplante Aktion, Y für das geplante Mittel und Z für das Ziel.

Vorteil, Stärke, Chance

✓ Einen größeren Zusammenhang herstellen

✓ Den Kontext sehen

✓ Distanz gewinnen, etwas „von oben" sehen

Schwäche, Risiko

o Bodenhaftung verlieren

Weitere Details (Ablauf etc.)

s. Osborn-Checkliste, Kap. 2.16

Beispiel

Originalbeispiel für eine „root definition" (Ebd. S. 37):

Vorhaben: Einen Gartenzaun streichen. Formulierung („root definition"):

„A householder-owned and manned system, to paint a garden fence, by conventional hand painting, in keeping with the overall decoration scheme of the property, in order to enhance the visual appearance of the property."

Literatur

Checkland P, Scholes J. Soft Systems Methodology in Action. Wiley & Sons 1998

Input →	Transformation Process (T)	→ Output
Some entity		that entity in a transformed state

Abb. 51: Im Zentrum des systemischen Ansatzes steht der Transformationsprozess. Er ist besonders abhängig davon, wie der Input interpretiert wird, also von der jeweiligen Weltanschauung. (Checkland & Scholes 1998, S. 34)

Tab. 3: CATWOE-Checkliste

„Es" steht für den Transformations Prozess, also z.b. Vorhaben, Plan, Projekt, Aktivität, Dienstleistung

	Aspekt	Fragen, Stichworte
C	Customers (Kunden)	Wie sehen es diejenigen, die es brauchen, nutzen, bedienen? Welches Bedürfnis haben sie, und wie wird es erfüllt? Welches Problem haben sie, und wie wird es gelöst? Welches Interesse haben sie daran? Wie werden sie reagieren? Inwieweit sind sie betroffen? Wird es Gewinner geben? Wird es auch Verlierer geben? Wenn ja, wollen wir das?
A	Actors (Handelnde)	Von wem würde die Aktion ausgehen? Wer würde sie durchführen? Wer hat die Fäden in der Hand? Inwieweit sind sie betroffen? Wie werden sie reagieren?
T	Transformation process (Umwandlungsprozess)	Wie ist das System aufgebaut? Welche Schritte gibt es zwischen input und output? Was ist der Input, woher kommt er? Was ist der Output? Wie wird der Input in den Output umgewandelt? Wohin geht der Output, und was passiert danach?
W	„Weltanschauung" (im englischen Original so genannt)	Welchen Sinn würde es machen? Was ist die eigentliche Aufgabe, die eigentliche Frage? In welchem größeren Zusammenhang steht es? (regional, national, global). Was würde ein Ausfall oder eine Fehlfunktion bedeuten? Welche Implikationen ergeben sich daraus?
O	Owners (Eigentümer)	Wer sind die formalen Entscheidungsträger? Wo sind mögliche Gegner? Wer kann die Aktion stoppen? Welche Interessen können verletzt werden? Wer kann über Ja und Nein bestimmen? Wer kann informell/unmerklich beeinflussen? Was bewegt sie? Was treibt sie an? Inwiefern sind sie beteiligt?
E	Environmental Contraints (Grenzen)	Wo liegen sie? Welcher Art sind sie? (ökonomisch, ökologisch, sozial, juristisch, statisch, personell)

2.7   Flip-Flop

Worum es geht

Im Zentrum steht eine Fragestellung, die ins Gegenteil verkehrt wurde. Beispiel: Wie können wir es verschlechtern (statt: verbessern)? Anschließend werden Ideen gesammelt, es darf also frei assoziiert werden. Dabei kann nach verschiedenen Methoden vorgegangen werden (u.a. Brainstorming). Danach werden diese Ideen wiederum umgedreht, also ins Positive gewendet.

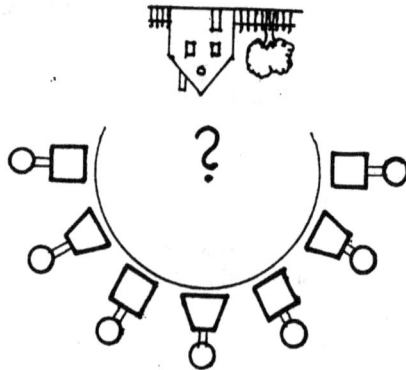

Name

Flip-Flop

Synonym bzw. ähnlich: Kopfstandtechnik, Umkehr-technik, Negativkonferenz, destruktiv-konstruktives Brainstorming, paradoxes Brainstorming, Reversals

Herkunft

Das Prinzip kommt auch in anderen Methoden vor (s. Osborn Checkliste; Bisoziation nach A. Koestler; Laterales Denken nach De Bono, s. Trittsteintechnik)

Prinzip

Mischform: intuitiv-kreativ und analytisch-syste-matisch

Im Zentrum steht die Fragestellung, die ins Gegen-teil verkehrt bzw. auf den Kopf gestellt wurde. Bei-spiel: Wie können wir es verschlechtern (statt: ver-bessern)? Danach werden diese Ideen wiederum umgedreht, also ins Positive gewendet.

Hintergrund

Die übliche Bedeutung von Wörtern oder Fragen kann unser Denken blockieren. Einfache Verände-rungen können das Denken stimulieren bzw. „pro-vozieren" (De Bono).

Menschen tendieren dazu, das Negative zu sehen. Es fällt ihnen oft leichter, Defizite, Fehler und Nach-teile zu betonen. An dieser „Fähigkeit" setzt diese Methode an: hier kann man nach Lust und Laune überlegen, warum das Glas eher halb leer ist als halb voll und wo das Haar in der Suppe ist.

"For many problem situations, the initial problem definition limits our ability to generate ideas.The meaning of the words used ot their order may not be stimula-ting enough to pro-voke unique ideas. However, if a few simple alterations are made, a more productive viewpoint often can be created."
VanGundy 1988, S. 212

Ziel

Impulse für Verbesserungen

Impulse für mentale „Sackgassen"

Ideenvielfalt vergrößern, Blickfeld aufweiten

Jeden TN aktivieren, faire Chancen für alle

Teamentwicklung, Verbesserung des sozialen Klimas und der Teamkultur

Einsatzmöglichkeiten

Für konkrete Fragestellung

Wenn die Ausgangssituation unzureichend ist

Wenn verschiedene Anstrengungen zur Verbesserung fehlgeschlagen sind

Räumliche Voraussetzung

s. Kap. 2.1

TN-Zahl

Ideal: 5-8

Vorbereitung

Notizpapier (DIN A4)

Visualisierungsfläche (s. Kap. 2.1)

Moderation

Ja, erforderlich (s. Kap. 3.1)

Dauer

ca. 30-50 Minuten (für Phase II), abhängig von Aufgabenstellung, Gruppengröße und Ideenfluss

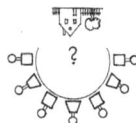

Anleitung

Vorgehen in 3 Phasen: I. Einführen (s. Kap. 2.1), II. Durchführen, III. Auswerten (s. Kap. 2.1)

Zu Phase I

Die Fragestellung formulieren und anschließend ins Gegenteil verkehren bzw. auf den Kopf stellen. Was „weiß" war, wird „schwarz" gemacht (s. Beispiel)

Zu Phase II

Schritt 1. Prinzip wie beim Brainstorming (s. Kap. 2.4), jedoch „schwarze" Ideen sammeln: Welche Ideen kommen uns dazu? Welche Implikationen hat es?

Schritt 2. Jede Idee wieder ins Positive umkehren, also aus „schwarz" wieder „weiß" machen: Wie heißt das Gegenteil davon?

Varianten

Zu II. Durchführen:

Variante A. Nach der Methode Brainwriting Pool vorgehen (s. Kap. 2.5), also Einzelarbeit einbauen

Variante B. Nach der Osborn Checkliste vorgehen (s. Kap. 2.16)

Hierfür eine entsprechende Checkliste vorbereiten, mit Fragen wie z.B.

- Wie können wir es verschlechtern?
- Wie können wir die Qualität mindern?

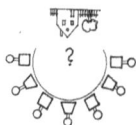

- Wie können wir den Ablauf komplizierter machen?

- Was können wir tun, um weitere Kunden zu verlieren?

- Was können wir tun, damit die Mitarbeiter noch unzufriedener werden?

Variante C. Vor Schritt 2 einen Schritt vorschalten (Schritt 2a):

Vor der Umkehrung zuerst die schwarzen Ideen anschauen: welche davon entsprechen der Realität (Ist-Situation)?

Erst danach: diese Ideen ins Positive umkehren (Soll-Situation).

Auf diese Weise entsteht eine Tabelle: Ist –Soll- Situation im Vergleich. Sie bildet die Grundlage für Phase III.

Hinweise

Es empfiehlt sich, den Gegenstand als Frage zu formulieren

Man darf Spaß am Pessimismus haben

Man darf Verschlechterungsvorschläge machen

Auch bereits bestehende Probleme dürfen vergrößert und/oder verschlimmert werden

Es muss nicht unbedingt das Gegenteil der Fragestellung sein. Entscheidend ist eine Veränderung bzw. Verfremdung („rearrangement")

Werden keine praktikablen Lösungen erzielt, kann man es mit anderen Verfremdungen der Fragestellung versuchen

⚙ Vorteil, Stärke, Chance

✓ Geringer Aufwand

✓ Die paradoxe Fragestellung beflügelt die Phantasie

✓ Viele Ideen in kurzer Zeit

✓ Schonungslose Bestandsaufnahme, ohne ein Blatt vor den Mund nehmen zu müssen

✓ Die übliche Zensur und damit Hemmungen lösen sich auf

✓ Bedenken und Einwände sind willkommen

✓ Motivierend: die neuen, unvertrauten Denkpfade erscheinen wesentlich reizvoller als die üblichen

✓ Spielerischer Ansatz

✓ Teamentwicklung: es entsteht eine gute Stimmung, Spaß, Humor

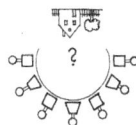

☔ Nachteil, Schwäche, Risiko

Eine versierte Moderation ist erforderlich, um zu vermeiden, dass

o TN vom Thema abweichen

o TN ungleichmäßig zu Wort kommen

o vor lauter Übermut eine gewisse Ernsthaftigkeit verloren geht

o Nicht alle Versuche produzieren praktikable Lösungen

"Given the low costs involves in using this method, however, there is little to be lost in trying it since the potential gains can more than justify its use." VanGundy 1988, S. 122

Weitere Details

s. entsprechende Methode

Brainstorming: s. Kap. 2.4; Brainwriting Pool: s. Kap. 2.5; Osborn Checkliste: s. Kap. 2.16

Beispiele

Beispiel A

Schritt 1. Fragestellung: Wie können wir unser Image verbessern?

Schritt 2. Umkehrung: Wie können wir unser Image verschlechtern?

Schritt 3. Idee: Fachlich keine Ahnung haben

Schritt 4. Umkehrung: Regelmäßige Fortbildung, die der Arbeitgeber finanziert

"Had the parking planners spent time in trying to solve the problem as originally defined, a less than satisfactory solution might have resulted." Ebd. S. 121

Beispiel B (reales Beispiel einer Universität, nach VanGundy 1988, S. 121)

Schritt 1. Fragestellung: Wie können wir für die Studierenden Parkplätze anbieten?

Schritt 2. Umkehrung: Wie können wir für die Parkplätze Studierende anbieten?

Schritt 3. Lösung: Parkplätze am Stadtrand anbieten. Dort in einen Bus umsteigen, der zur Universität fährt.

Literatur

Allgemeiner Überblick

Boos E. 2007, S. 63f, S. 90f

VanGundy A. 1988, S. 121f

2.8   Force-Fit-Spiel

Worum es geht

Es handelt sich um eine Variante der Bisoziation (s. Reiz-wort-Analyse bzw. Reizbild-Analyse). Bei diesem Spiel stehen sich zwei Teams gegenüber, die sich jeweils gegen-seitig ausgewählte Wörter oder Bilder präsentieren. Die erzeugten Assoziationen werden auf die Fragestellung ü-bertragen. Das Spiel erfolgt unter Zeitdruck, bei Erfolg werden Punkte vergeben. Der Vorteil: schüchterne TN tauen schneller auf, potenzielle „Vielredner" werden ge-bremst.

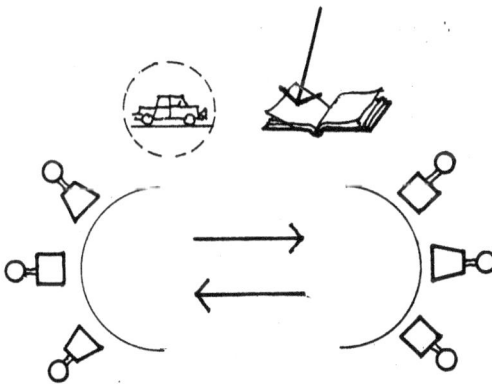

Name

Force-Fit-Spiel

Herkunft

Das Prinzip basiert auf der Methode Reizwort-Analyse bzw. Reizbild-Analyse

Battelle Intsitute (Alter et al 1973, Warfield et al 1975)

Prinzip

Intuitiv-kreativ

Zwei Teams spielen gegeneinander

Unter Zeitdruck eine Analogie bilden bzw. eine Passung vornehmen

Nach dem Prinzip der Reizbild-Analyse bzw. der Reizwort-Analyse (s. Kap. 2.17 und 2.18)

Hintergrund

s. Reizwort-Analyse, Kap. 2.18

Ziel

Neue Ideen generieren

Durch den Zeitdruck Denkblockaden lösen

Förderung der kreativen Kompetenz

Teamentwicklung

Einsatzmöglichkeiten

Für Teams, die

- motiviert bzw. stimuliert werden sollen
- nach kurzer Zeit keine Ideen mehr haben
- die wenig originelle Ideen produzieren

„Warming Up" für kreative Übungen

Ideenfindung

Aus einer mentalen „Sackgasse" herauskommen

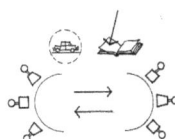

Räumliche Voraussetzung

s. Kap. 2.1

TN-Zahl

4-16 (in zwei Gruppen aufgeteilt)

Vorbereitung

Lexikon oder Duden

Alternativ: Bilder (z.B. Kalender)

Visualisierungsfläche (s. Kap. 2.1)

Moderation

Ja, erforderlich (s. Kap. 3.1)

Dauer

ca. 30 Minuten

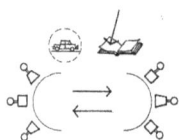

Anleitung

Vorgehen in 3 Phasen: I. Einführen (s. Kap. 2.1), II. Durchführen, III. Auswerten (s. Kap. 2.1)

Zu Phase II

Schritt 1. Reizwörter sammeln

Der Moderator öffnet das Lexikon. Ein TN darf sich ein Reizwort aussuchen, indem er blind eine Seite, Zeile und Wortposition wünscht (z.b. Seite 121, 7. Zeile, 5. Wort). Alternativ darf er mit geschlossenen Augen auf ein Wort zeigen. Auf diese Weise geht es reihum, bis ca. 10-20 Wörter gesammelt sind. Diese einzeln auf Karten notieren, anschließend verdecken und mischen

Schritt 2. Zwei Teams bilden

Zwei Teams bilden (je 2-8 TN), die gegeneinander spielen

Schritt 3. Im Wettbewerb: Reizworte analysieren

Team A: zieht eine Karte und zeigt Team B das zufällig herausgegriffene Wort

Team B: kann das Wort untereinander kurz begrifflich analysieren

Schritt 4. Im Wettbewerb: Analogien finden, Transfer

Team B soll eine Beziehung zur Fragestellung finden und eine konkrete Idee ableiten (Lösungsansatz, mögliche Maßnahme). Alles unter Zeitdruck (ca. 2 Minuten).

Bei Erfolg: ein Punkt geht an Team B und Rollenwechsel, d.h. Team B zieht eine Reizwort-Karte, die sie Team A präsentiert.

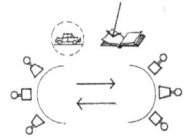

Bei Misserfolg: ein Punkt geht an Team A und Fortsetzung, d.h. Team A zieht eine weitere Reizwort-Karte, die sie Team B präsentiert.

Schritt 5. Nach 30 Minuten werden die Punkte gezählt und verglichen.

Varianten

Variante A. Schritt 2 und 3 tauschen, also

Schritt 2: Teams bilden

Schritt 3: Jedes Team sammelt für sich Reizworte, die mit der Fragestellung möglichst wenig zu tun haben.

Team A schreibt ein Reizwort an die Tafel. Team B assoziiert anhand dieses Wortes mögliche praktische Lösungen bezogen auf die Fragestellung. Nach 2 Minuten entscheidet der Schiedsrichter, ob eine interessante (realistische) Lösung darunter ist. In dem Fall wird sie schriftlich festgehalten und Team B erhält einen Punkt. Danach Rollenwechsel.

Variante B. Verschiedene Arten der Reizwortsuche (s. Reizwort-Analyse, Kap. 2.18)

Variante C. Bilder statt Worte verwenden! (s. Reizbild-Analyse, Kap. 2.17)

Hinweise

Einen Schiedsrichter durch die Gruppe bestimmen lassen

Teams nach dem Zufallsprinzip mischen, so dass heterogene Gruppen entstehen

Darauf achten, dass die Regeln eingehalten werden (Zeitvorgabe etc.)

Evtl. die beiden Methoden vergleichen. Wie ist es besser gelaufen: mit oder ohne Wettbewerb? Mit oder ohne Zeitdruck?

Da es mehr darum geht, Ideen zu finden als zu bewerten, sollte die eigentliche Auswertung nach dem Spiel erfolgen

Stärke, Chance

✓ Relativ einfach zu organisieren, relativ geringer Aufwand

✓ Wettbewerb motiviert und baut Hemmungen ab

✓ Zeitdruck bremst Vielredner

✓ Fördert kreative und soziale Kompetenz

Schwäche, Risiko

o Ideen werden sofort bewertet, was den Prozess hemmen kann

o Dem Schiedsrichter wird eine hohe Verantwortung übertragen, die ggf. als Bürde erlebt werden kann

o   Darauf achten, dass der Teamgeist unter dem
    Wettbewerb nicht leidet

o   Teams evtl. immer wieder neu mischen, um
    „Cliquenbildung" zu vermeiden

o   Falls das Spiel eher demotiviert als motiviert, zu
    einer anderen Methode wechseln

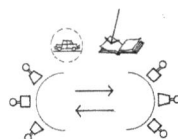

Literatur

Alter U, Geschka H, Schaude G, Schlicksupp H.
Methoden und Organisation der Ideenfindung. Battelle Institut, Frankfurt/M. 1973, S. XI, S. 48

Warfield J, Geschka H, Hamilton R. Methods of Idea
Management. Battelle Institute & The Acadamy of
Contemporary Problems. Columbus/Ohio 1975, S. 9

Allgemeiner Überblick

Knieß M. 2006, S. 118

VanGundy A. 1988, S. 150f

2.9　　　Galeriemethode

Worum es geht

Diese Methode, ist eine Form des Brainwriting, also des schriftlichen Brainstormings. Sie kombiniert Einzel- mit Gruppenarbeit: jeder TN kann in Ruhe Ideen sammeln und aufschreiben, gleichzeitig können sich die TN gegenseitig inspirieren und austauschen. Im Zentrum steht das Modell einer Galerie: Die Ideen werden ausgehängt, die TN können frei herumwandern, alles anschauen und sich austauschen. Die Methode wird gerne im didaktischen Kontext eingesetzt.

"Instead of moving ideas among people, the people move among the ideas" VanGundy 1988, S. 151

Name

Galeriemethode; synonym: Marktplatz, Ideenmarkt,
Gallery Method

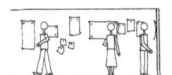

Herkunft

Variante: Schaude 2000 (früher Battelle Institut)

Prinzip

Intuitiv-kreativ

Schriftliches Brainstorming, also eine Form des
Brainwritings. Kombination von Einzel- und Gruppenarbeit: jeder TN kann in Ruhe Ideen sammeln
und aufschreiben. Gleichzeitig können sich die TN
gegenseitig inspirieren und austauschen. Im Zentrum steht das Modell einer Bilder-Galerie: aushängen, herumwandern und anschauen.

Hintergrund

Diese Methode wird in erster Linie dafür eingesetzt,
Ideen zu gewinnen. Mündliche Beiträge (Brainstorming, Kommentare, Diskussionen) können das
Denken stören, unterbrechen und ablenken. Die
Methode fördert daher die konzentrierte Einzelarbeit. Gleichzeitig sind die TN miteinander in Kontakt und können sich austauschen.

Ziel

Jeden TN aktivieren, faire Chancen für alle

Beteiligung der Betroffenen

Höhere Akzeptanz und Realitätsnähe entwickeln

Viele verschiedene Ideen und Lösungsansätze her-vorbringen

Einsatzmöglichkeiten

Heterogene Gruppen (z.B. TN aus verschiedene Fachrichtungen oder Abteilungen, TN mit unter-schiedlichen Vorbildungen bzw. Temperamenten, Experten – Laien)

Komplexe, wenig strukturierte bzw. gestalterische Aufgabenstellung

Problemanalyse, Lösungssuche

Spontane Stoff- und Ideensammlung, vielfältige und offene Ideen generieren

Räumliche Voraussetzung

s. Kap. 2.1

TN-Zahl

Ideal: 5-7

Auch größere Gruppen möglich

Vorbereitung

Flipchart-Papier bzw. Papierbögen (auch in Reserve)

Ggf. mehrere Flipchart-Ständer bzw. mehrere Pin-wände

Visualisierungsfläche (s. Kap. 2.1)

Dicke Filzschreiber

Moderation

Ja, erforderlich (s. Kap. 3.1)

Dauer

Ausreichend Freiraum lassen, je nach Aufgabenstellung und Gruppengröße ca. 1-3 Stunden für Phase II.

Anleitung

Vorgehen in 3 Phasen: I. Einführen (s. Kap. 2.1), II. Durchführen, III. Auswerten (s. Kap. 2.1)

Zu Phase II

Mehrere leere Blätter Flip-Chart-Papier im Raum verteilt aufhängen (soviel Blätter wie TN). Jeder TN erhält sein eigenes Blatt und steht an seinem „Aushang".

Alternativ: mehrere Flipchart-Ständer im Raum verteilt positionieren, jeder TN steht an einem Ständer.

Runde 1.

Sammeln I: Jeder TN schreibt seine Ideen auf sein Blatt. Es darf nicht gesprochen werden. (ca. 20-30 Minuten)

Wandern I: Wie in einer Galerie wandern die TN umher und schauen sich die anderen Ergebnisse an. Sie können sich Fragen notieren, anregen und inspirieren lassen (ca. 15 Min.)

Runde 2.

Sammeln II: Jeder TN denkt wiederum für sich nach: Impulse aufgreifen, Ideen weiterentwickeln oder ganz neu generieren. Die Ergebnisse wiederum einzelnen notieren.

Wandern II: Die Resultate werden wiederum ausgehängt, von allen betrachtet und von den Autoren erläutert.

Varianten

Variante A. Kleingruppenarbeit: nicht einzeln, sondern in Kleingruppen arbeiten. Jedes Blatt wird von mehreren TN bearbeitet (ideal: 2-3).

Dies bedeutet für die Phase „Wandern": ein TN der Kleingruppe kann vor seinem Aushang stehen bleiben („Reporter"), während die anderen TN der Kleingruppe umherwandern („Wanderer) und sich die anderen Aushänge anschauen Der Reporter kann auf diese Weise den eigenen Aushang erläutern. Nach ca. 10 Min. Rollenwechsel, d.h. ein Wanderer löst den Reporter aus seiner Kleingruppe ab. Falls die Zeit dafür nicht reicht, tauscht sich die Kleingruppe anschließend untereinander aus, bevor die nächste Runde beginnt.

Variante B. Statt Text: grafische Zeichnungen anfertigen (z.B. bei Aufgaben aus Technik oder Design)

Variante C. Vor Runde 2 eine Zwischenbilanz einbauen. Die vorläufigen Ergebnisse kurz diskutieren und strukturieren: thematisch ordnen, zusammenfassen, integrieren, priorisieren und aussortieren. Dabei können sich die TN austauschen (ggf. im Plenum): Fragen stellen, sich von „Autoren" etwas erklären lassen, Meinungen äußern.

Variante E. Runde B mehrfach wiederholen

Variante F. Zeitweise steht jeder TN vor „seinem Bild" bzw. vor „seiner Idee", um sie vor Ort erläutern und diskutieren zu können

Variante G. Bei viel Platzbedarf die Galerie auf mehrere benachbarte Räume verteilen

Variante H. Keine separate Diskussion im Plenum, sondern vor den Aushängen, also vor Ort in Kleingruppen diskutieren

Variante I. Jedes Blatt beschriften: als „Wanderer" dürfen die TN auch andere Blätter beschriften, z.B. Anregungen oder Fragen ergänzen

Variante J. TN dürfen bei Bedarf auch schon vorzeitig wandern und sich frei bewegen, während andere noch schreiben

Variante K. In einem Raum (oder in mehreren Räumen) hängen mehrere Papierbögen mit bestimmten Fragen. Jeder TN kann umherwandern und für sich die einzelnen Bögen beschriften (z.B. beantworten, fragen, ergänzen etc.)

Variante K1. Alle TN sind gleichzeitig im Raum

Variante K2. Die TN kommen nacheinander in den Raum bzw. verteilen sich nacheinander auf mehrere Räume

Variante K3. Der Ablauf erstreckt sich über einen längeren Zeitraum (z.B. während der Pausen einer Tagung, während einer Woche). Jeder TN kann zu einem beliebigen Zeitpunkt in den Raum, so dass über die Notizen ein informeller Austausch stattfindet (ähnlich wie beim Kollektiven Notizbuch, s. Kap. 2.12)

Hinweise

Es ist ratsam, den Gegenstand als Frage zu formulieren. (z.B.: „Was können wir verbessern?")

Die Fragestellung so positionieren, dass sie während der ganzen Zeit für alle deutlich sichtbar ist

Um das Ordnen zu erleichtern, kann der Raum vorher bereits strukturiert werden:

- Um welche inhaltlichen Bereiche wird es gehen?
- Und wo werden diese Bereiche räumlich jeweils positioniert? D.h.
  - in Ecke A hängen Ideen zum Bereich A
  - in Ecke B hängen Ideen zum Bereich B etc.

Es darf fantasiert und „gesponnen" werden

Beim Notieren darf nicht gesprochen werden

Jeder TN darf *anonym*, d.h ohne Namensnennung schreiben

Darauf achten, dass deutlich geschrieben und verständlich formuliert wird!

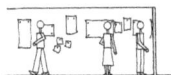

In Druckbuchstaben (Kleinbuchstaben) schreiben

Bei Karten: helle Farbe, Stifte dunkle Farbe. Nicht nur Stichworte, sondern Halbsätze bzw. kurze Sätze. Max. 3 Zeilen Text. Je Karte nur eine Idee, um eine spätere Clusterbildung zu ermöglichen

Störungen (Bemerkungen, Bewertungen, ironische Kommentare) vermeiden!

Bei erfolgreicher Leistung die ganze Gruppe loben, nicht nur einzelne TN

Vorher einen ungefähren Zeitrahmen festlegen

Klare zeitliche Regelung hat den Vorteil, dass sich TN beim Schreiben nicht gestört fühlen. Andererseits können sich TN, die bereits fertig sind, beim Warten langweilen. Evtl. variieren und testen, welche Variante für die Gruppe geeignet ist

Stärke, Chance

✓ Spezieller Vorteil dieser Methode: man kann sich zwischendurch bewegen, was die Kreativität eher fördert

Ähnlich wie bei den meisten anderen Brainwriting Methoden auch:

✓ Ideenfülle: die Galerie füllt sich immer mehr an

✓ Durch die Phasen der Einzelarbeit bessere Konzentration, weniger Ablenkung

✓ faire Chancenverteilung für alle TN

- ✓ höhere Akzeptanz des Ergebnisses
- ✓ Berücksichtigung verschiedener Argumente und Aspekte
- ✓ Ideen können verbessert und weiterentwickelt werden
- ✓ Ausschlussverfahren, d.h. ungeeignete Beiträge können wegen der Überschaubarkeit aussortiert werden
- ✓ Flexibilität von Zeit und Ablauf:
- ✓ jeder TN kann sein Arbeitstempo bestimmen
- ✓ Dauer der Sitzung variabel
- ✓ keine besonderen Formulare erforderlich
- ✓ Ideenzahl nicht begrenzt
- ✓ jeder TN kann prinzipiell alle anderen Ideen erfahren
- ✓ Schriftliche Fixierung der Ideen
- ✓ ausgleichende Wirkung auf das Team: dominante TN werden gebremst, zurückhaltende TN ermutigt
- ✓ Wechselspiel von Einzel- und Gruppenarbeit
- ✓ Integration der Lösungsansätze
- ✓ Blockierende Kommentare werden verhindert
- ✓ Vorzeitige Denkblockaden können durch externe Impulse gelockert bzw. aufgelöst werden
- ✓ Relativ unkompliziert im Ablauf, dennoch recht wirkungsvoll
- ✓ Visualisierung, anschauliche Darstellung, Übersicht

Schwäche, Risiko

o TN können sich getrieben fühlen (Zeitvorgabe, Ablauf)

o TN können sich durch andere TN abgelenkt fühlen (durch deren bloße Anwesenheit oder durch vorzeitige „Wanderer")

o Wenig Zeit für die Inkubationsphase

o Gesondertes Ergebnisprotokoll erforderlich (evtl. das entwickelte Ergebnis fotografieren)

o Bei der Zwischenbilanz bzw. Auswertung darauf achten, dass einzelne TN nicht dominieren

Literatur

Schaude G. Traditionelle Instrumente der Kreativitätstechniken. In: Dold E & Gentsch P. Innovationsmanagement. Luchterhand, Neuwied 2000, S. 82 (Variante K)

Allgemeiner Überblick

Boos E. 2007, S. 94f

Knieß M. 2006, S. 95f

VanGundy 1988, S. 151f

2.10 Hutwechsel-Methode

Worum es geht

Eine Methode von De Bono, die das laterale Denken fördert. Sie ist einfach durchzuführen und dennoch wirkungsvoll. Als beliebter Klassiker wird sie in großen Firmen, z.b. in den USA oder in Japan, gerne angewendet. Es geht darum, unterschiedliche Rollen einzunehmen, also bewusst die Perspektive zu wechseln. Und das gezielt und systematisch. Dadurch wird vermieden, dass man sich auf eine bestimmte Position festlegt bzw. festlegen lässt.

„Gemeinhin sind die einzigen Leute, die mit ihrem Denkvermögen höchst zufrieden sind, jene kümmerlichen Denker, die da glauben, der Zweck des Denkens bestehe darin, zu beweisen, dass man recht hat – zur eigenen Zufriedenheit. Wenn wir nur eine beschränkte Vorstellung davon haben, was das Denken kann, dann mag Selbstgefälligkeit auf diesem Gebiet am Platz sein, sonst jedoch nicht." De Bono 1987, S. 10

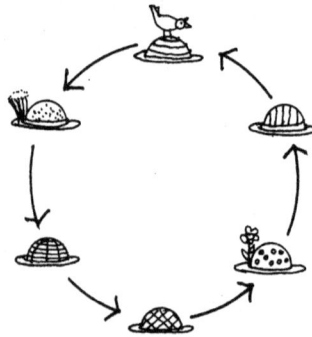

Name

Hutwechsel-Methode

Herkunft

Edward De Bono (*1933 auf Malta), Mediziner und einer der führenden Kreativitätsexperten. Er prägte u.a. den Begriff „Laterales Denkens" (s. Kap.1.5). Diese Methode ist eine Form davon, mit dem Ziel, übliche Denkspuren zu verlassen.

Prinzip

Mischform: analytisch-systematisch, z.T. intuitiv-kreativ (Farbe Grün)

Laterales Denken, mentale Provokation

Systematischer Rollenwechsel. Ein Thema wird unter sechs Aspekten untersucht. Diese werden durch sechs Hüte bzw. Farben symbolisiert. Mit jeder Farbe nimmt man eine bestimmte Rolle ein, die für eine bestimmte Denkhaltung steht. Nach einer bestimmten Zeit wird die Rolle gewechselt. Ähnlichkeit mit der Walt Disney-Methode (s. Kap. 2.20).

„Ich hätte schlaue griechische Namen zur Bezeichnung des von jedem Hut geforderten Denktypus wählen können. Das hätte Eindruck gemacht und einigen Leuten gefallen, aber der praktische Wert wäre gering."
De Bono 1987, S. 39

„Die Hauptschwierigkeit beim Denken ist das Durcheinander. Wir versuchen, zuviel auf einmal zu tun. Gefühle, Informationen, Logik, Hoffnung und Kreativität – das alles bestürmt uns. Es ist, als jonglierte man mit zu vielen Bällen."
Ebd. S. 10

> „Die Debatten, die darauf folgen, sollen – wie man hofft – dazu beitragen, das Thema gründlich zu durchleuchten. Doch sehr oft wird der Befürworter einer Anschauung auf seinen Standpunkt festgenagelt und hat mehr Interesse daran, wer das Wortgefecht gewinnt als daran, eine Situation gründlich auszuloten."
> De Bono 1996, S. 77

> „Der Zweck der sechs Denk-Hüte ist, das Denken zu entwirren, so dass ein Denker sich auf jeweils nur eine Denkweise konzentrieren kann, anstatt versuchen zu müssen, alles auf einmal zu bewältigen."
> De Bono 1987, S. 199

Hintergrund

Ausgangspunkt ist die Beobachtung von De Bono, dass es im Westen Tradition ist, „endlose Debatten über gleich welches Thema zu führen". Man versucht weiterzukommen, indem man klar Position bezieht und sich auf Konfrontationskurs begibt. Statt eine Frage von verschiedenen Seiten zu untersuchen, werden Standpunkte eingenommen, angegriffen und verteidigt. Am Ende dieser Grabenkriege geht es vor allem darum, sein Gesicht zu wahren und nicht als Verlierer dazustehen. Die Methode bietet dazu eine Alternative an.

Ziel

Original nach De Bono

- Zeit und Muße zum kreativen Denken schaffen

- Zum kreativen Denken motivieren

- „Die ständige Schwarzmalerei abgewöhnen"

- ermutigen, einen Blick auf die Vorteile einer Idee zu werfen

- Intuitionen und Ahnungen in einen ernsthaften beruflichen Kontext stellen

Ziel ist, dass die Methode die Unternehmenskultur prägt und damit „der Übergang von einem Denkmodus zum anderen nahtlos erfolgt und in Fleisch und Blut übergeht" (De Bono 1996, S. 80)

Einsatzmöglichkeiten

Ideenspektrum ausweiten (grün)

Bereits gefundene Ideen analysieren, gestalten, vertiefen

In Besprechungen, Konferenzen

Bei festgefahrenen Diskussion, starren dogmatische Meinungen

Bei Konfrontationen, Krisen, Konflikten

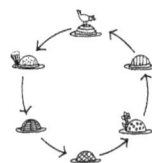

„Die westliche Angewohnheit der Argumentation und der Dialektik ist unzugänglich, weil sie das Generative und Kreative auslässt."
De Bono 1987, S. 18

Räumliche Voraussetzung

s. Kap. 2.1

TN-Zahl

Ideal: 6

Auch einzeln möglich

Vorbereitung

Je TN 6 Farben (Hüte oder andere Symbole)

Visualisierungsfläche (s. Kap. 2.1)

Ggf. Notizblätter

„Ich möchte, dass sich der Denker die Hüte als wahrhaftige Hüte *bildlich vorstellt.* Zu diesem Zweck ist Farbe wichtig. Wie sonst könnten die Hüte unterschieden werden?"
Ebd. S. 39

Moderation

Ja, bei Gruppen erforderlich (s. Kap. 3.1)

⏳ **Dauer**

abhängig von Aufgabenstellung, Gruppengröße und Ideenfluss

ca. 60-120 Minuten (für Phase II)

📄 **Anleitung**

„Ich möchte mich auf
das bewusste Den-
ken konzentrieren.
Das ist der Zweck
des Denk-Hutes:
Sie setzen ihn
bewusst auf."
Ebd. S. 18

Vorgehen in 3 Phasen: I. Einführen (s. Kap. 2.1), II. Durchführen, III. Auswerten (s. Kap. 2.1)

Zu Phase I

Eine Fragestellung formulieren (z.b. Aufgabe, Thema, Vorhaben, Problem, Produkt, Konzept, Planung, Strategie)

Zu Phase II

Es gibt sechs Farben bzw. Hüte. Jede Farbe steht für eine bestimmte Rolle, Funktion bzw. Aufgabe.

Weiss („Nur die Fakten, bitte!")

„Wenn der Denker
den weißen Denk-
Hut trägt, sollte er
einen Computer
nachahmen."
Ebd. S. 201

Wie ein weißes Blatt Papier; neutral, Informationen aufnehmen, Daten sammeln

Typische Fragen:

Über welche Informationen verfügen wir? Welche fehlen uns? Welche möchten wir uns beschaffen? Wie kommen wir heran? Wer, wie, wann, was, wo, wie viel, welche?

Gelb („Konzentration auf die Vorteile")

Wie der Sonnenschein; optimistisch, positive (und dennoch logische) Sichtweise, versuchen, es zu realisieren und umzusetzen, Vorteile suchen.

Was spricht dafür? Welche Vorteile hat das? Was würde es nützen? Welche Chancen liegen darin?

Typische Formulierungen:

Es könnte erfolgreich sein, wenn... Ein Vorteil läge darin, dass... Es würde uns dabei helfen, zu...

„Gelbes-Hut-Denken ist positiv und konstruktiv. Die Farbe gelb symbolisiert Sonnenschein, Helligkeit und Optimismus."
Ebd. S. 204

Grün („Routen und Wahlmöglichkeiten", „Bewegung statt Beurteilung")

Wie Vegetation, Wachstum; kreativ denken, neue Ideen und weitere Alternativen suchen, Möglichkeiten und Hypothesen entwickeln, mental provozieren und mental bewegen, kreativ handeln.

Typische Fragen:

Welche Idee wäre besonders originell? Gibt es noch weitere Alternativen? Lässt es sich auch auf andere Weise erreichen? Könnte es eine andere Erklärung geben? Was schlagen Sie vor?

„Die Suche nach Alternativen ist für das Grüne-Hut-Denken fundamental. Es ist notwendig, über das Bekannte und Offensichtliche und Zufriedenstellende hinauszugelangen."
Ebd. S. 205

Schwarz („Was für Risiken gibt es?")

Wie ein „Richter in schwarzer Robe", zur Vorsicht mahnen; daran hindern, Fehler oder Dummheiten zu machen oder gegen das Gesetz zu verstoßen; kritisch Stellung nehmen; aufzeigen, warum es nicht geht, warum es keinen Gewinn oder Nutzen bringt.

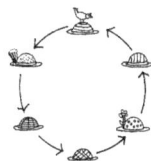

„Der Schwarze Hut-Denker macht darauf aufmerksam, was falsch, ungenau und irrtümlich ist."
Ebd. S. 203

Welche Risiken und Schwierigkeiten könnten sich ergeben? Welche Bedenken bestehen? Welche Zweifel kommen auf?

Typische Formulierungen:

Das verstößt gegen die Bestimmungen... Uns fehlt die Kapazität... Wir haben es schon einmal versucht, und es hat nichts gebracht... Wir haben keine Erfahrung damit...

Rot („Intuition und Ahnungen")

„Das Tragen des roten Hutes erlaubt es dem Denker zu sagen: ‚So empfinde ich bei der Sache.' "
Ebd. S. 202

Wie Feuer, Wärme; Gefühle zeigen, Emotionen zulassen, Empfindungen äußern, intuitiv vorgehen, instinktiv reagieren, auf das „Bauchgefühl" achten. Auch eine plötzliche Erkenntnis, ein spontanes Erfassen einer Situation, eine plötzliche Einsicht.

Welche positiven oder negativen Eindrücke oder Gefühle werden geweckt? Was spürt oder fühlt man? Was sagt der Instinkt?

Typische Formulierungen:

Ich habe kein gutes Gefühl, wenn ich daran denke, dass... Mein Instinkt sagt mir, dass... Irgendetwas gefällt mir daran nicht... Ich spüre, dass... Ich empfinde das als...

Blau („Die richtigen Fragen stellen")

Wie Himmel, Vogelperspektive; den Überblick haben, übergeordnete Strukturen sehen, kontrollieren,
objektiv prüfen, Themen festlegen, auf den nächsten
Denkschritt hinweisen, andere Hüte aktivieren, um
Zusammenfassung bitten, Schlussfolgerung und
Entscheidung anregen, den aktuellen Denkmodus
kommentieren, über den Denkprozess nachdenken,
ihn steuern und organisieren.

Was kann man daraus schlussfolgern? Wie können
die Ergebnisse zusammengefasst werden?

Typische Formulierungen:

Wir haben schon viel Zeit verloren, indem wir einen
Sündenbock gesucht haben... Ich denke, wir sollten
jetzt versuchen, Prioritäten zu setzen... Ich schlage
vor, jetzt den weißen Hut aufzusetzen, um...

Zum Ablauf:

Alle tragen zur selben Zeit den gleichen Hut. Der
Hut steht für einen bestimmten Denkmodus, den
alle TN einnehmen. Jeder Hut wird von allen einmal
aufgesetzt. Wenn der Hut gewechselt wird, wird
auch der Denkmodus gewechselt.

Für jeden Hut etwa 4-10 Minuten Zeit lassen.

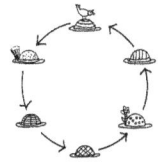

„Das Blaue-Hut-
Denken ist verant-
wortlich für Zusam-
menfassungen,
Überblicke und
Schlussfolgerungen.
[...] Das Blaue-Hut-
Denken überwacht
das Denken und
sorgt dafür, dass
die Spielregeln
eingehalten werden."
Ebd. S. 207

"So everyone present
wears the black hat
at the appointed
time. Everyone
present wears the
white hat at the
appointed time. That
ist parallel thinking
and makes fullest
use of everyone's
intelligence and
experience."
De Bono 1999, S. 7

□   **Varianten**
△
○   Variante A. Um das Verfahren zu beschleunigen, kann man die Hüte systematisch der Reihe nach „aufsetzen" und die Zeit begrenzen (je 4 Min.)

„Gelegentlich möchten wir vielleicht die Hüte in einer förmlichen, gegliederten Abfolge durchlaufen. In solchen Fällen muss die Gliederung vorher offengelegt werden. Häufig jedoch werden wir wohl im Laufe einer Diskussion den einen oder anderen Hut mit einer gewissen Förmlichkeit aufsetzen wollen. Vielleicht werden wir auch jemanden anderen in der Runde bitten wollen, einen bestimmten Hut aufzusetzen. Zu Anfang mag das ein bisschen schwierig sein, aber mit der Zeit wird eine solche Bitte als ganz normal angesehen werden."
De Bono 1987, S. 198

Variante B. Das Gegenteil: verlangsamen, individualisieren. Alle bearbeiten die Farbe 1. Dabei arbeitet jeder TN für sich allein, d.h. er denkt nach, sammelt und notiert seine Ideen. Dann erfolgt für alle synchron ein Farbwechsel, d.h. alle bearbeiten Farbe 2. Wiederum sammelt jeder individuell seine Ideen. Dies wird solange wiederholt, bis jeder TN alle 6 Farben bearbeitet hat. Erst dann geht es im Plenum weiter:

Die Ideen werden zusammengetragen, erläutert und visualisiert (z.B. in Form von Karten an die Pinwand).

Vorteile dieser Variante:

✓   Man sieht, wie viele TN unabhängig voneinander den gleichen Einfall hatten. Dies kann die Bedeutung eines Arguments betonen.

✓   Jeder kann konzentriert und ungestört nachdenken

✓   einzelne Ideen gehen nicht so schnell unter

✓   die Chancen zur Teilnahme werden noch fairer verteilt

Variante B1: Jeder TN bearbeitet eine andere Farbe. Es wird nach einer bestimmten Reihenfolge gewechselt (z.B. immer nach rechts weitergeben), bis jeder TN alle Farben hatte.

Variante B2. Bei mehr als 6 TN Kleingruppen bilden, die je eine Rolle bearbeiten. Diese sollten sich ungestört unterhalten können, z.b. sich in Ecken zurückziehen.

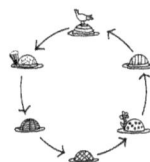

Hinweise

De Bono weist ausdrücklich darauf hin, dass die Hüte keine Persönlichkeitsbeschreibungen darstellen. Es sind also keine Schubladen, in die man Personen hinein schieben kann. Die Hüte stehen vielmehr für ein Denkverhalten, dass man einüben und auch jederzeit verändern kann. De Bono empfiehlt, dabei eine spielerische Haltung einzunehmen: man schlüpft eine zeitlang in eine bestimmte Rolle, die man nach wenigen Minuten wieder verlässt.

„Sie setzen den Hut auf und spielen dann die Rolle, die durch den Hut definiert wird. Sie sehen sich dabei zu, wie Sie die Rolle spielen. Sie spielen die Rolle, so gut Sie können. Ihr Ich wird durch die Rolle geschützt."
De Bono 1987, S. 30

Je größer das Denkspektrum wird – also je mehr Farben es umfasst – desto besser.

Die Abfolge ist nicht vorgeschrieben. Dennoch gibt de Bono eine Empfehlung für das Ende einer Kreativitätssitzung:

- Jede Sitzung beginnt und endet mit dem Blauen Hut. Wie eine Klammer steht er also am Anfang und am Ende.

„Genauso wie ein Golfspieler sämtliche Schläger herzunehmen versucht, sollten Sie bemüht sein, alle sechs Hüte zu tragen."
De Bono 1996, S. 79

- Als drittletzten Hut die Farbe schwarz aufsetzen, um Schwierigkeiten und Risiken aufzuzeigen.

- Als vorletztem Hut den roten aufsetzen, im Sinne von: „In seiner derzeitigen Form kann das Vorhaben nicht funktionieren, aber ich habe trotzdem das Gefühl, dass sich daraus etwas machen lässt. Lassen Sie uns überlegen, wie wir ihr zum Erfolg verhelfen können." (De Bono 1996, S. 80)

- Dadurch wird die direkte Zurückweisung wieder relativiert.

Farbige Gegenstände verteilen. Es müssen keine Hüte sein, es können auch andere Gegenstände sein (z.b. Bänder, Karten). Reale Farben helfen, die Rolle einzunehmen.

Wenn die Ideen von jedem TN aufgezeichnet werden, gehen sie nicht so schnell verloren (im Gegensatz zur reinen Gruppendiskussion).

Zu Weiß („Input im Stil der Japaner"):

„Der springende Punkt ist, dass keiner mit einer vorgefertigten Idee kommt. [...] Die japanische Vorstellung ist, dass die Ideen wie Keimlinge sprießen, die man ernähren und zu ihrer endgültigen Gestalt heranwachsen lassen muss."
De Bono 1987, S. 52f

Diese Haltung setzt voraus, dass man keinen festen Standpunkt einnimmt und auch nicht mit fertigen Ideen kommt. Es geht also darum, eine typisch westliche Haltung abzulegen: Standpunkte durchdiskutieren, die Kritik überleben, das Gesicht wahren, möglichst viele Anhänger gewinnen. De Bono vergleicht diese westliche Diskussionshaltung mit einem Bildhauer, der mit „Hammerschlägen" die Argumente herausarbeiten will. Die Farbe „weiß" bedeutet das Gegenteil: wie ein Gärtner säen und warten können, bis eine Idee Gestalt annimmt.

Zu Gelb („Sonnenschein"):

„...jede kreative Idee verdient ein gewissen Maß an Aufmerksamkeit."
De Bono 1996, S. 76

Eher ungewohnt, daher sich bewusst bemühen und gezielt anstrengen. Und dafür ist diese Farbe da. Wichtig ist, dass die Argumente dennoch logisch fundiert sind.

Zu Grün („Vegetation und üppiges Wachstum"):

Sorgt für den kreativen Prozess. Anspornen, auffordern, selbst wenn keine besonders originellen Ideen kommen!

Zu Blau („Himmel, Vogelperspektive"):

Typische Rolle eines Moderators. In diesem Fall können auch die TN diese Rolle zeitweise einnehmen.

Zu Schwarz („Richter in schwarzer Robe"):

Eine wichtige und hilfreiche Rolle, um Fehler zu vermeiden und letztlich das Überleben (z.B. einer Organisation) zu sichern. Fällt am leichtesten, am meisten verwendet, und vielleicht sogar die nützlichste Rolle. Andererseits besteht die Gefahr, zu übertreiben und jedes Pflänzchen schon im Keim zu ersticken. Wichtig ist, dass die Beiträge logisch fundiert sind, nicht irrational.

„Er ist sehr nützlich, solange man ihn nicht überstrapaziert."
De Bono 1996, S. 75

Zu Rot („Feuer und Wärme"):

Eher ungewohnt. Erlaubt, Empfindungen zu äußern, ohne sich dafür –wie sonst üblich- entschuldigen, rechtfertigen oder verstecken zu müssen. Eine Intuition kann goldrichtig sein, aber natürlich auch in die Irre führen.

Allgemein:

Letztlich geht es De Bono darum, diese Methode zu verinnerlichen, so dass sie Teil einer Grundhaltung und einer Unternehmenskultur wird.

„Es liegt auf der Hand, dass dieses Idiom am nützlichsten ist, wenn alle Mitarbeiter in einem Betrieb die Spielregeln kennen. Beispielsweise sollten sich alle, die regelmäßig zusammenkommen, um Dinge zu besprechen, die Bedeutung der verschiedenen Hüte zu eigen machen. Die Idee funktioniert am besten, wenn alle dieselbe Sprache sprechen."
De Bono 1987, S. 198

Vorteil, Stärke, Chance

De Bono nennt fünf „Werte" dieser Methode (1987, S. 37f):

✓ *Rollenspiel.* Nach de Bono ist das größte Hindernis, Dinge zu denken und zu sagen, unser Ego und dessen Selbstverteidigung. Die Hüte befreien uns von unserem Ego. „Die Hüte gestatten es uns, Dinge zu denken und zu sagen, die wir sonst nicht ohne Gefahr für unser Ego denken und sagen könnten".

„Im Clownkostüm fühlen wir uns frei, den Clown zu spielen."

✓ *Aufmerksamkeitslenkung.* Ein weiterer „Feind des Denkens ist die Komplexität, denn diese stiftet nur Verwirrung." (Ebd. S. 197). Um aus dem rein reaktiven Denken herauszukommen, wird hier die Aufmerksamkeit auf jeweils einen Aspekt fokussiert.

„Mit Hilfe der sechs Hüte können wir sechs verschiedene Aspekte nacheinander ins Auge fassen."

„Man kann jemanden auffordern, negativ oder nicht mehr negativ zu sein, kreativ zu sein oder rein gefühlsmäßig zu antworten."

✓ *Zweckdienlichkeit.* Der Symbolwert der Hüte erleichtert es, andere und sich selbst aufzufordern, umzuschalten.

„... bin ich bereit, Behauptungen aufzustellen, die ein wenig über den gegenwärtigen Wissensstand hinausgehen..."

✓ *Gehirn:* De Bono geht davon aus, dass es sich beim Gehirn um ein sich selbst organisierendes System handelt und diese Methode „eine Basis in der Chemie des Gehirns" hat.

„Die Menschen lernen Spielregeln mit Leichtigkeit."

✓ *Spielregeln:* Die sechs Hüte sind ein Denk-„Spiel", für das bestimmte Regeln gelten. Der spielerische Charakter ist kein Widerspruch zu dem in der Sache gebotenen Ernst.

Weitere Vorteile:

✓ Trainiert flexibles Denken und kreative Kompetenz

✓ Fruchtlose, kräftezehrende Konfrontationen werden vermieden

✓ Lenkt auf einen kreativeren, produktiveren Dialog

✓ TN öffnen sich leichter

✓ Gemeinsam Strategien erforschen, statt auf gegensätzlichen Standpunkten zu beharren

✓ Aus den Zwängen der herkömmlichen Konfrontation ausbrechen können

✓ Klare Trennung zwischen Persönlichkeit und Denkleistung

✓ neue Erkenntnisse fördern, die Einstellungen verändern können

✓ Notorische Schwarzseher relativieren

✓ Raum für positives und kreatives Denken geben, was im üblichen Gedankenfluss und Diskussionsbeiträgen zu kurz kommt

✓ Spielerischer Ansatz

✓ Klare Spielregeln, gute Stimmung. Wenn man nicht mitspielt, wird man zum Außenseiter

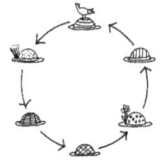

„Der größte Vorteil besteht darin, dass man ohne weiteres in einen anderen Denkmodus überwechseln kann, ohne jemanden zu beleidigen." De Bono 1996, S. 77f

✓ Jede Rolle ist zeitlich begrenzt (v.a. auch die des Schwarzmalens)

✓ Man darf Rollen einnehmen, die man sich sonst eher nicht erlauben würde (z.b. Gefühle zeigen, optimistisch sein)

✓ Jederzeit anwendbar

„Der größte Wert der Hüte liegt in eben ihrer Künstlichkeit. [...] Sie stellen Spielregeln für das ‚Denken' genannte Spiel auf. Jeder, der dieses Spiel spielt, kennt auch die Regeln."
De Bono 1987, S. 200

✓ Der einseitig analytisch-kritischen Denkart entkommen

✓ Konfliktpotenzial wird verringert, da man sich auf eine Rolle berufen kann

✓ Frage der Realisierbarkeit wird frühzeitig gestellt

✓ Faire Chance für alle: dominante TN werden gebremst, zurückhaltende ermutigt

✓ Keine Rollenzuteilung im Sinne von Schubladendenken: jeder übernimmt jede Rolle!

Nachteil, Schwäche, Risiko

o Gedankengänge werden unterbrochen, daher ist ein kontinuierlich fortschreitender Ideenfluss kaum möglich

o Relativ zeitaufwändig

o Randständige Aspekte können unnötig viel Gewicht bekommen

o Ein häufiger Fehler ist es nach De Bono, Mitarbeiter auszuwählen, die während der gesamten Sitzung einen einzigen Hut tragen, z.b. den weißen oder den schwarzen. Das Ergebnis: die Methode wird in ihr Gegenteil verkehrt. Menschen werden in eine Schublade geschoben und auf ein „label" festgelegt, das ihnen evtl. noch nach der Sitzung anhaftet. Daher auf permanenten Rollenwechsel für alle achten.

Literatur

De Bono E. 1996, S. 73ff

De Bono E. Das Sechsfarben-Denken. Econ Verlag, Düsseldorf 1987 (Original: Six Thinking Hats. Penguin Books 1985)

Allgemeiner Überblick

Boos E. 2007, S. 130f

Knieß M. 2006, S. 120f

"The people then keep those roles for the whole meeting. That is almost exactly the opposite of how the system should be used. The whole point of parallel thinking is that the experience and intelligence of everyone should be used in each direction."
De Bono 1999, S. 7

„Ich möchte, dass Sie sich das vielbenutzte [...] Bild von Rodins ‚Denker' vorstellen. [...] Nehmen Sie die Rolle eines Denkers ein. Tun Sie so als ob. [...] Sehr bald schon wird Ihr Gehirn der Rolle, die Sie spielen, folgen. Wenn Sie die Rolle eines Denkers spielen, werden Sie wirklich einer werden."
De Bono 1987, S. 15

2.11   Kartentechnik

Worum es geht

Diese Methode, die gerne bei Moderationen eingesetzt wird, ist eine Form des Brainwriting, also des schriftlichen Brainstormings. Jeder TN kann in Ruhe Ideen sammeln und aufschreiben. Gleichzeitig können sich die TN gegenseitig inspirieren und austauschen.

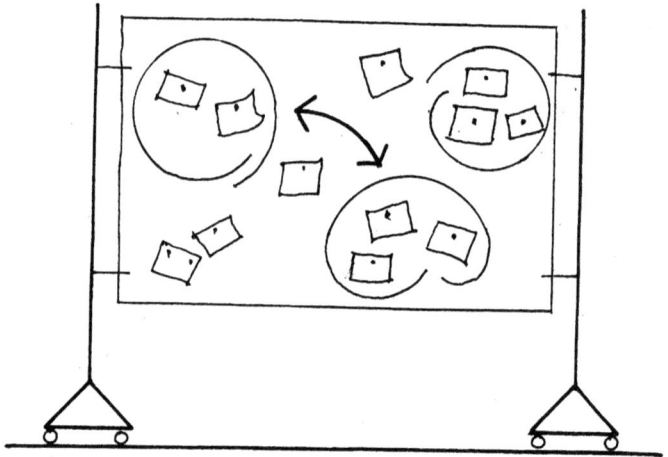

Name

Kartentechnik synonym: Kärtchen-Befragung, Kärt-
chen-Technik, Metaplan-Technik, Idea Card Collec-
tion

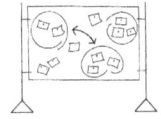

Herkunft

Firma Metaplan (Schnelle 1978)

Battelle Institut (Alter et al 1973, Warfield et al 1975;
s.a. Schaude 2000, Schlicksupp 2004)

Prinzip

Intuitiv-kreativ

Schriftliches Brainstorming, also eine Form des
Brainwriting („die Bildung des Begriffs „Brainwriting" wird von B. Rohrbach in Anspruch genommen", Schlicksupp 2004, S. 228). Kombination von
Einzel- und Gruppenarbeit: jeder TN kann in Ruhe
Ideen sammeln und aufschreiben. Gleichzeitig können sich die TN gegenseitig inspirieren und austauschen.

Hintergrund

Diese Methode wird üblicherweise als Modera-
tionshilfe eingesetzt, v.a. um Diskussionen zu strukturieren.

In diesem Kontext wird sie in erster Linie dafür eingesetzt, Ideen zu gewinnen.

Mündliche Beiträge (Brainstorming, Kommentare, Diskussionen) können das Denken stören, unterbrechen und ablenken. Die Methode fördert daher die konzentrierte Einzelarbeit. Gleichzeitig sind die TN miteinander in Kontakt.

Ziel

Jeden TN aktivieren, faire Chancen für alle

Viele verschiedene Ideen und Lösungsansätze hervorbringen

Gemeinsam ein Ergebnis entwickeln und damit höhere Akzeptanz erzeugen

Einsatzmöglichkeiten

Meist als Moderationsmethode eingesetzt

Heterogene Gruppen (z.B. TN aus verschiedenen Fachrichtungen oder Abteilungen, TN mit verschiedenen Vorbildungen, Kompetenzen, Temperamenten)

Problemanalyse, Lösungssuche

Wenig strukturierte Themenstellung

Spontane Stoff- und Ideensammlung

Vielfältige und offene Ideen generieren

Strukturieren und bewerten

Kann auch spontan eingesetzt werden, z.B. in einer Diskussion oder Sitzung

Räumliche Voraussetzung

s. Kap. 2.1

TN-Zahl

Ideal: 4-10, max. 15

Vorbereitung

Pinwände, mit Packpapier bespannt

(Karton-)Kärtchen (Querformat)

Pin-Nadeln

Für jeden TN dicke Filzschreiber

Klebepunkte

Evtl. ergänzend Tafel, Flipchart

Moderation

Ja, erforderlich (s. Kap. 3.1)

Dauer

ca. 15-30 Minuten für Phase II

ausreichend Freiraum lassen

Anleitung

Vorgehen in 3 Phasen: I. Einführen (s. Kap. 2.1), II. Durchführen, III. Auswerten (s. Kap. 2.1)

Zu Phase II

TN sitzen im Halbkreis.

Schritt 1. Notieren: Jeder TN notiert auf die Karten Ideen und Assoziationen, die ihm zur Fragestellung. (Aufgabe, Gegenstand, Thema) spontan einfallen. Fantasie ist gefragt!

Schritt 2. Sammeln: der Moderator sammelt die beschriebenen Karten laufend ein und heftet sie ungeordnet an die Pinwand.

Schritt 3. Lesen & Notieren: Die sichtbar aufgehängten Karten können den TN neue Impulse geben (ergänzen, erweitern, abwandeln etc.)

Schritt 4. Ist die Ideenfindung abgeschlossen, werden die hängenden Karten einzeln durchgegangen. Wichtig: die betreffenden „Autoren" erläutern ihre jeweilige Karte (nicht der Moderator)! Wenn ergänzende Ideen auftauchen, werden sie auf eine eigene Karte notiert.

Zu Phase III

Schritt 1. Cluster: Die Karten werden inhaltlich geordnet und thematisch gruppiert („Cluster").

Schritt 2. Erst jetzt wird für jedes Cluster ein passender Oberbegriff gesucht. Er wird auf größere Karten notiert und über dem Cluster befestigt.

Schritt 3. Der weitere Ablauf ist situationsabhängig:

a. Die Themenschwerpunkte können auf einzelne Kleingruppen aufgeteilt und dort jeweils separat bearbeitet werden. Anschließend werden die Ergebnisse im Plenum vorgestellt.

b. Falls über Ideen abgestimmt werden soll, eignet sich als besonders faire Methode das Punkteverfahren „Dot-mokratie" (s. Kap. 2.1):

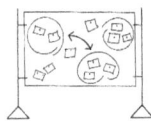

- jeder TN erhält eine bestimmte Anzahl Punkte, die er in Form von Klebepunkten oder Strichen vergeben kann. Diese darf er für sich und anonym auf die einzelnen Ideen verteilen. Die Favoriten, also die Ideen mit den meisten Stimmen bilden die Basis für weitere Schritte.

Varianten

Variante A. Kartenumlauftechnik (synonym: Kärtchenumlauf-Technik, Umlauf-Technik, Pin-Cards)

TN sitzen im Kreis. Die beschrifteten Karten werden nicht sofort an den Moderator abgegeben, sondern wandern zunächst an die anderen TN. Die Karten wandern immer in eine Richtung, nämlich nach links. Jeder TN legt also seine Karte neben seinem linken Nachbarn ab und kann sich bei Bedarf eine Karte von rechts nehmen. Auf diese Weise kann sich jeder von anderen Ideen anregen lassen. Dabei die „fremden Karten" nicht beschriften, sondern neue Ideen auf neue Karten schreiben. Erhält man seine eigene Karte zurück, ist sie also einmal rundum gewandert, legt man sie vor sich auf einen Stapel oder auf eine zentrale „Sammelstelle". Von dort werden die Karten an die Pinwand gehängt.

Variante A1. Es kann eine weitere Runde eingebaut werden, in der die Karten in Umlauf sind.

Variante B. Karten aus unterschiedlichen Farben bzw. Formen anbieten.

Variante B1. Jedem TN eine Farbe zuordnen. Dies erleichtert es, die „Autoren" zu identifizieren.

Variante B2. Jedem Aspekt bzw. Kriterium eine bestimmte Farbe/Form zuordnen (z.B. Gestaltung, Organisation, Bedenken, „kann sein", „muss sein"). Dies erleichtert das spätere Ordnen.

Hinweise

Schreibregeln:

- pro Karte nur eine Idee
- in großer Druckschrift in Kleinbuchstaben schreiben
- maximal 3 Zeilen Text

Karten: helle Farbe, Stifte: dunkle Farbe

Darauf achten, dass deutlich geschrieben und verständlich formuliert wird!

Nicht nur Stichworte, sondern Halbsätze bzw. kurze Sätze.

Fremde Karten nicht beschriften, auch keine Bemerkungen oder Ergänzungen. Stattdessen neue Karten nehmen.

Falls man verschiedene Karten (Farben, Formen) anbietet: nicht zu viele Unterschiede anbieten, um die Übersicht zu behalten.

Um Neulinge nicht zu überfordern, einheitliche Karten anbieten

Beim Sammeln darf nicht gesprochen werden!

Störungen (Bemerkungen, Bewertungen, ironische Kommentare) vermeiden!

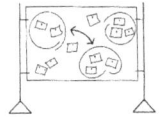

Zu Variante A (Umlauftechnik): wenn Karten an einzelnen Stellen verlangsamt abgegeben werden, kann ein Rückstau entstehen („Flaschenhals-Effekt"). Daher zur zügigen Weitergabe ermutigen!

Es darf fantasiert und „gesponnen" werden!

In der Regel darf jeder TN anonym, d.h. ohne Namensnennung schreiben.

Anders bei Variante B1 (den TN verschiedene Farben zuordnen). Dies kann jedoch die Spontanität hemmen, daher nur bei gutem Gruppenklima einsetzen.

Zeitlich flexibel, dennoch vorher einen ungefähren Zeitrahmen festlegen

Bei erfolgreicher Leistung die ganze Gruppe loben, nicht nur einzelne TN

Spezifische Regeln von „Metaplan" (Schnelle 1978, S. 13):

- Butler-Regel: Jeder TN ist sowohl Mitdenker als auch Helfer. So sind TN auch zuständig für kleine Hilfsdienste, wie Getränke oder Arbeitsmaterial richten

- 30-Sekunden-Regel: kein TN darf länger als 30 Sekunden sprechen. Während ein TN spricht, dürfen die anderen TN ihre Karten an der Pinwand aufhängen.

Stärke, Chance

✓ Zeit und Ablauf flexibel

✓ Jeder TN kann sein Arbeitstempo bestimmen

✓ Dauer der Sitzung variabel

✓ Keine besonderen Formulare erforderlich

✓ Ideenzahl nicht begrenzt

✓ Jeder kann prinzipiell alle Ideen der anderen TN erfahren

✓ Schriftliche Fixierung der Ideen

✓ Jeder TN kann jede Idee lesen

✓ Ausgleichende Wirkung auf das Team: dominante TN werden gebremst, zurückhaltende TN ermutigt

✓ Faire Chancenverteilung für alle TN

✓ Wechselspiel von Einzel- und Gruppenarbeit

✓ Integration der Lösungsansätze und höhere Akzeptanz des Ergebnisses

✓ Blockierende Kommentare werden verhindert

✓ Ideenfülle: die Pinwand füllt sich immer mehr an

✓ Ideen können verbessert und weiterentwickelt werden

✓ Vorzeitige Denkblockaden können durch externe Impulse gelockert bzw. aufgelöst werden

✓ Relativ unkompliziert im Ablauf, dennoch recht wirkungsvoll

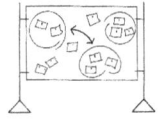

Schwäche, Risiko

o   Gesondertes Ergebnisprotokoll erforderlich (evtl. das entwickelte Ergebnis auf der Pinwand fotografieren)

o   TN können sich unter Zeitdruck fühlen

Literatur

Alter U, Geschka H, Schaude G, Schlicksupp H. Methoden und Organisation der Ideenfindung. Battelle Institut, Frankfurt/M. 1973, S. XI, S. 38

Schlicksupp H. 2004, S. 114

Schnelle E. Neue Wege der Kommunikation. Hanstein Verlag, Königstein 1978

Variante A

Schaude G. Traditionelle Instrumente der Kreativitätstechniken. In: Dold E. & Gentsch P.: Innovationsmanagement. Luchterhand, Neuwied 2000, S. 83

Warfield J, Geschka H, Hamilton R. Methods of Idea Management. Battelle Institute & The Acadamy of Contemporary Problems. Columbus/Ohio 1975, S. 7

Allgemeiner Überblick

Boos E. 2007, S. 58f

Knieß M. 2006, S. 88f

VanGundy A. 1988, S. 159ff

2.12 Kollektives Notizbuch

Worum es geht

Diese Methode ist eine Form des Brainwriting, also des schriftlichen Brainstormings. Die Besonderheit: Das Medium ist ein Notizbuch. Dadurch sind die TN zeitlich und räumlich unabhängig.

"It is submitted that this is the most powerful group method presently known, because it is a major, not a minor, commitment by the organization, and it is directed to a problem of considerable size."
Haefele 1962, S. 152

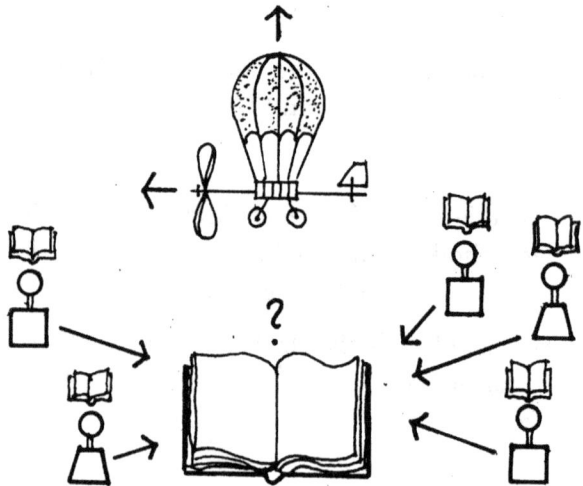

Name

Kollektives Notizbuch

Synonym: Collective Notebook, CNB

Herkunft

John Haefele (damals Mitarbeiter bei Procter & Gamble) in den 1960er Jahren

Prinzip

Intuitiv-kreativ

Schriftliches Brainstorming, also Form des Brainwriting. Kombination von Einzel- und Gruppenarbeit: jeder TN kann in Ruhe Ideen sammeln und aufschreiben. Gleichzeitig können sich die TN gegenseitig inspirieren und austauschen. Besonderheit: Das Medium ist ein Notizbuch, wodurch die TN zeitlich und räumlich unabhängig sind.

Hintergrund

Diese Methode ist eine Antwort auf folgende Probleme:

- Experten sind zeitlich sehr beansprucht und daher nur schwer an einen Tisch zu versammeln (voller Terminkalender, viel unterwegs, verschiedene Standorte oder Arbeitsrhythmen)

- Studien haben gezeigt, dass die meisten und besten Ideen in der Freizeit entstehen, und davon die Mehrzahl beim Alleinsein (Schlicksupp 2004, S. 121)

"Let the problem be as big as one dare – a new artistic or literary departure, gravity, cancer. Pertinent material is watched for, and practise is applied to develop individual creative skills. This will help on the daily job, while providing a creative outlet aside from it."
Haefele 1962, S. 153

Diese Methode entspricht den Ergebnissen der Hirnforschung:

Das Gehirn arbeitet unbewusst gerade dann, wenn man sich nicht bewusst mit der Aufgabe beschäftigt (z.b. im Schlaf, beim Sport, beim Aufräumen). Diese kostbaren Momente gehen durch diese Methode nicht verloren, sondern werden genutzt.

Ziel

"It assumes a group of competent men who understand the purpose of the project and agree to cooperate."
Ebd. S. 151

Intensive Beschäftigung mit einer Aufgabe

Viele verschiedene TN synchronisieren

Jeden TN aktivieren, faire Chance für alle

Viele verschiedene Ideen und Lösungsansätze

Einsatzmöglichkeiten

"Suggestion systems might employ a considerably modified CNB technique, using colorful, printed booklets."
Ebd. S. 154

Komplexe Fragestellungen

Problemanalyse, Lösungswege

Auch bei großen TN-Zahlen

Heterogene Gruppen (z.B. verschiedene Kompetenzen, Temperamente)

Strukturierte Aufgabenstellung

Spontane Stoff- und Ideensammlung

Vielfältige und offene Ideen generieren

Für kompetente Experten geeignet

Als Vorschlagssystem für Mitarbeiter geeignet

Räumliche Voraussetzung

Während der Durchführungsphase keine

TN-Zahl

Variabel (1-100)

Auch einzeln möglich

Auch in Großgruppen möglich

Vorbereitung

Notizbücher vorbereiten: Format, das in die Hemden-/Hosentasche passt, evtl. mit Ringheftung. Die ersten Seiten enthalten:

- Fragestellung (Aufgabe, Gegenstand, Thema), mit Hintergrund und Entwicklungszielen

- evtl. Ideenformulare, mit einem ausgefüllten Muster und 5-7 leeren Formularen

- Leere Seiten für Notizen

- Stift

- Kontaktadressen, Ansprechpartner

TN (auch abwesende) informieren

Projektteam bilden

Einen Koordinator bestimmen

"The preparative work is done by a team which includes a writer able to draft crisp statements and an artist or draftsman abel to draw striking and communicative diagrams."
Ebd. S. 152

Moderation

Ja, erforderlich. Evtl. auf zwei Ebenen: für das Projektteam und für die TN (s. Kap. 3.1)

Dauer

variabel, meist 2-4 Wochen

(laut Original: 4 Wochen)

Anleitung

Vorgehen in 3 Phasen: I. Einführen (s. Kap. 2.1), II. Durchführen, III. Auswerten (s. Kap. 2.1)

Zu Phase I

Notizbücher vorbereiten (s.o.)

Zu Phase II (Original nach Haefele 1962, S. 151f):

Durchführung in 6 Schritten:

Schritt 1. Austeilen: Jeder TN erhält ein Notizbuch. Auf den ersten Seiten stehen Fragestellung und relevante Informationen.

Schritt 2. Notieren: Jeder TN notiert im Laufe der vereinbarten Zeit (ein Monat) sämtliche Gedanken und Ideen, die ihm zur Fragestellung kommen (Analyse, Lösungswege, neue Ideen). Zum Schluss fasst er seine Einfälle zusammen:

- die beste Idee

- konstruktive Vorschläge in Bezug auf die Fragestellung

- unabhängig von der Fragestellung andere, neue Ideen

Schritt 3. Rückgabe: Nach Ablauf der Frist gibt jeder TN sein Notizbücher an einen Koordinator zurück

"The participant finds this work done for him as he reads his notebook, but he also finds places left for him to fill in *his* preferred diagrams, *his* answers to stimulative questions, *his* comments on check lists."
Ebd. S. 152

"Then each summarizes: a. His best idea on the problem, b. His suggestions for fruitful directions to explore in regard to the problem, c. Other new ideas, aside from the main problem."
Ebd. S. 151

Schritt 4. Zusammenfassung: Der Koordinator stellt die Ergebnisse zusammen und schreibt eine Zusammenfassung.

Schritt 5. Alle TN erhalten die Zusammenfassung und können alle Notizbücher einsehen.

Schritt 6. Auf Wunsch folgt eine „kreative Diskussion", an der alle TN teilnehmen können.

☐ **Varianten**
△
○
Variante A. Es gibt ein gemeinsames Notizbuch für alle. Es liegt an einem Ort, der für alle gleich gut zugänglich ist (Ordner, Notizbuch). Auf den ersten Seiten stehen orientierende Hinweise: Aufgabe (bzw. Problem, Thema), Fragestellung, Ziel, Vorgehen, Regeln, zeitlicher Rahmen (Frist!). Innerhalb dieser Zeit kann jeder TN beliebig oft Gedanken und Ideen eintragen bzw. die Eintragungen der anderen lesen.

Variante B. Jeder schreibt in ein eigenes Notizbuch. Nach einer bestimmten Zeit (z.B. nach 2 Wochen) werden die Ergebnisse ausgetauscht, um Impulse für die zweite Phase zu erhalten. Je nach Kontext kann dieser Austausch eins zu eins geschehen (persönlich/individuell) oder stellvertretend über ein Projektteam, das die Zwischenergebnisse sammelt, zusammenstellt und an die TN weitergibt. Auf diese Weise können Ideen weiterentwickelt und ergänzt werden, bevor die Notizbücher abgegeben werden (nach A. Pearson, 1970er Jahre).

"The material in the notebooks is carefully studied and correlated by a coordinator who is creative-minded, and skilled in organizing and summarizing such a mass of material. He gives full time to this study, and prepares a detailed summary, which credits those especially deserving it. The willingness to commit a competent man to this full-time work is a *sine qua non* of the method." Ebd. S. 151

"A final creative discussion of any adequate length is held by all participants, if desired." Ebd.

Variante C. Es gibt ein virtuelles Notizbuch, z.b. im Intranet der gemeinsamen Organisation. Jeder TN hat mit einem Passwort Zugang und kann an jedem beliebigen PC jederzeit etwas beitragen (Überlegungen, Anregungen) bzw. den aktuellen Stand einsehen.

Variante D. Man kann diese Methode auch alleine durchführen

Variante E. Variante zu Schritt 4: Die Eintragungen werden nicht von einem einzelnen Koordinator ausgewertet, sondern von den TN selbst. Wenn die Zahl der TN bzw. der Notizbücher überschaubar ist, kann dies in einer oder mehreren Sitzungen erfolgen. Bei einer großen Anzahl (TN, Notizbücher) kann ein Projektteam dies stellvertretend übernehmen, also auswerten, priorisieren und weitere Schritte vorschlagen.

Hinweise

Für jeden TN empfehlen sich folgende Regeln:

- Das Notizbuch ständig, d.h. buchstäblich bei Tag und Nacht bei sich tragen, um auch unerwartete „Geistesblitze" festhalten zu können

- Täglich mindestens eine feste Zeit reservieren, in der man sich mit der Fragestellung befasst und mindestens eine Notiz macht

"He is asked to record at least once a day. Most men will find it fun."
Ebd. S. 152

Die Regeln betonen, darunter v.a.:

- Eine feste Tageszeit reservieren: dadurch wird nicht nur eine spontane, sondern auch eine zielgerichtete, aktive Arbeit erzielt.

- Resumée: wenn jeder TN seine Ergebnisse vor der Abgabe zusammenfasst, erleichtert dies die abschließende Auswertung erheblich

Abwesende TN können das Notizbuch auch per Post erhalten

Es ist ratsam, die Aufgabe als Frage zu formulieren, z.B.: „Welchen Beitrag können wir in der veränderten Situation leisten?"

Die Fragestellung sollte möglichst angemessen, klar und eindeutig sein. Wenn die Notizbücher an TN verschickt werden, die bei der Definition nicht dabei sind, ist dies besonders wichtig. Daher die Formulierung auch Außenstehenden zum Gegenlesen zeigen.

Wenn die TN-Zahl sehr groß ist, übernimmt ein Projektteam die Organisation bzw. Koordination. Dazu gehört:

- die Vorbereitung der Notizbücher

- die Formulierung der Fragestellung

- die Auswertung der Ergebnisse

- die Kommunikation untereinander

Der verfügbare Zeitraum darf weder zu kurz noch zu lang sein: im einen Fall besteht die Gefahr, an der Oberfläche zu bleiben, im anderen Fall sich zu verzetteln oder die Motivation zu verlieren. Dennoch geht der Autor im Original davon aus, dass der Prozess im Extremfall auch Jahre dauern kann.

"One of the special creative aids [...] is *priming*, that is, stimulation with suggestive material given out at intervals during the month."
Ebd. S. 154

Um die TN zu stimulieren, können sie zwischendurch themenbezogenes Material erhalten („priming")

Zur Auswertung bietet sich ein Workshop an. Bei einer großen TN-Zahl kann daran sowohl das Projektteam als auch einzelne „Notizbuch-Träger" eingeladen werden.

Alle beteiligten TN erhalten abschließend ein ausführliches Ergebnisprotokoll.

Stärke, Chance

"There is time for incubation, and for insight and its full realization."
Ebd. S. 152

✓ Zeit für die Inkubationsphase

✓ Die lange Zeitspanne ermöglicht entspanntes Nachdenken, und damit vertiefte und differenzierte Ergebnisse

✓ Jeder TN kann seinem eigenen Arbeitsrhythmus nachgehen

✓ Es gibt keinen Druck, in einer bestimmten Sitzung „auf Kommando" alles bringen zu müssen

✓ Zeitliche und örtliche Unabhängigkeit. Dadurch können auch solche TN partizipieren, die zeitlich stark eingespannt, viel unterwegs oder weit entfernt sind

✓ Voller Einsatz, Bündelung verschiedener Kräfte und Kompetenzen

"The CNB allows personal application, to attack a big problem on one's own." Ebd. S. 153

✓ Variante A: die TN werden durch die Eintragungen der anderen angeregt und können die notierten Ideen weiterentwickeln

✓ Ideenzahl nicht begrenzt

✓ Schriftliche Fixierung der Ideen

"The company gains: through the stimulation of the men; through the new ideas on the problem; through the new avenues of approach suggested; and through side ideas in other directions [...]" Ebd. S. 152

✓ Ausgleichende Wirkung auf das Team: dominante TN werden gebremst, zurückhaltende TN ermutigt

✓ Faire Chancenverteilung auf alle TN

✓ Blockierende Kommentare werden verhindert

✓ Relativ unkompliziert im Ablauf, dennoch recht wirkungsvoll

✓ Auch für komplexe, schwierige Fragestellungen geeignet

"One of the big advantages of the CNB method is the deliberate decision to give the full preparative treatment to a problem of major scope, with the additional conviction that each worker will later enrich it with his individual experience." Ebd.

Schwäche, Risiko

o Wird nur ein Koordinator eingesetzt, kann die hohe Verantwortung leicht überfordern. Dies spricht für den Einsatz eines Teams

o Durch die längere Zeitperiode kann die Eigenmotivation schwinden. Hohe Eigenmotivation und Selbstdisziplin werden vorausgesetzt

o TN können unerwartet ausfallen (verhindert, krank etc.). Daher eine ausreichend hohe TN-Zahl einplanen

o Je mehr TN bzw. Notizbücher, desto aufwendiger ist die Auswertung

o Variante A: zeitliche und örtliche Einschränkung, da es nur ein Notizbuch für alle gibt

Literatur

Haefele J. Creativity and Innovation. Reinhold Publishing Corporation, New York 1962

Allgemeiner Überblick

Boos E. 2007, S. 54f

Knieß M. 2006, S. 94f

Schlicksupp H. 2004, S. 120f

2.13   Methode 635

Worum es geht

Die Methode wurde von B. Rohrbach, einem Unternehmensberater, 1969 veröffentlicht. Sie zählt zu den Methoden des Brainwriting, d.h. der schriftlichen Ideenfindung.

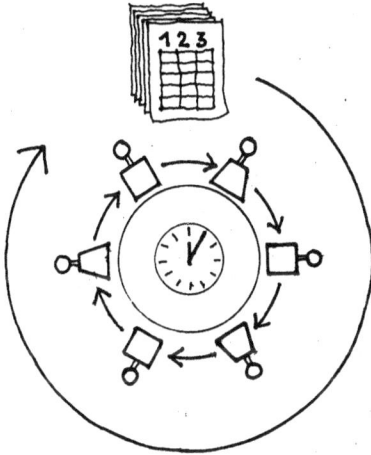

„Diese Technik wurde vom Verfasser entwickelt, nachdem ihm aufgefallen war, dass solche Brainstormings besonders erfolgreich waren, bei denen bereits produzierte Lösungsansätze von Gruppenmitgliedern aufgegriffen und über eine längere Strecke weiterentwickelt wurden, was bei traditionellen Brainstormings jedoch relativ selten vorkommt."
Rohrbach 1971, S. 84

Name

Methode 635; synonym: Ringtauschtechnik

Herkunft

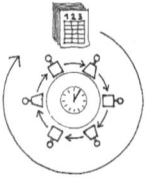

„Diese Bezeichnung ergab sich aus den optimal sechs Gruppenmitgliedern, die je drei erste Ideen produzieren und dann fünfmal jeweils drei erste bzw. daraus abgeleitete Ideen weiterentwickeln." Rohrbach 1969, S. 74

Bernd Rohrbach, Unternehmensberater aus Frankfurt. Er publizierte diese Methode erstmals 1969 als Weiterentwicklung des Brainstorming.

Prinzip

Intuitiv-kreativ

Schriftliche Form des Brainstorming, also eine Variante des Brainwriting. Kombination von Einzel- und Gruppenarbeit: jeder TN kann Ideen sammeln und aufschreiben. Gleichzeitig können sich die TN gegenseitig inspirieren und austauschen. Dabei wird ein bestimmter schematischer Ablauf vorgegeben: 6 Teilnehmer, je 3 Ideen, 5 weitere Runden.

Hintergrund

Mündliche Beiträge können das Denken stören, unterbrechen und ablenken (s. Brainstorming). Die Methode sieht daher Phasen der Einzelarbeit vor. Gleichzeitig sind die TN visuell miteinander in Kontakt und im Austausch.

Ziel

Ideen aufgreifen, weiterentwickeln und verstärken

Ideen differenzieren und deren Qualität steigern

Einsatzmöglichkeiten

Konkrete Fragestellung, geringe bis mittlere Komplexität

Zur systematischen Vertiefung nach einem Brainstorming

Auch für größere TN-Zahlen, da mehrere Gruppen simultan laufen können

Auch für heterogene, schwierige bzw. konfliktträchtige Gruppen

Auch bei mentalen Sackgassen und Denkblockaden

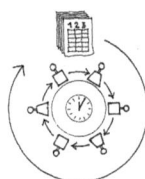

Räumliche Voraussetzung

Gruppierung um kleine Einzeltische oder um einen großen runden Tisch. Auf ausreichend großen Abstand achten, um bequemes Schreiben zu erleichtern und Ablenkungen/Störungen zu vermeiden

TN-Zahl

6 TN (entspricht der Zahl „6" in der Bezeichnung)

Bei einer größeren Zahl: mehrere Gruppen bilden

Vorbereitung

Formulare vorbereiten und kopieren (s. Tab. 4), vorzugsweise DIN A3

Visualisierungsfläche (s. Kap. 2.1)

Moderation

Ist ggf. entbehrlich.

Allerdings sollte jemand auf die Einhaltung der Zeit und des Ablaufs achten, was für einen Außenstehenden einfacher ist als für einen involvierten TN

Dauer

Je nach Aufgabenstellung 30-50 Minuten für Phase II

Anleitung

Vorgehen in 3 Phasen: I. Einführen (s. Kap. 2.1), II. Durchführen, III. Auswerten (s. Kap. 2.1)

Zu Phase I

Alle TN sitzen an einem runden Tisch und erhalten je ein Formblatt (s. Tab. 4). Die oberen Zeilen werden gemeinsam ausgefüllt (Fragestellung, Datum, Name)

Zu Phase II

Runde 1: jeder TN füllt Zeile 1 aus, trägt also dort 3 Ideen ein (entspricht der Zahl „3" der Methode 635). Dazu hat er 4-6 Minuten Zeit.

Rotation 1: Jeder TN gibt sein Formular weiter, z.B. im Uhrzeigersinn an seinen rechten Nachbarn. Gleichzeitig erhält er selbst ein Formular von seinem linken Nachbarn.

Runde 2: Jeder TN liest die ersten 3 Ideen seines Nachbarn. Danach füllt er Zeile 2 aus, trägt also dort 3 Ideen ein. Diese Ideen können auf den Ideen der Vorzeile basieren (Ergänzung, Fortführung, Erweiterung, Variation) oder unabhängig davon neu einfallen. Dazu gibt es wieder 4-6 Minuten Zeit.

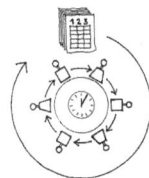

Rotation 2: die Formulare werden erneut herumgereicht, und zwar in derselben Richtung wie bei der ersten Rotation.

Das Verfahren ist prinzipiell dann beendet, wenn auf jedem Formular alle Zellen ausgefüllt sind.

Zu Phase III

Favoriten auswählen: Das Resultat grob auswerten. Wenn alle Formulare noch einmal zirkulieren, darf jeder TN auf jedem Blatt 3 Ideen ankreuzen, die ihm am besten gefallen. Jedes Blatt erhält also 18 (3x6) Kreuze.

Ergebnis: Die Ideen mit den meisten Kreuzen (ca. 5) werden herausgefiltert, aufgeschrieben (Pinwand, Tafel oder Flipchart) und weiter bearbeitet.

Varianten

Formulare ggf. als Querformat drucken

Zu Phase II

Nach Rohrbach müssen die TN nicht unbedingt an einem Tisch sitzen, sie können sich ggf. auch an verschiedenen Orten befinden, sich also über die Formulare schriftlich verständigen. Allerdings erhöht sich damit der Zeitaufwand bei gleichzeitig sinkender Erfolgsrate (< 4 Prozent, Rohrbach 1969, S. 76)

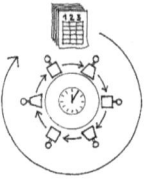

Zu Phase III

Alle Ideen werden aufgelistet und dann mit Punkten bewertet (zwischen 0-3). Die Punkte werden addiert und die Gesamtsummen verglichen. Die Ideen mit der höchsten Punktzahl kommen in die engere Wahl (etwas aufwendiger)

Hinweise

In der Literatur wird die Bedeutung der Zahl „5" meist als „5 Minuten" gedeutet. In der Originalliteratur bezieht sich die Zahl 5 jedoch auf die Anzahl der Runden, in denen man die Ideen anderer TN weiterentwickeln kann (Rohrbach 1969).

Zu Phase II, Runden:

Die Weiterentwicklung der Ideen „braucht dabei nicht logisch-systematisch zu sein, sondern sollte sogar rein assoziativ erfolgen." (Rohrbach 1971, S. 84)

Im Idealfall dauert ein Verfahren 30 (6x5)Minuten

Im Idealfall sind in der ersten Runde bereits 18 (6x3) Ideen entstanden, und nach Ablauf aller Runden insgesamt 108 (6x3x6)

Darauf achten, dass deutlich geschrieben und verständlich formuliert wird!

Störende Ablenkungen (wie Abspicken, Kommentare, Bemerkungen) vermeiden

Die zeitlichen Intervalle können je nach Schwierigkeitsgrad der Aufgabe variieren (3-8 Minuten). Dies gilt auch für die Zahl der Rotationen: je später die Runde, desto mehr Ideen sind zu lesen und zu verarbeiten. Gleichzeitig gehen langsam die Ideen aus. Die späteren Runden daher etwas verlängern (6-8 Minuten).

Sind Skizzen erforderlich (z.B. technische, architektonische, designerische) sind DIN A3 Blätter ratsam

Zeilen können auch leer bleiben, wenn einem nichts mehr einfällt

Überzählige Ideen können separat notiert und als Anregung einbezogen werden

Meist sind die TN positiv überrascht, wie belebend und produktiv die Methode ist

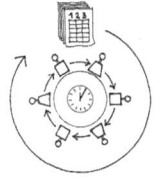

⌾ Stärke, Chance

✓ Nach Rohrbach liegt die Erfolgsrate dieser Methode „bei über 15 Prozent" und damit höher als beim Brainstorming (3-6%) bzw. bei „klassischen Problemlösungsversuchen" (1-2%) (Rohrbach 1969, S. 74)

✓ Eine Moderation bzw. Leitung ist ggf. entbehrlich

✓ Viele Ideen in kurzer Zeit; die Anzahl kann durch parallele Gruppen noch gesteigert werden

✓ Die Ideen werden nicht zerredet

„Die gesamte Problematik der Leitung einer Innovationsgruppe entfällt. Die Mitglieder der Gruppe bzw. der Ablauf der Problemlösung werden hier weitgehend durch die Technik der Methode als solche gesteuert."
Rohrbach 1971, S. 85

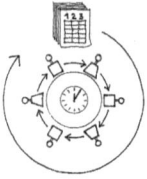

"Es ist möglich, den oder die Produzenten bestimmter Lösungsansätze eindeutig zu identifizieren. Das kann unter urheberrechtlichen bzw. sogar patentrechtlichen Aspekten von großer Bedeutung sein." Ebd.

✓ Die Ideen werden komplexer und differenzierter

✓ Geringer Aufwand

✓ Ausgleichende Teamwirkung: dominante TN werden gebremst, zurückhaltende TN aktiviert

✓ Ruhige, konzentrierte Einzelarbeit, ohne störende, ablenkende Diskussionen

✓ Ideen werden nicht abgewertet oder zerredet

✓ Visueller Gruppenaustausch, direktes Feedback

✓ Kein Zwang zur Beteiligung

✓ Kein eigenes Protokoll notwendig, da es automatisch entsteht

✓ Bei Bedarf kann man nachvollziehen, von wem eine Idee stammt

Schwäche, Risiko

o Rückfragen sind nicht zugelassen, daher können Missverständnisse entstehen

o Im Vergleich zu Brainstorming evtl. geringere Stimulation

o Doppelnennungen: Ideen wiederholen oder ähneln sich

o Leerfelder: die Zeit hat nicht gereicht, oder die Ideen gehen aus

o Etwas komplizierte Handhabung

o   Starrer Ablauf bzw. Zeitdruck kann als Stress erlebt werden und evtl. blockierend wirken

o   Unterschiedliches Arbeitstempo kann die Langsameren verunsichern und die Schnelleren ausbremsen

o   Es sind lediglich neue Impulse und Aspekte zu erwarten, keine „perfekten Problemlösungen". Dies gilt jedoch grundsätzlich für alle ideengenerierenden Methoden

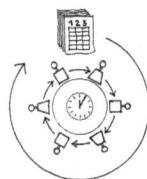

Literatur

Rohrbach B. Kreativ nach Regeln: Methode 635 – eine neue Technik zum Lösen von Problemen. Absatzwirtschaft 1969 (10): 73-76

Rohrbach B. Techniken des Lösens von Innovationsproblemen. In: Spezialgebiete des Marketing. Schriften zur Unternehmensführung, Gabler, Wiesbaden 1971 (16): 84-85

Allgemeiner Überblick

Boos E. 2007, S. 48f

Knieß M. 2006, S. 70f

Schlicksupp H. 2004, S. 116f

Tab. 4: Beispiel für ein Formular der Methode 635
(nach Rohrbach 1969, S. 74)

Methode 635		Blatt Nr.	Datum ....
Fragestellung („Problemstellung"):			Teilnehmer 1 .... 2 .... 3 .... 4 .... 5 .... 6 ....
Runde	Ideen, mögliche Lösungen:			Initialien
1	A_1	A_2	A_3	
2	B_1	B_2	B_3	
3	C_1	C_2	C_3	
4	D_1	D_2	D_3	
5	E_1	E_2	E_3	
6	F_1	F_2	F_3	

2.14   Mind Map

Worum es geht

Die Methode ist eine Form des Brainwritings, also des schriftlichen Brainstormings. Sie kann alleine oder im Team durchgeführt werden. Im Zentrum steht die grafische Darstellung eines „Baums". Aus einem „Stamm" wachsen Äste und Zweige, die hierarchisch gegliedert sind und miteinander in Verbindung stehen. Die Methode entspricht der Arbeitsweise des Gehirns, nämlich „radial" zu denken.

„In den frühen siebziger Jahren kaufte ich einen Computer, für dessen Bedienung ein tausendseitiges Handbuch erhältlich war. Der Mensch hingegen kommt mit einem höchst komplexen Biocomputer zur Welt, der unendlich besser als jeder bekannter Computer ist – doch wo bleiben unsere Handbücher dafür?"
Buzan 2002, S. 12

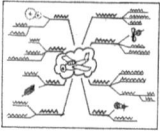

Name

Mind Map, Mind-Mapping

Herkunft

Tony Buzan (geb. 1942 in London), studierte u.a. Psychologie, Mathematik und Allgemeine Naturwissenschaften. Zunächst war er als Wissenschaftsjournalist und Herausgeber der Zeitschrift für die *Gesellschaft Hochbegabter (International Journal of MENSA)* tätig. Den Begriff *„Mind Mapping"* prägte er 1974 (Buch „Kopftraining"). Auslöser für sein Interesse an Gehirn- und Kreativitätsforschung waren seine Erfahrungen als Student, da er sich beim Lernen einseitig überfordert und allein gelassen fühlte.

Er versuchte daher, Mitschriften neu zu strukturieren. Dabei stellte er fest, dass bereits kleine Veränderungen genügten, um deutlich besser zu lernen.

Bestseller-Autor, Berater und enagagiert in mehreren Initiativen (u.a. World Memory Championship, World Reading Championship, Mind Sports Olympiad). Ehrenbürger der City of London. Er prägte außerdem die Begriffe *„Radiales Denken"* und *„geistige Alphabetisierung"*.

„Es erging mir wie vielen anderen Studenten: [...] Je mehr ich aufzeichnete und lernte, umso weniger schien ich paradoxerweise zu erreichen!"
Buzan 2002, S. 11

„Allein die Verwendung von zwei Farben für meine Aufzeichnungen verbesserte meine Erinnerung an das Geschriebene um mehr als 100 Prozent. Und vor allem gewann ich mehr Freude an meiner Tätigkeit."
Ebd. S. 11f

„Allmählich erkannte ich, dass das menschliche Gehirn besser und effizienter arbeitet, wenn seine verschiedenen physischen Aspekte und intellektuellen Fähigkeiten harmonisch zusammenarbeiten können, statt voneinander getrennt zu werden."
Ebd. S. 11

✗ Prinzip

Intuitiv-kreativ

Schriftliches Brainstorming, also eine Form des Brainwriting. Freie Assoziationen werden in einer speziellen Form dargestellt: als „Landkarte" („map"), die sich von einem Zentrum aus verzweigt. Buzan vergleicht diese „strahlenförmig" Anordnung mit Erscheinungen in der Natur. Für diese „Natürliche Architektur" zeigt er zahlreiche Beispiele: einen Nebelfleck im Universum, einen Blitzstrahl, ein Insulinmolekül, eine Kieselalge, das Blatt einer Sägenfächerpalme, ein Spinnennetz, das Pfauenrad, eine Eiche oder das Gehirn versorgende Blutgefäße. Sie zeigen das natürliche Prinzip der Vernetzung, in die sich ein weiteres Netzwerk einreiht: das der Nervenzellen. Die Argumentationsweise von Buzan entspricht in gewisser Weise der Bionik (s. Kap. 2.3).

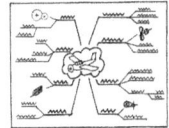

> „Die Mind Map ist ein Ausdruck Radialen Denkens und somit eine Funktion des menschlichen Geistes. Sie stellt eine wirksame graphische Technik dar, einen Universalschlüssel für die Erschließung unseres Gehirnpotenzials. Die Mind Map kann in jedem Bereich angewandt werden, in dem verbessertes Lernen und klares Denken die menschliche Leistung erhöht."
> Ebd. S. 59

⌷ Hintergrund

Diese Methode entspricht der Arbeitsweise des Gehirns: assoziieren, verknüpfen, vernetzen. Sie setzt außerdem verschiedene Elemente ein („Wort, Bild, Zahl, Logik, Rhythmus, Farbe, räumliches Bewusstsein") und „nützt die volle Bandbreite kortikaler Fähigkeiten" (ebd. S. 84). Buzan spricht von einem „radial denkenden Gehirn". Damit meint er ein „multidimensionales" Denken, das über den Begriff des linearen („eindimensionalen") bzw. lateralen („zweidimensionalen") Denkens hinausgeht.

> „Das Denkmuster Ihres Gehirns kann man somit als eine riesige, sich verästelnde Assoziationsmaschine sehen – als eine Art Super-Biocomputer mit Gedankenlinien, die von einer praktisch unendlichen Zahl von Datenknoten ausstrahlen."
> Ebd. S. 56

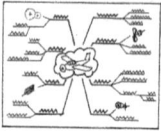

"Radiales Denken (was soviel wie ,von einem Mittelpunkt ausstrahlen' heißt) bezieht sich auf assoziative Denkprozesse, die von einem Mittelpunkt ausgehen, oder mit einem Mittelpunkt verbunden sind." Ebd. S. 57

Dabei ist jedes Gehirn einmalig. Jedes Individuum bildet daher eine eigene Assoziationswelt aus, die einmalig ist und in jedem Individuum anders ausfällt.

Mind Map fördert das kreative Denken, "weil sie alle gemeinhin mit Kreativität, vor allem mit Vorstellungskraft, Ideenassoziation und Flexibilität verbundenen Fähigkeiten nutzt." Ebd. S. 154

Ziel

Im kreativen Kontext haben Mind Maps nach Buzan folgende Ziele (ebd. S. 153f):

Alle kreativen Möglichkeiten eines vorgegebenen Themas erkunden

Den Geist von früheren Annahmen befreien, und somit für neue kreative Gedanken Platz schaffen

Einfälle hervorbringen, die in bestimmte Aktivitäten oder veränderte Tatsachen münden

"Wie gewinnen wir Zugang zu dieser aufregenden neuen Art zu denken? Mit der Mind Map, der äußeren Ausdrucksform des Radialen Denkens." Ebd.

Kreatives Denken fördern

Einen neuen Begriffsrahmen schaffen, innerhalb dessen man frühere Ideen neu ordnen kann

Einsichten blitzartig erfassen und weiterentwickeln

Kreativ planen

Einsatzmöglichkeiten

Buzan nennt vier „Hauptaufgaben" von individuellen Mind Mappings (ebd. S. 140):

1. Mnemomisch: als Gedächtnisstütze

2. Analytisch: aus den linear dargestellten Informationen „die zugrunde liegende Struktur erkennen", und „die Grundlegenden Ordnungs-Ideen und Hierarchie [...] herausfiltern"

3. Kreativ: „als Wegbereiter für kreative Gedanken"

4. Dialogisch: „Gefäß" sowohl für Informationen von außen (Vorlesung, Buch) als auch von innen, also „im Idealfall auch die spontanen Einfälle, die Ihnen während der Vorlesung oder während der Lektüre in den Sinn kommen" (ebd. S. 141).

Einsatzmöglichkeiten für Gruppen-Mind-Maps nach Buzan (ebd. S. 169):

Vereinte Kreativität

Vereintes Erinnerungsvermögen

Problemanalyse und Lösung in der Gruppe

Entscheidungsfindung in der Gruppe

Projektmanagement in der Gruppe

Gruppenaus- und Weiterbildung

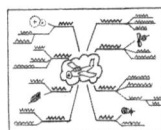

„Mind Maps verbinden Aufzeichnungen aus der äußeren Umgebung (Vorträge, Bücher, Zeitschriften...) mit den Notizen der inneren Umgebung (Entscheidungsfindung, Analyse und kreatives Denken)."

„Anfangs hielt ich Mind Mapping hauptsächlich für eine Gedächtnishilfe. In langen Diskussionen überzeugte mich mein Bruder Barry schließlich davon, dass kreatives Denken eine ebenso wichtige Anwendung dieser Technik ist."
Ebd. S. 12

Räumliche Voraussetzung

s. Kap. 2.1

TN-Zahl

In erster Linie einzeln

"Anders ausgedrückt ist jeder Mensch weit individueller und einzigartiger als bislang vermutet. Auch in Ihrem Gehirn gibt es Billionen von Assoziationen, die von keinem anderen Menschen in der Vergangenheit, Gegenwart oder Zukunft geteilt werden."
Ebd. S. 68

Auch in einer Gruppe (s. Variante), 8-15 TN sind ideal

Vorbereitung

Visualisierungsfläche (s. Kap. 2.1)

alternativ: PC mit entsprechender Software

Moderation

Ja, erforderlich (s. Kap. 3.1)

Dauer

Variabel, abhängig von TN-Zahl und Aufgabenstellung

Allein: mind. 1 Stunde; Gruppe: mehrere Stunden

Anleitung

Vorgehen in 3 Phasen: I. Einführen (s. Kap. 2.1), II. Durchführen, III. Auswerten (s. Kap. 2.1)

Zu Phase I

Aufgabe auf einen einzigen Begriff bzw. Bild oder Symbol reduzieren.

Zu Phase II

In Bezug auf das kreative Denken nennt Buzan 5 Schritte des individuellen Mind Mappings (ebd. S. 156f):

Schritt 1. Die Blitz-Mind-Map

Schritt 2. Erste Überarbeitung und Revision

Schritt 3. Inkubation

Schritt 4. Zweite Überarbeitung und Revision

Schritt 5. Das Abschlussstadium

Zu Schritt 1: (20 Minuten)

Ein „stimulierendes Zentralbild" zeichnen. In der Mitte eines großen, unlinierten Blattes platzieren (z.b. neue Möglichkeiten im Bereich Luftfahrttechnik: „Concord-ähnliche Tragflächen"). „Von da aus sollte *jede* Idee ausstrahlen, die Ihnen bei dem Gedanken an das Thema in den Sinn kommt." Dabei sollte man sich 20 Minuten Zeit geben, sich also bewusst unter Zeitdruck setzen. Das Blatt sollte möglichst groß sein, da eine Mind Map in der Regel die Tendenz hat, sich auszudehnen, „um den verfügbaren Raum auszufüllen".

„Der Zwang, unter Zeitdruck zu arbeiten, befreit Ihr Gehirn aus seinen gewohnten Denkmustern und fördert neue und zunächst abstrus anmutende Einfälle." Ebd. S. 156

Zu Schritt 2:

Eine kleine Pause einlegen, „lassen Sie Ihr Gehirn zur Ruhe kommen und integrieren Sie allmählich die bislang generierten Ideen" (ebd. S. 157). Dann basierend auf der ersten Version eine neue Mind Map erstellen, strukturieren und ordnen.

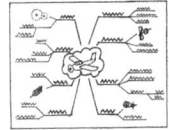

„Die Hauptäste
identifizieren, verbin-
den, kategorisieren,
Hierarchien aufbau-
en, neue Assoziatio-
nen finden und [...]
alle anfangs als
‚dumm' oder ‚abstrus'
erschienenen Ideen
neu berücksichtigen.
Je unkonventioneller
eine Idee, desto
besser ist sie oft."
Ebd. S. 157

Wiederholungen, die an den Randzonen auftauchen, nicht abtun, sondern ernst nehmen und als
solche markieren (beim 2. Mal: unterstreichen, beim
3. Mal: mit einer geometrischen Figur betonen, beim
4. Mal einrahmen).

Zu Schritt 3:

Etwas anderes tun, entspannen, abschalten (z.B.
spazierengehen, joggen oder schlafen). Wie auch
Buzan betont, „kommt einem eine plötzliche kreative Eingebung oft dann, wenn sich das Gehirn in
einem entspannten, ruhigen Zustand befindet" Ebd.
S. 160, s.a. Kap. 1.12

Zu Schritt 4:

„Nach der Inkubation betrachtet Ihr Gehirn die erste und zweite Mind Map aus einer neuen Perspektive" (ebd. S. 160). Um die bisherigen Ergebnisse zu
integrieren und zu festigen, erneut eine „Schnell-
feuer-Mind-Map" erstellen (s. Schritt 1). Dabei alle
Informationen aus den Schritten 1-3 berücksichtigen
und integrieren.

Zu Schritt 5:

Nach dem „ursprünglichen Denkziel suchen"
(Antwort, Lösung, Erkenntnis, Entscheidung). Dabei möglicherweise auch scheinbar unvereinbare
Elemente der Mind Map verbinden, da dies zu
„neuen Einsichten und Durchbrüchen" führen
kann.

□
△
○   **Varianten**

Wenn ein Ast überladen ist (sehr viele Zweige und
Begriffe): daraus eine eigene Mind Map bilden

Variante A. Gruppen-Mind-Map (Buzan S. 165ff)

Der Ablauf ähnelt dem oben beschriebenen Ablauf.
Der wesentliche Unterschied besteht in der Inkubationsphase: bei der Gruppenvariante wird sie durch
körperliche Aktivitäten seitens der TN bestimmt.

Durchführung in 7 Schritten (im Original nach Buzan, S. 168f):

Schritt 1. Definition des Gegenstands (s. Phase I)

Schritt 2. Individuelles Brainstorming

Schritt 3. Kleingruppendiskussion

Schritt 4. Erste „multiple Mind Map" erstellen

Schritt 5. Inkubationsphase

Schritt 6. Zweite Überarbeitung und Revision

Schritt 7. Analyse und Entscheidungsfindung (s.
Phase III)

Zu Schritt 1:

Die Fragestellung (Aufgabe, Gegenstand, Thema)
klar definieren, Ziele setzen, relevante Informationen mitteilen

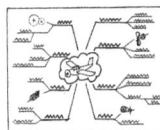

„In diesem Prozess
vereinen die einzel-
nen Gehirne ihre
Energie, um ein
separates ‚Gruppen-
gehirn' zu schaffen.
Gleichzeitig spiegelt
die Mind Map die
Entstehung dieses
vielfachen Selbst
wider und zeichnet
das Gespräch in
dessen Inneren auf."
Ebd. S. 166

Zu Schritt 2 (mindestens 1 Stunde):

entspricht den Schritten 1 und 2 des individuellen Mind Map (s.o.). Jeder TN ist allein mit einer Blitz-Mind-Map beschäftigt: erstellen, überarbeiten, revidieren.

Zu Schritt 3 (mindestens 1 Stunde):

„Jedwede Idee sollte von allen Mitgliedern unterstützt und akzeptiert werden. Auf diese Weise wird das individuelle Gehirn, das diese Idee hervorgebracht hat, zur Weiterführung der Assoziationskette ermutigt." Ebd. S. 168

Die Gruppe in Kleingruppen aufteilen (je 3-5 TN). Dort Ideen austauschen, und die individuellen Mind Maps um neue Ideen ergänzen. Wichtige Grundregel für alle TN: „unbedingt eine *absolut* positive und akzeptierende Haltung einnehmen."

Zu Schritt 4:

(entspricht Schritt 2 des individuellen Mind-Mappings für den „Gruppengeist"). Die Gruppe erstellt eine erste gemeinsame Mind Map auf einem wandgroßen Papier oder auf einer Leinwand. Entweder die ganze Gruppe, ein TN aus jeder Kleingruppe oder eine stellvertretende Person für alle. Vorher auf bestimmte Codes (Farben, Formen) einigen. „Grundlegende Ordnungs-Ideen" auf Hauptäste platzieren. Dabei *alle* Ideen in die Mind Map einzeichnen. Auch hier gilt die Grundregel, dass „die Gruppe ihre uneingeschränkt positive Einstellung bewahrt." Ebd. S. 168

Zu Schritt 5:

Die Gruppen-Mind-Map wirken lassen, um die „natürlichen Denkfähigkeiten des Gehirns" bzw. „synergetische Beziehungen" zu nutzen.

Zu Schritt 6:

Als Gruppe Schritte 2-4 wiederholen:

- individuelle „Schnellfeuer-Mind-Maps"
- diese in Kleingruppen überarbeiten
- eine zweite Guppen-Mind-Map erstellen

Auf diese Weise sind zwei riesige Gruppen-Mind-Maps entstanden, die miteinander verglichen werden.

Zu Schritt 7:

Als Gruppe Entscheidungen treffen, Ziele setzen, Pläne entwerfen, Mind Map überarbeiten.

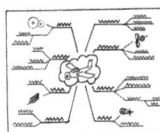

Hinweise

Buzan nennt die drei „A"s des Mind Mapping, die eine Art Grundhaltung zum Erlernen der Methode bilden (ebd. S. 93):

- *„Akzeptieren"*: den Mind-Map-Gesetzen exakt folgen
- *„Anwenden"*: die Methode trainieren („wenigstens 100 Mind Maps erstellen"), das Handwerk in seiner „reinen" Form beherrschen und seinen persönlichen Stil finden
- *„Adaptieren"*: mit der Methode experimentieren, sie ggf. weiterentwickeln (Buzan lädt ein: „Lassen Sie uns das Ergebnis wissen")

„Grundlegende Ordnungs-Ideen sind der Schlüssel für die Gestaltung und Lenkung des kreativen Assoziationsprozesses."
Ebd. S. 85

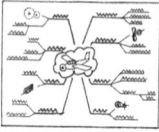

„Buzan nennt 4
Eigenschaften des
Mind Map:
1. Der Gegenstand
der Aufmerksamkeit
kristallisiert sich in
einem Zentralbild.
2. Die Hauptthemen
des Gegenstands
strahlen vom Zent-
ralbild wie Äste aus.
3. Die Äste enthalten
Schlüsselbilder oder
Schlüsselworte, die
auf einer mit dem
Zentralbild verbun-
denen Linie in
Druckbuchstaben
geschrieben werden.
Themen von unter-
geordneter Bedeu-
tung werden als
Zweige, die mit Ästen
höheren Niveaus
verbunden sind,
dargestellt.
4. Die Äste bilden
ein Gefüge miteinan-
der verbundener
Knotenpunkte."
Ebd. S. 59

Eine Mind Map lässt sich mit einem Baum vergleichen:

- Den zentralen Gegenstand in die Mitte schreiben
  und umranden („Zentralbild"). Er bildet den
  „Stamm" (z.B. „Musikinstrument").

- Von dort einige Äste in dicken, geschwungenen
  Linien ansetzen. Darauf werden „Grundlegende
  Ordnungs-Ideen" platziert, die mit „Kapitelüber-
  schriften" vergleichbar sind. Aufgrund ihrer
  Schlüsselfunktion werden sie auch „Schlüsselworte" bzw. „Schlüsselbilder" genannt (z.B. Sai-
  teninstrumente und Schlaginstrumente).

- Die Äste in mehrere dünne Zweige aufteilen. Die
  darauf sitzenden Worte (Bilder) sind gegenüber
  den Schlüsselworten (Schlüsselbildern) bedeu-
  tungsmäßig untergeordnet (z.B. Geige, Bratsche,
  Cello einerseits bzw. Trommel, Pauke, Triangel
  andererseits)

Jedes Schlüsselwort (bzw. Schlüsselbild) könnte
theoretisch den Mittelpunkt einer neuen Mind Map
bilden. Jede Mind Map ist daher potenziell unendlich. „Dies zeigt erneut die unendliche assoziative
und kreative Natur des menschlichen Gehirns."
Ebd. S. 86

Buzan spricht von bestimmten „Gesetzen", die bei dieser Methode zu beachten sind. Sinn der Gesetze ist es, die „geistige Freiheit" zu vergrößern, nicht sie einzuschränken. Dabei betont er, Ordnung nicht mit „Starrheit" oder „Einschränkung" zu verwechseln, und Freiheit nicht mit „Chaos" oder „Strukturmangel".

Die Mind-Map-Gesetze umfassen die „Mind-Map-Techniken" und die „Mind-Map-Gestaltung". Ergänzend nennt Buzan drei Empfehlungen (ebd. S. 94f):

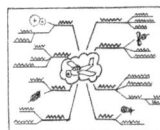

„Tatsächlich ist aber geistige Freiheit die Fähigkeit, Ordnung aus dem Chaos herzustellen. Die Mind-Map-Gesetze helfen Ihnen genau dabei." Ebd. S. 94

A. Mind-Map-Techniken

1. Setzen Sie Betonung ein

2. Setzen Sie Assoziationen ein

3. Bemühen Sie sich um Deutlichkeit

4. Entwickeln Sie Ihren persönlichen Stil

B. Mind-Map-Gestaltung

1. Setzen Sie Hierarchien ein

2. Setzen Sie eine numerische Ordnung ein

Empfehlungen (ergänzend zu den Gesetzen):

1. Durchbrechen Sie Ihre geistigen Blockaden

2. Nutzen Sie positive Verstärkung

3. Bereiten Sie alles vor

Dazu einige erläuternde Details nach Buzan (ebd. S. 96ff):

Zu A

1. Betonung

- Verwenden Sie immer ein Zentralbild
- Verwenden Sie Bilder in Ihrer gesamten Mind Map
- Verwenden Sie drei oder mehr Farben pro Zentralbild
- Verwenden Sie unterschiedliche Mehrdimensionalität in den Bildern
- Setzen Sie Synästhesie ein (Verschmelzung der Körpersinne)
- Variieren Sie die Größe von Schriften, Linien und Bildern
- Sorgen Sie für geordnete Raumeinteilung
- Lassen Sie Zwischenräume frei

2. Assoziationen

- Verwenden Sie Pfeile, wenn Sie Verbindungen [...] herstellen wollen
- Verwenden Sie Farben
- Verwenden Sie Codes (z.B. Häkchen, Kreuze, Kreise, Dreiecke, Unterstreichungen)

3. Deutlichkeit

- Schreiben Sie nur ein Schlüsselwort pro Linie
- Schreiben Sie alle Wörter in Druckbuchstaben
- Schreiben Sie alle Schlüsselwörter auf Linien
- Ziehen Sie die Linie so lang wie das Wort
- Verbinden Sie die Linien miteinander
- Ziehen Sie die Zentrallinien sinngemäß dicker
- Lassen Sie Ihre Begrenzungen Ihre Verästelungs-konturen 'umarmen'
- Gestalten Sie Ihre Bilder so klar wie möglich
- Legen Sie Ihr Blatt horizontal vor sich hin
- Schreiben Sie möglichst senkrecht (d.h. mit auf-rechten Buchstaben)

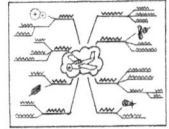

Zu B

1. Hierarchien

Begriffe durch Hierarchien und Kategorisierung ordnen. Sie werden dann besser gelernt und einge-prägt (ebd. S. 85, S. 104).

2. Numerische Ordnung

Nur bei Bedarf, z.B. einzelne Schritte eines Vorha-bens: Äste in der gewünschten Ordnung nummerie-ren

Zu C (ebd. S. 105)

1. Geistige Blockaden durchbrechen

  a. Fügen Sie leere Linien hinzu

  b. Stellen Sie Fragen

  c. Fügen Sie Bilder hinzu

  d. Halten Sie sich vor Augen, dass Ihre Assoziationsfähigkeit unbegrenzt ist

2. Positive Verstärkung nutzen

Wenn man sich den Inhalt aktiv merken muss:

  a. Schauen Sie sich Ihre Mind Maps zur Wiederholung nochmals an (in verschiedenen zeitlichen Intervallen: nach 10-30 Minuten, nach einem Tag/einer Woche/ einem Monat/drei bzw. sechs Monaten)

  b. Führen Sie schnelle Mind-Map-Kontrollwiederholungen durch (aus dem Gedächtnis, d.h. auswendig wiederholen)

3. Alles vorbereiten

  a. Bereiten Sie sich geistig vor

  - Entwickeln Sie eine positive geistige Einstellung

  - Kopieren Sie Bilder

  - Lassen Sie sich nicht entmutigen

  - Widmen Sie sich dem Absurden

  - Gestalten Sie Ihre Mind Map so schön wie möglich

b. Benutzen Sie hochwertige Materialien

c. Sorgen Sie für optimale Arbeitsbedingungen

- Sorgen Sie für eine Zimmertemperatur

- Arbeiten Sie möglichst bei Tageslicht

- Sorgen Sie für frische Luft

- Möblieren Sie das Zimmer entsprechend

- Schaffen Sie eine angenehme Umgebung

- Spielen Sie passende Musik ab oder arbeiten Sie in Stille, wenn Sie das bevorzugen

Weitere Empfehlungen (Sekundärquellen):

Rechts oben beginnen und sich von dort im Uhrzeigersinn rundum bewegen

Vom Abstrakten zum Konkreten, vom Allgemeinen zum Detail

Nur Substantive verwenden

Den Gedanken freien Lauf lassen, frei assoziieren

Aufschreiben geht vor zuordnen! (strukturieren kann auch später erfolgen)

Deutlich, in Druckbuchstaben und waagerecht schreiben

Verständlich formulieren

Begriffe hierarchisch anordnen

Falls Karten eingesetzt werden: Karten hell, Stifte dunkel

Es darf fantasiert und „gesponnen" werden!

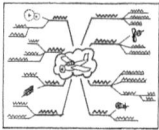

Beim Sammeln darf nicht bewertet, abgewertet oder zensiert werden!

Nur Stichworte oder sehr kurze Sätze

Bei erfolgreicher Leistung die ganze Gruppe loben, nicht nur einzelne TN

Vorher einen ungefähren Zeitrahmen festlegen

Ergebnis ggf. per Kamera festhalten (Pinwand, Flipchart, Tafel)

Stärke, Chance

Nach Buzan kann ein einzelner Mind Mapper *„doppelt so viele"* kreative Ideen produzieren wie „herkömmlich große Brainstorming-Gruppen in der gleichen Zeit". Ebd. S. 156

Im kreativen Kontext nennt Buzan folgende Vorteile der individuellen Mind-Map-Methode (ebd. S. 164):

„Mit zunehmendem Bildungsgrad eines Menschen werden seine Assoziationsnetzwerke immer einzigartiger." Ebd. S. 66

1. sie nutzt automatisch alle Fähigkeiten kreativen Denkens

2. sie erzeugt ständig wachsende geistige Energie, „während sich der Mind Mapper auf sein Ziel zubewegt"

3. sie lässt einen sehr viele Elemente auf einmal betrachten „und erhöht so die Wahrscheinlichkeit der kreativen Assoziationen und Integration"

4. sie befähigt „das Gehirn, neuen Ideen nachzuspüren, die normalerweise an den Randzonen des Denkens verborgen liegen"

5. sie vergrößert die Wahrscheinlichkeit neuer Einsichten

6. sie verstärkt und stützt den Inkubationsprozess und vergrößert so die Wahrscheinlichkeit, eine Idee zu generieren

7. sie ermuntert „zu Humor und Verspieltheit, wodurch der Mind Mapper problemlos weitab von der Norm herumstreifen und eine wirklich kreative Idee hervorbringen kann".

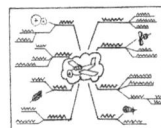

Für die Gruppen-Mind-Maps nennt Buzan folgende Vorteile (ebd. S. 172f):

1. Methode entspricht der Natur des menschlichen Gehirns

2. „Die gleiche beständige Betonung" von Einzelarbeit und Gruppenarbeit

3. Wechselseitige, positive Verstärkung zwischen „Gruppengeist" und den Beiträgen Einzelner

4. Wirksamer und effizienter als das klassische Brainstorming

5. Fördert den Gruppenkonsens und Teamgeist, „konzentriert den Geist aller auf die Gruppenziele"

„Sogar in den frühen Stadien kann Gruppen-Mind-Mapping viel mehr brauchbare und kreative Ideen hervorbringen als traditionelle Brainstorming-Methoden." Ebd. S. 173

6. „Jede Idee jedes Mitglieds wird akzeptiert", dadurch hohe Akzeptanz von Gruppenergebnis

7. fördert das Gruppengedächtnis und das gemeinsame Verständnis des Erreichten

8. Auch der Einzelne kann Ideen erproben, erkunden und sich weiterentwickeln

Weitere Vorteile:

„Dies unterscheidet sich deutlich von den herkömmlichen Methoden, bei denen die Gruppenmitglieder normalerweise in scheinbarem Einverständnis auseinander gehen, wobei sich später herausstellt, dass sich ihre Meinungen sehr von den anderen unterscheiden."
Ebd. S. 173

✓ Geeignet auch für Einzelarbeit

✓ Computerunterstützung möglich

✓ Relativ schnelles sichtbares Ergebnis, daher Erfolgserlebnis

✓ Vielseitige einsetzbar

✓ Auch für komplexe Themen geeignet

✓ Eingefahrene lineare Denkmuster werden durchbrochen

✓ Einfach zu lernen und zu handhaben

✓ Spricht visuell denkende Personen an, das visuelle Gedächtnis wird unterstützt

✓ Faire Chancenverteilung für alle TN

✓ Höhere Akzeptanz des Ergebnisses

✓ Berücksichtigung verschiedener Argumente und Aspekte

✓ Ideenfülle: die Landkarte füllt sich immer mehr an

✓ Ideen können ausdifferenziert bzw. konkretisiert werden

✓ Dauer der Sitzung variabel

✓ Keine besonderen Formulare erforderlich

✓ Ideenzahl nicht begrenzt

✓ Schriftliche Fixierung der Ideen

✓ Ausgleichende Wirkung auf das Team: dominante TN werden gebremst, zurückhaltende TN ermutigt

✓ Blockierende Kommentare werden verhindert

✓ Vorzeitige Denkblockaden können durch externe Impulse gelockert bzw. aufgelöst werden

✓ Relativ unkompliziert im Ablauf, dennoch recht wirkungsvoll

✓ Visualisierung, anschauliche Darstellung, Übersicht

✓ Auch zum Lernen geeignet

✓ Leicht zu ergänzen

✓ Auf einen Blick: das Wichtigste steht im Zentrum, das weniger Wichtige am Rand

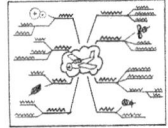

„Die andere Bedeutung des englischen Begriffs ‚radiant' lautet ‚hell leuchtend', ‚vor Freude und Hoffnung strahlende Augen' und ‚der Brennpunkt einer Sternschnuppe' – vergleichbar mit einem ‚Gedankenblitz'." Ebd. S. 57

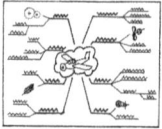

Zu 1: „Weil die Gesetze in Bezug auf Klarheit, Betonung und Assoziation nicht befolgt wurden, führte das, was sich zu einer Ordnung und Struktur zu entwickeln schien, in Wirklichkeit zu einem ziemlichen Durcheinander, zu Eintönigkeit und Chaos." Ebd. S. 110

Zu 3: „Sauber geschriebene lineare Notizen schauen vielleicht schön aus, aber was nützen sie ihnen, wenn sie diese Information abrufen wollen? [...] erscheinen solche Notizen auf den ersten Blick sehr genau und geordnet, doch das Auge kann sie aufgrund der fehlenden Betonung und Assoziationen kaum mehr entschlüsseln." Ebd. S. 113

Zu 4: „Wenn Ihre Mind Map Sie enttäuscht, denken Sie einfach daran, dass es sich dabei um einen ersten Entwurf handelt, der noch der Korrketur bedarf." Ebd.

Schwäche, Risiko

Buzan nennt vier „Hauptgefahren" für Mind-Mapper" (ebd. S. 110):

1. „Mind Maps, die keine wirklichen Mind Maps sind

2. Die Vorstellung, kurze Sätze oder Wendungen sagten mehr aus als eine ‚richtige' Mind Map

3. Die Vorstellung, eine ‚unordentliche' Mind Map tauge nichts

4. Eine ablehnende Gefühlsreaktion auf eine Mind Map".

Zu 1. Buzan empfiehlt, die Regeln für eine Mind Map einzuhalten: Klarheit, Betonung, Assoziation.

Zu 3. Buzan warnt davor, sauber notierte Mitschriften in ihrer Wirksamkeit zu überschätzen. Sie sind ein Ausdruck des „linearen", und damit begrenzten Denkens.

Zu 4. Buzan ermutigt: eine erste Mind Map muss nicht gleich auf Anhieb perfekt sein. Der erste Entwurf kann anschließend korrigiert und überarbeitet werden.

Weitere Nachteile der Methode:

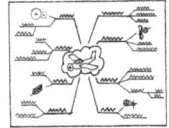

o   Für Außenstehende oft schwer verständlich

o   Nur bedingt in Teamarbeit möglich

o   Bei zu vielen Formen und Farben kann es „unprofessionell" wirken

o   Bei komplexen Fragen etwas zeitaufwendiger

o   Manchmal schwierig, geeignete Zentralbegriffe zu finden

o   Komplexe Zusammenhängen werden nicht systematisch erfasst, da assoziatives Vorgehen

o   Bei handschriftlichem Einsatz: nachträgliche Änderungen sind schwierig, es wird rasch unübersichtlich

o   Teamarbeit erschwert die Konzentration; Gefahr der Ablenkung und Einflussnahme von außen

o   Darauf achten, dass sich dominante TN gegenüber zurückhaltenderen nicht einseitig durchsetzen

o   Strukturierte Darstellung, jedoch keine Problemlösung

o   Als Lernmethode ist die Wirksamkeit wissenschaftlich nicht eindeutig belegt, v.a. nicht das Hemisphärenkonzept

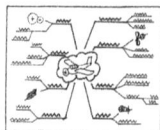

„Ein einzigartiges Mineral bezeichnen wir als ‚Juwel', als ‚unbezahlbar', ‚wertvoll', ‚selten', ‚schön' oder als ‚unersetzlich'. Angesichts der Forschungsergebnisse über das menschliche Gehirn sollten wir allmählich uns selbst und unsere Mitmenschen mit diesen Begriffen beschreiben." Ebd. S. 68

Beispiel

Gruppen-Mind-Map bei Boeing (nach Buzan): Normalerweise dauert es mehrere Jahre, um sich den Stoff eines Flugzeugtechnikhandbuchs anzueignen. Alternativ wurde der Buchinhalt auf eine 8 Meter lange Mind Map verdichtet. Dadurch konnte ein Team von 100 Ingenieuren den Stoff in wenigen Wochen lernen und die Firma über 10 Millionen Dollar sparen.

Literatur

Buzan T, Buzan B. Das Mind-Map Buch. moderne industrie, Landsberg–München 2002 (Original: The Mind Map Book, BBC Books 2000)

Allgemeiner Überblick

Boos E. 2007, S. 36f

Knieß M. 2006, S. 76f

2.15   Morphologische Methode

Worum es geht

Diese Methode wurde vom schweizerisch-amerikanischen Astrophysiker Fritz Zwicky (1898-1974) entwickelt. Es geht darum, die Fragestellung schematisch zu analysieren und in ihre Komponenten zu zerlegen. Wie bei einem Baukasten können diese Komponenten anschließend neu kombiniert und zusammengesetzt werden.

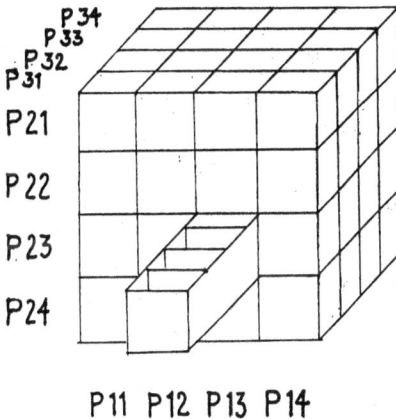

P 34
P 33
P 32
P 31

P 21

P 22

P 23

P 24

P 11 P 12 P 13 P 14

„Es sei schon hier vorweggenommen, dass es sich beim Morphologischen Weltbild um das Erschauen und Erkennen von Zusammenhängen in Gesamtheiten von materiellen Objekten, von Phänomenen und von Ideen und Vorstellungen sowie der für ein konstruktives Schaffen einzusetzenden menschlichen Betätigungen handelt."
Zwicky 1971, S. 10

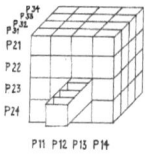

Name

Synonym: Morphologische Analyse, Morphologische Matrix, Morphologischer Kasten, Problemfeldanalyse, Erkenntnismatrix

Herkunft

„Dass eine solche für die Verwirklichung einer einheitlichen Welt unumgänglichen Totalitätsforschung erstaunlicherweise nicht schon längst entwickelt und praktiziert worden ist, wird nur verständlich, wenn man sich überlegt, dass die meisten Menschen nicht ohne weiteres imstande sind, in umfassenden Allgemeinheiten zu denken und weite Perspektiven zu entwickeln."
Ebd.

Fritz Zwicky (*1898 in Bulgarien, †1974 in Pasadena, Kalifornien). Der Astrophysiker studierte von 1916-1925 an der ETH Zürich und lebte anschließend in den USA. Dort war er ab 1948 an verschiedenen Observatorien tätig. Er ist Wegbereiter neuer astronomischer Erkenntnisse und stellte einen astronomischen Katalog zusammen (Catalogue of Galaxies and of Clusters of Galaxies, CGCG). 1972 erhält er die Goldmedaille der Royal Astronomical Society.

Zwicky beschäftigte sich außerdem mit Methoden, die das klare Denken und damit das kreative Potenzial in jedem Mensch fördern sollen („Jeder ist ein Genie").

„Morphe" (gr.) bedeutet Form, Gestalt, Figur. Morphologie ist die Lehre von der Gestalt und umfasst drei verschiedene Ansätze:

- eine ganzheitliche Betrachtung von Gebilden unterschiedlichster Art (natürlich, sozial, kulturell)

- eine Lebenshaltung (Selbst- und Weltgestaltung, soziale Praxis)

- eine Methode des Denkens (konzentriertes Problemlösen, zirkuläre Denkbewegung, eine Sache zu Ende denken)

Die im Folgenden genannten Methoden zielen auf die Ordnung und Strukturierung des Denkens und sind nur einige, die von Zwicky entwickelt wurden.

Prinzip

Analytisch-systematisch

Der Ablauf ist mit dem photographischen Zoomen vergleichbar: Zuerst das Ganze anschauen, dann immer kleinerer Ausschnitte untersuchen und das Ergebnis zum Schluss wieder ins Ganze einfügen Hilfsmittel sind Tabellen, die „beharrlich und systematisch" durchgegangen werden (www.zwicky-stiftung.ch).

Die Fragestellung (Aufgabe, Gegenstand, Thema) schematisch analysieren und in ihre Bausteine („Parameter") zerlegen. Dabei geht es im Wesentlichen um zwei Fragen: Aus welchen Parametern besteht sie? Und wie sind diese Parameter beschaffen bzw. wie könnten sie sonst noch beschaffen sein („Komponenten")?

Wie aus einem Legobaukasten diese Bausteine in geordneter Form vor sich ausbreiten. Anschließend die Bausteine neu kombinieren und verändert zusammensetzen.

„Die Morphologische Forschung ist *Totalitätsforschung*, die in *vorurteilsloser* Weise *alle* Lösungen gegebener Probleme herleitet."
Zwicky 1971, S. 88

P 2+
P 3+
P 3-
P 21
P 22
P 23
P 24

P 11 P 12 P 13 P 14

Hintergrund

Die „Morphologische Forschung" ist für Zwicky mehr als eine reine Methode. Vielmehr geht es um eine Grundhaltung mit einem hohen moralischen Anspruch. Zwicky fordert ein „Morphologisches Zeitalter", ein „Morphologisches Weltbild" und den „Morphologen" als eigenständigen Beruf. Wesentliche Kennzeichen der Morphologischen Forschung sind „absolute Vorurteilslosigkeit" und freies Denken. Ziel ist es, das Denken in die Klarheit zu führenm also von Aberglauben, Vorurteile, Hirngespinste zu befreien. Diese „Verirrungen des menschlichen Geistes" will die Methode überwinden. Nach Zwicky ist in jedem Menschen ein „Genie" angelegt, das es zu entfalten gilt. Jeder Mensch hat einzigartige Talente, mit denen er zur Problemlösung und zum Aufbau einer bessern Welt aufgerufen ist. Für diese große Aufgabe sollten Wissenschaftler, Fachexperten und Laien zusammenarbeiten.

Dabei geht es auch um die Überwindung der „moralischen Dekadenz" innerhalb der Wissenschaft, die das Überleben der Menschheit immer wieder gefährdet statt ihm zu dienen (z.B. Atombombe, chemische Eingriffe in Böden und Nahrungsmittel, Luftverschmutzung durch Abgase etc.). Nach Zwicky hat sich die Wissenschaft allzuoft für partikuläre Eigeninteressen einspannen lassen und ihre große Verantwortung für das Ganze, also für die Zukunft und das Überleben der Menschheit noch nicht ausreichend erkannt. Der Morphologische Ansatz ist für ihn daher auch eine Frage des Überlebens und der Zukunft der Menschheit (ebd. S. 10ff).

Was die Methode betrifft, verbindet Zwicky auch damit einen hohen Anspruch. Sie soll ermöglichen, vom Konkreten bzw. Speziellen zum Allgemeinen vorzudringen, also ein „totales Lösungssystem" aufzubauen. Alle denkbaren Lösungsvarianten sollen übersichtlich zusammengestellt und anschließend bewertet werden.

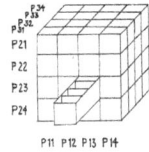

Ziel

Denkfehler vermeiden

Gedanken ordnen

Kreativität fördern

Einsatzmöglichkeiten

Für Gegenstände, Phänomene oder Ideen

Für „Großprobleme" (s. Beispiel)

Anwendungsbezogene, praktische Fragestellungen

Durch neue Kombinationen etwas Neues erfinden

Etwas weiterentwickeln bzw. variieren

Geeignet für TN, die systematisch-analytisch denken

Auch für komplexe Sachverhalte, Funktionen bzw. Systeme geeignet

Beschreiben, analysieren

Prognosen erstellen (z.B. für technische Entwicklungen). Dafür mit anderen Methoden kombinieren, z.B. Brainstorming

Vielseitig einsetzbar

„Bildlich gesprochen, betreiben die meisten Menschen Küstenschifffahrt entlang den Ufern sicheren Festlandes und wagen sich nicht auf die hohe See der unbegrenzten Horizonte. Wer aber, vom Speziellen ausgehend, glaubt, sich ohne zielbewusste Leitung [...] zu einem allumfassenden Ausblick emporschwingen zu können, erreicht selten das angestrebte Ziel und bleibt oft in noch schlimmeren Irrtümern stecken, als es diejenigen sind, von denen er ausgegangen ist." Ebd. S. 11

P34
P33
P32
P31
P21
P22
P23
P24

P11 P12 P13 P14

Räumliche Voraussetzung

s. Kap. 2.1

TN-Zahl

Ideal: bis 8

Auch einzeln möglich

Ein Team sollte möglichst interdisziplinär zusammengesetzt sein

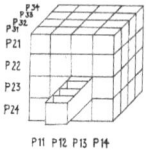

„Die Morphologische Forschung und die Morphologische Planung und Ausführung großangelegter menschlicher Unternehmungen sind gerade zu dem Zweck erdacht und eingeführt worden, keine der wesentlichen Realitäten (oder [...] Randbedingungen) außer acht zu lassen und alle möglichen Lösungen vorgegebener Probleme ohne den Hemmschuh irgendwelcher negativer oder positiver Vorurteile herzuleiten."
Ebd.

Vorbereitung

Formblatt vorbereiten (Matrix bzw. Kasten)

Als Kopien austeilen und/oder auf Folie kopieren zur Projektion (Overheadprojektor), Schreibzeug

ggf. zusätzlich Visualisierungsfläche (s. Kap. 2.1)

Moderation

Ja, bei Gruppen erforderlich (s. Kap. 3.1)

Dauer

abhängig von Aufgabenstellung und Gruppengröße, u.U. Tage

Anleitung

Vorgehen in 3 Phasen: I. Einführen (s. Kap. 2.1), II. Durchführen, III. Auswerten (s. Kap. 2.1)

Zu Phase I

Die Fragestellung (Aufgabe, Gegenstand, Thema) einerseits präzisieren. Andererseits möglichst umfassend und allgemein halten, um den Denkradius nicht unnötig einzuschränken. Beispiel: Die Regalbretter sind mühsam anzuschrauben. Fragestellung 1: Wie lassen sich die Bretter leichter anschrauben? Fragestellung 2: Wie lässt sich ein Regal konstruieren, dass leichter aufzubauen ist?

Fragestellung 2 bezieht sich nicht nur auf die Schrauben, sondern auf das ganze Regal. Dies vergrößert den mentalen Spielraum und damit die Anzahl an Möglichkeiten.

„Genaue Umschreibung oder Definition sowie zweckmäßige Verallgemeinerung eines vorgegebenen Problems."
Ebd. S. 90

Zu Phase II. Morphologischer Kasten

Schritt 1. Formblatt austeilen

Jeder TN erhält ein Formblatt mit einer leeren Tabelle, die gemeinsam ausgefüllt wird. In die Vorspalte (Spalte links) kommen die Parameter (z.B. Farbe), in die jeweilige Zeile (rechts) die unterschiedlichen Eigenschaften (z.B. rot, blau, grün, gelb, weiß).

Schritt 2. Parameter sammeln

Die Fragestellung (Aufgabe, Gegenstand, Thema) in einzelne Bestandteile zerlegen. Dies können Attribute, Faktoren, Merkmale, Elemente, Kriterien oder Dimensionen sein. Sie können die Struktur, die Funktion oder den Ablauf betreffen.

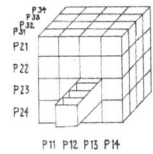

„[...] Studium der Bestimmungsstücke, oder, wissenschaftlich ausgedrückt, der Parameter des Problems."
Ebd.

P24
P31
P21

P22

P23

P24

P11 P12 P13 P14

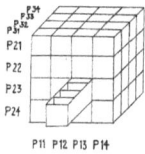

"Aufstellung des Morphologischen Kastens oder des morphologisch vieldimensionalen Schemas, in dem alle möglichen Lösungen des vorgegebenen Problems ohne Vorurteile eingeordnet werden."
Ebd.

Das Ergebnis in die linke Spalte eintragen.

Schritt 3. Mögliche Ausprägungen der Parameter sammeln (Komponenten):

Wie können diese Parameter beschaffen sein? Welche Eigenschaften können sie annehmen? Dabei nicht nur die Realität beschreiben, sondern auch darüber hinausgehen. Was wäre möglich? Was wäre noch denkbar? Es können auch seltene, ungewöhnliche Ideen sein. Das Ergebnis in die jeweilige Zeile rechts eintragen.

Schritt 4. Zellen kombinieren

In jeder Zelle steht nun eine Komponente, d.h. ein Parameter mit einer bestimmten Ausprägung (z.B. gelbe Farbe). Nun können die einzelnen Zellen miteinander kombiniert werden. Dazu die betreffenden Zellen durch eine zickzack-förmige Linie miteinander verbinden. Dies kann spontan oder systematisch geschehen.

"Analyse aller im Morphologischen Kasten enthaltenen Lösungen auf Grund bestimmt gewählter Wertenormen. Wahl der optimalen Lösung und Weiterverfolgung derselben bis zu ihrer endgültigen Realisierung oder Konstruktion."
Ebd.

Zu Phase III

Aus den möglichen Kombinationen eine engere Wahl bilden und die optimale Version bestimmen.

□   **Varianten**
△
○   Variante A. Morphologische Matrix

Hier sind prinzipiell nur zwei Parameter zugelassen. Der eine steht mit seinen Ausprägungen in der
Vorspalte (links). Der andere steht mit seinen Ausprägungen in der Kopfzeile (oben). Wie auf einem
Schachbrett ist damit jede Zelle determiniert. Sie
steht für eine bestimmte Kombination von zwei
Parametern bzw. deren Ausprägungen. Eine Verbindung über separate Linien entfällt damit. Ein
klassisches Beispiel ist das Periodische System der
Elemente (s. Tab. 7. Nach Schlicksupp 2004, S. 93)

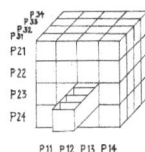

Variante B. Das Formblatt auf Folie kopieren und
am Overheadprojektor bearbeiten. Dies hat den
Vorteil, dass alle TN auf eine Vorlage schauen und
diese gemeinsam bearbeiten können.

Variante C. Statt mit einer Tabelle mit Karten arbeiten. Die einzelnen Parameter und ihre Ausprägungen auf je eine Karte schreiben und an die Pinwand
hängen. Dies erleichtert das Sammeln, Gruppieren,
Aussortieren und Kombinieren.

Variante D. Die Auswertung (Phase III) eventuell
auf einzelne Arbeitsgruppen verteilen.

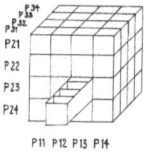

Hinweise

Relevante Informationen (Fragestellung, Hintergrund, fachliches Wissen) schon vor der Sitzung bekannt geben

Den Prozess nicht vorzeitig abbrechen, auch dann nicht, wenn eine erste brauchbare Idee gefunden wurde

Auch hier gilt: keine vorzeitige Kritik oder Bewertungen. Diese erfolgen erst in der letzten Phase III.

Schon bei wenigen Parametern bzw. Ausprägungen ergeben sich sehr viele Kombinationen. Notfalls einen Morphologischen Kasten (bzw. Matrix) in mehrere kleinere unterteilen.

Zu Schritt 2. Parameter sammeln

Dies ist ein schwieriger Schritt. Tipps: Blockdiagramme erstellen, visualisieren, W-Fragen stellen: Wer, was, wie, wann, wo?

Parameter sind feste Bestandteile, konzeptionell relevant und unentbehrlich (z.B. Beine), unabhängig davon, dass sie unterschiedlich gestaltet sein können (z.B. lang oder kurz). Daher selektiv sein und keinen unnötigen Ballast anhäufen.

Die Parameter sollten sachlich-fachlich stimmig sein.

Die einzelnen Parameter sollten beeinflussbar sein

Möglichst verallgemeinern und abstrahieren.

Die Parameter sollten voneinander unabhängig sein
(v.a. kausal, technologisch), sich nicht wechselseitig
bedingen oder überschneiden. Beispiel: Bei Heizun-
gen bedingen sich Strombedarf und Wärmebedarf
gegenseitig. Daher: einen Parameter entfernen oder
beide zusammenfassen.

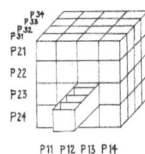

Doppelungen zusammenfassen bzw. aussortieren.

Der Faktor „Kosten" sollte eher ausgeklammert
werden, da er den kreativen Prozess behindert

Um die Übersicht zu behalten, die Anzahl auf 3-7
begrenzen

Zu Schritt 3. Mögliche Ausprägungen sammeln
(Komponenten)

Die Ausprägungen sollten konkret sein

Sie sollten sich unterscheiden (Wiederholungen
bzw. Überlappungen vermeiden)

Es sollten mindestens drei pro Parameter existieren

Selektiv sein, d.h. nur die wichtigsten/sinnvollsten
zulassen

Zu Schritt 4. Zellen kombinieren

Je größer die Anzahl (Parameter, Ausprägungen),
desto systematischer vorgehen, d.h. mögliche Kombinationen systematisch durchspielen

Pro Parameter nur eine Ausprägung auswählen,
d.h. nicht mehrere

Jeden Parameter berücksichtigen, d.h. keinen aus-
lassen

⟲ **Vorteil, Stärke, Chance**

Zwicky selbst nennt folgende Vorteile (ebd. S. 88f):

✓ „in *vorurteilsfreier* Weise *alle* Lösungen gegebener Probleme" herleiten

✓ gibt uns „die größtmögliche Sicherheit, dass nichts vergessen wird, was für die Beleuchtung aller Aspekte eines vorgegebenen Problems" wichtig ist

„Die totale Lösung eines Problems, morphologisch hergeleitet, schenkt etwa die gleiche Freude und Genugtuung wie die Erstbesteigung eines schwierigen Berges. Beides sind schöpferisch in sich abgeschlossene Einheiten, an denen nicht gerüttelt werden kann und die uns niemand wegzunehmen vermag." Ebd. S. 88

✓ fördert eine klare Kommunikation und hilft, Missverständnisse zu vermeiden

✓ liefert „die natürlichste gemeinsame Diskussionsgrundlage für alle Menschen"

✓ zielt auf „ganze Lösungen" und ist daher „logisch, moralisch und künstlerisch außerordentlich befriedigend."

✓ Wer die Methode beherrscht, „besitzt die innere Sicherheit, dass es kaum ein Problem gibt, dessen Lösung er nicht irgendwie mit Aussicht auf Erfolg anpacken kann."

✓ Nicht nur technisch wirkungsvoll, sondern auch „gemütsmäßig vergnüglich"

„Viele Dinge, die vorher unmöglich schienen, rücken in die Nähe und werden greifbar."

✓ regt die Intuition an, „ohne dass man sich auf den Zufall zu verlassen braucht"

✓ Fördert Erfindungen und Entdeckungen auf methodische und systematische Art. „Der Morphologe ist ein Berufsgenie".

Weitere Vorteile:

✓ Planmäßiges Vorgehen

✓ Originelle, überraschende Ideen bzw. Lösungen finden

✓ Vielfältig einsetzbar

✓ Anschaulich durch die grafische Darstellung

✓ Man kann viel Information aufnehmen und übersichtlich darstellen

✓ Rational denkende TN fühlen sich angesprochen und gefordert

✓ Tabelle kann ein Protokoll ersetzen

✓ Auch für sehr komplexe Aufgaben geeignet

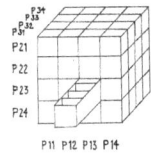

Speziell zur Matrix:

✓ Alle bereits bekannten Lösungen können eingetragen werden (beim Morphologischen Kasten würde dies zu einem verwirrenden Linienwirrwarr führen)

✓ Leerfelder treten sichtbar hervor. Auf diese Weise kann man Lücken nachgehen und ggf. auffüllen. Auf diese vergleichbare Weise konnten Lücken im Periodensystem der Elemente geschlossen werden. Dies geschah zunächst über Prognosen, die später bestätigt wurden.

✓ Widersinnige Kombinationen können ebenfalls sichtbar gemacht werden (Felder schraffieren, sogenannte „Nullfelder"). Sie scheiden damit aus.

„Neben der außerordentlichen suggestiven Kraft der Methode, nicht nur diese oder jene Entdeckung, Erfindung oder Forschung anzuregen, sondern gleich auf ganze Klassen von Entdeckungen, Erfindungen und Forschungen hinzuweisen, führt sie insbesondere zu einer Wiederbelebung *tieferen Denkens*, wie es dem modernen Menschen weitgehend verlorengegangen ist."
Ebd. S. 33

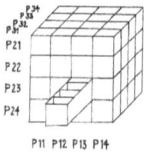

Nachteil, Schwäche, Risiko

o   Technische Prognosen sind immer begrenzt

o   Kann recht zeitwaufwendig sein

o   Kann unübersichtlich werden, wenn es zu viele Ausprägungen gibt. (So können 6 Parameter mit jeweils 10 möglichen Ausprägungen zu 10^6 d.h. 1 Million Kombinationen führen!)

o   Setzt solide Fachkenntnisse voraus, hohe Anforderungen an fachliche Kompetenz

o   Der Anspruch auf „Totalität" der Methode kann abschreckend wirken

Speziell zur Matrix:

o   aus grafischen Gründen auf zwei Parameter beschränkt (Beispiel: s. Tab. 7)

Beispiel

Zwicky beschreibt ein Beispiel, bei dem er selbst die Methode des Morphologischen Kastens anwandte. Er entwickelte ein Hilfsprogramm für wissenschaftliche Bibliotheken, die vom 2. Weltkrieg beschädigt waren. Von den USA aus organisierte er einen weltweiten Versand von Zeitschriften und Büchern. Das Projekt wurde ein großer Erfolg. Für die komplexe Logistik ging Zwicky nach den oben genannten Schritten des Morphologischen Kastens vor (ebd. S. 95f):

Schritt 1. Problemstellung: Vernichtete Bestände *kostenlos* beschaffen und geordnet dort abliefern, „wo man sie am dringendsten braucht" (z.B.: in den USA beschaffen, nach Europa schicken).

Schritt 2. Die wesentlichen Parameter P des Problems bestimmen:

P1: Zeitschriften eines Jahrgangs

P2: erste Abonennten bzw. Empfänger

P3: Zweithandbesitzer.

Die jeweiligen Parameter weiter verfeinern, d.h. in Komponenten aufteilen und dabei entsprechend durchnummerieren, z.B.

P11: alle Ausgaben von „Science" für das Jahr J_0, P12: alle Ausgaben der Zeitschrift „Physical Review" für das Jahr J_0

P21: Bibliothek der ETH, P22: Bibliothek des Max-Planck-Instituts München

P31: Witwe oder Nachlaß des ersten Besitzers, P32: Antiquariate

„Der ganze Massentransfer oder die Zirkulation der Zeitschriften kommt schließlich zu seinem Ende mit dem Parameter P_e". Dazu gehören z.B. folgende Komponenten: P_{e1}: Totale Vernichtung, P_{e2}: Papierwolf, P_{e3}: permanente Aufbewahrung in Bibliotheken.

Schritt 3. Ein Laufschema der wissenschaftlichen Zeitschriften bilden (s. Abb. 52). In jeder Reihe eine einzige Komponente einkreisen. Da alle ausgegebenen Exemplare erfasst wurden, konnte Zwicky auf diese Weise den Lauf einer Zeitschrift „an ihre Ruhestätte" verfolgen.

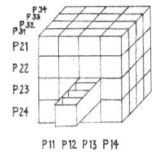

„Im oben gezeigten Laufschema wird, ausgehend von einem bestimmten Wert P_{1j}, in jeder Reihe eine einzige Komponente (P_{jk}) eingekreist. Indem man alle diese eingekreisten Werte miteinander verbindet, erhält man eine Kette, entlang welcher eine gewisse Anzahl [...] der ursprünglichen vom Verlag ausgegebenen Zeitschriften [...] zu ihrer Ruhestätte läuft." Ebd. S. 97 (s. Abb. 52)

P31
P30
P29
P21
P22
P23
P24

P11 P12 P13 P14

„Statt dieses ebenen Laufschemas denkt sich der Mathematiker gewöhnlich die verschiedenen Werte der [Parameter ...] in einem *Morphologischen Kasten von e Dimensionen* angeordnet." Ebd.

„Falls wir nur drei [...] Parameter zu berücksichtigen hätten, so wäre der Morphologische Kasten ein nur dreidimensionaler Kasten mit gewöhnlichen Fächern, die in Schubladen angeordnet werden können derart, dass durch Herausziehen der Schubladen der Inhalt der Fächer geprüft werden kann." Ebd.

„Diese Methode führte zu fast unglaublichen Erfolgen derart, dass mir viel mehr Material zur Verfügung gestellt wurde, als ich je zu ordnen, zu verpacken und an die verschiedenen Bestimmungsorte in Übersee zu transportieren hoffen konnte." Ebd. S. 99

Alternativ zu diesem zweidimensionalen Laufschema schlägt Zwicky einen mehrdimensionalen Kasten vor. (s. erste Seite dieses Kapitels)

Wenn man von 3 Parametern (P1-P3) ausgeht, würde dies den 3 Dimensionen eines Kastens entsprechen. Jede Komponente liegt quasi in einer fest definierten „Schublade", die man bildlich herausziehen und genauer betrachten kann.

Schritt 4 und 5: Zwicky analysierte die Lauflinien der gewünschten Zeitschriften (s. Abb. 52) und wählte anschließend die optimale Lösung, um *kostenlose* Zeitschriften zu erhalten und verschicken zu können.

Dieses Beispiel zeigt nicht nur die technisch-logistisch Meisterung eines komplexen Problems mittels der morphologischen Methode. Sie zeigt auch die moralisch-ethische Dimension, da Zwicky einen großen idealistischen Beitrag geleistet hat, um die kriegsgeschädigte Wissenschaft und Zivilisation weltweit wieder aufzubauen. Dafür erhielt er weltweite Anerkennung, u.a. vom damaligen Präsidenten der Bundesrepublik Deutschland, der sich 1961 mit einem Schreiben nach Californien bedankte:

„Sehr geehrter Herr Professor Zwicky, Wie mir die Deutsche Forschungsgemeinschaft berichtet, ist nun auch die letzte der fünf großen Büchersendungen des „California Institute of Technology" in der Bundesrepublik eingetroffen.

Die Bücher und Zeitschriften wurden bereits an verschiedene kriegsgeschädigte Bibliotheken verteilt. Ihnen als dem Initiator und tätigen Organisator der großzügigen Hilfsaktion und dem von ihnen gegründeten Komitee möchte ich daher heute meinen aufrichtigen Dank aussprechen. Weitblickend erkannten Sie schon während des Krieges die kommenden Nöte der Bibliotheken in den kriegsbetroffenen Ländern und riefen zu einer Hilfsaktion auf. Ihr Appell an die Geberfreudigkeit der Forscher, der Institute und der Bibliotheken in den Vereinigten Staaten hatte den überwältigenden Erfolg, dass in den vergangenen Jahren 171 Kisten mit wertvollem wissenschaftlichen Material nach Deutschland verschifft und hier verteilt werden konnte. [...] Wir, die Beschenkten, werden diese frühe und tatkräftige Hilfe nicht vergessen. Sie wird uns ein Ansporn sein, auch unsererseits über die Grenzen hinweg die Solidarität der Forschung in der freien Welt des Geistes zu bekunden und ihr uneigennützig zu dienen." (Heinrich Lübke, Präsident der Bundesrepublik Deutschland von 1959-1969, in einem Brief an Zwicky nach Pasadena, Californien, 11.9.1961)

Literatur

Zwicky F. Entdecken, Erfinden, Forschen im Morphologischen Weltbild. Droemer Knauer Verlag, München 1971 (Original: 1966)

Zwicky F. Jeder ein Genie. Baeschlin Verlag, Glarus 1992 (Original 1971)

www.zwicky-stiftung.ch (→ „Stichworte zur Morphologie")

Allgemeiner Überblick

Boos E. 2007, S. 96f

Knieß M. 2006, S. 125f, 135f

Schlicksupp H. 2004, S. 78f, S. 91f

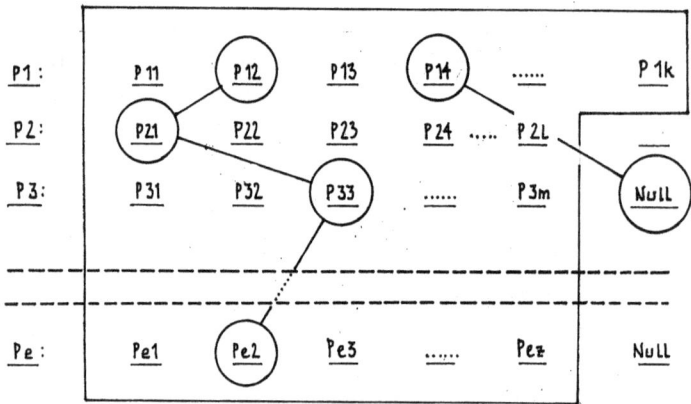

Abb. 52: Originalbeispiel für einen Morphologischen Kasten. Laufschema wissenschaftlicher Zeitschriften (Beispiel nach Zwicky 1971, S. 97)

Tab. 5: Morphologischer Kasten zur Fragestellung „Einen neuen Tisch entwickeln"

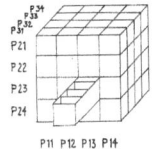

Parameter 1-4	Ausprägungen				
	01	02	03	04	05
Anzahl der Beine	0	1	3	4	20
Material	Holz	Glas	Plastik	Kork	Stoff
Höhe (cm)	0	20	50	70	100
Form	rund	quadra- tisch	recht- eckig	drei- eckig	sechs- eckig

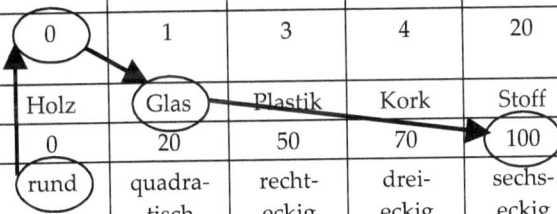

Tab. 6: Komponenten in den Zellen kombinieren. Beispielhafte Lösung: eine runde Tischfläche aus Glas, die in 100 cm Höhe schwebt (z.B. an der Decke aufgehängt ist)

Parameter 1-4	Ausprägungen				
	01	02	03	04	05
Anzahl der Beine	0	1	3	4	20
Material	Holz	Glas	Plastik	Kork	Stoff
Höhe (cm)	0	20	50	70	100
Form	rund	quadra- tisch	recht- eckig	drei- eckig	sechs- eckig

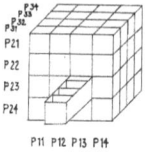

Tab. 7: Morphologische Matrix als Variante mit nur 2 Parametern. Hier das Periodensystem der Elemente. P1 (Parameter 1): Zahl der Elektronen auf der äußeren Elektronenschale; P2 (Parameter 2): Zahl der Elektronenschalen

	P 1							
P 2	**I**	**II**	**III**	**IV**	**V**	**VI**	**VII**	**VIII**
1	H							He
2	Li	Be	B	C	N	O	F	Ne
3	Na	Mg	Al	Si	P	S	Cl	Ar
...	...	...	...	...	...	...	...	...

Tab. 8: Morphologische Matrix (in Knieß, S. 137, nach Geschka 1977)

	Parameter 1: Objekte					
Parameter 2: **Funktionen**	Zeichen- geräte	Zeichen- brett	Zeichen- träger	Zeichen- maschine	Kopier- geräte	Sonstige Hilfs- mittel
Vorzeichnen						
Reinzeichnen						
Radieren						
Vermaßen						
Beschriften						
Vervielfältigen						

2.16   Osborn Checkliste

Worum es geht

Diese Methode geht vorwiegend systematisch-analytisch vor. Im Zentrum steht eine Checkliste, die die Analyse der Fragestellung (Aufgabe, Gegenstand, Thema) unterstützt. Die Fragestellung wird auf diese Weise systematisch untersucht und von verschiedenen Seiten beleuchtet. Die Methode sorgt dafür, das Denken auszuweiten, in verschiedene Richtungen zu lenken und die Perspektiven zu wechseln. Sie eignet sich für die spielerische Auswertung neuer Ideen sowie für die Veränderung bestehender Produkte bzw. Verfahren.

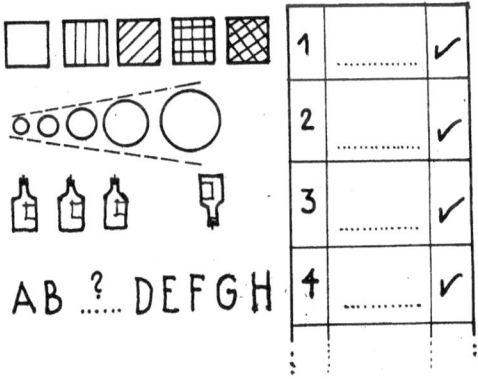

„The question technique has long been recognized as a way to induce imagination: Professors who have sought to make their teaching more creative have often employed this device."
Osborn 1963, S. 229

Name

Osborn Checkliste, synonym: Spornfragen, Reizfragen; Umkehrmethode

Herkunft

Alex Osborn (1888-1966), US-amerikanischer Philosoph. Der zeitweise als Reporter tätige junge Osborn war 1919 Mitbegründer einer großen Werbeagentur und entwickelte die Methode des Brainstorming (s. Kap. 2.4).

Prinzip

Analytisch-systematisch

Im Zentrum stehen bestimmte Fragen, mit denen die Fragestellung (Aufgabe, Gegenstand, Thema) systematisch untersucht, von verschiedenen Seiten beleuchtet und analysiert wird. Die Methode sorgt dafür, das Denken auszuweiten, in verschiedene Richtungen zu lenken und die Perspektiven zu wechseln.

Hintergrund

Osborn empfiehlt diese Fragen, um das von ihm entwickelte Brainstorming in Gang zu bringen. Ursprünglich sollten diese Fragen daher den Prozess der Ideenfindung in Gang bringen und am Laufen halten.

"The panel leader should also be prepared to suggest leads by way of certain classifications or categories. Many chairman have found that idea-spurring questions like these can be helpful [...] "
Osborn 1963, S. 175

Im Laufe der Zeit hat sich diese Methode jedoch verselbstständigt und wird als eigenständige Methode eingesetzt. Ideen, die im Brainstorming gefunden wurden, können mithilfe dieser Fragen vertieft und erweitert werden. Auch das, was bereits besteht (z.b. bekannte Objekte, gewohnte Abläufe, Routinemaßnahmen) kann neu hinterfragt und beleuchtet werden.

Man kann mit dem Gefundenen bzw. Bestehenden quasi spielen: es „in die Luft werfen", auf den Kopf stellen, durcheinanderwirbeln, neu zusammensetzen. Dabei kann Neues bewertet werden aber auch neue Ideen entstehen.

Ziel

Neue Ideen hinterfragen, beleuchten, weiterentwickeln

Standpunkte und Perspektiven wechseln, in verschiedene Richtungen denken

Bestehende Produkte, Strukturen oder Verfahren verändern

Einsatzmöglichkeiten

Ursprünglich gedacht, um die Ideenfindung beim Brainstorming anzuspornen (Phase II)

Auch für die Auswertungsphase geeignet (Phase III)

Etwas, das man gefunden hat, weiterentwickeln (prüfen, vertiefen, ausweiten)

"These [idea-spurring questions] are usable in individual ideation. And in group brainstorming they can be of value to the panel leader for use as hints – as directions toward which the panelists can point their imagination."
Ebd. S. 229

Was bereits besteht, neu beleuchten bzw. weiterentwickeln

In erster Linie für Produkte/Objekte, aber auch Angebote, Dienstleistungen, Verfahren, Strukturen

Räumliche Voraussetzung

Kleine mobile Einzeltische.

Jeder TN sollte bequem schreiben können

TN-Zahl

Ideal: 8-12

Auch einzeln möglich

"Even in preparation for, and analysis of, a creative problem, self-questioning can often bring us nearer to solution." Ebd. S. 230

Vorbereitung

Checklisten: Kopien, evtl. auch an die Wand projizieren (Folie, Beamer)

Schreibzeug

Ggf. Visualisierungsfläche (s. Kap. 2.1)

Moderation

Ja, erforderlich (s. Kap. 3.1)

Dauer

abhängig von Aufgabenstellung und Gruppengröße, ca. 60 Minuten je Sitzung

▤ Anleitung

Vorgehen in 3 Phasen: I. Einführen (s. Kap. 2.1), II. Durchführen, III. Auswerten (s. Kap. 2.1)

Zu Phase II

Jeder TN erhält eine Checkliste (s. Tab. 9). Diese wird Punkt für Punkt durchgegangen und ausgefüllt.

Zu Phase III

Um sich ein Protokoll zu ersparen, kann man die einzelnen ausgefüllten Checklisten der TN in einer „großen" Checkliste zusammenfassen und an alle aushändigen.

□ △ ○ Varianten

Variante A. Statt die Fragen der Reihe nach durchzugehen: die einzelnen Fragen einzeln auf Karten aufschreiben. Die Karten jeweils einzeln austeilen oder per Losverfahren ziehen lassen. So kann sich jeder TN/jede Kleingruppe mit einem bestimmten Aspekt befassen.

Variante B. Die Checkliste je nach Bedarf kürzen oder erweitern

Als weitere Frage lässt sich ergänzen: Imitieren (Was ist so ähnlich? Welche Parallelen gibt es? Was lässt sich nachbilden/übernehmen?)

"The Scamper Tech-
niques draw heaviliy
from the famous
*Idea Spurring
Checklist* developed
by Alex Osborn."
Eberle 1996, S. 5

Variante C. SCAMPER (s. Tab. 10)

Eine leicht abgewandelte Variante (Bob Eberle 1996). To scamper (engl.) bedeutet hin- und herflitzen, huschen, flitzen. Die Bezeichnung ist jedoch in erster Linie ein Akronym, d.h. sie entsteht aus den Initialien bestimmter Begriffe. Diese sind fast identisch mit denen der Osborn-Checkliste, was der Autor auch selbst zugibt. (s. Kap. 2.16)

☞ Hinweise

Die Checkliste je nach Bedarf anpassen: es können Aspekte weggelassen oder hinzugefügt werden. Ist die Checkliste einmal zusammengestellt, sollten jedoch alle Bereiche durchgegangen werden.

Arbeit nicht vorzeitig beenden. Unkonventionelle Ansätze werden oft nur durch ein gewisses Durchhalten erreicht.

Die Fragen eignen sich auch für die Einzelarbeit.

☞ Vorteil, Stärke, Chance

"In practical problem-
solving we can give
conscious guidance
to or thinking by
asking ourselves
questions."
Osborn 1963, S. 230

✓ Es wird verhindert, dass man sich voreilig mit einer Lösung zufrieden gibt, ohne sie gründlich „abgeklopft" zu haben

✓ Neue Ideen überprüfen, vertiefen und erweitern

✓ Subjektive Präferenzen werden zurückgestellt, zugunsten objektiver Kriterien

✓ Checkliste kann ein Protokoll ersetzen

Nachteil, Schwäche, Risiko

o   Weniger geeignet für die Suche nach neuen I-
    deen, da man mit vorhandenem Material arbei-
    tet

o   Ungewohntes Vorgehen, kann daher anfänglich
    etwas mühsam sein

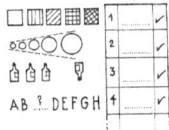

Literatur

Eberle B. Scamper. Prufrock Press 1996

Osborn A. Applied Imagination. Principles and
Procedures of Problem Solving. New York 1963
(ursprünglich 1953)

Allgemeiner Überblick

Boos E. 2007, S. 108f

Schlicksupp H. 2004, S. 106f

Tab. 9: Osborn-Checkliste
„Es" steht für die Fragestellung, z.B. Aufgabe, Gegenstand, Thema,
Vorhaben, Objekt, Struktur, Strategie

	Aspekt	Fragen, Stichworte
1	**Anders verwenden**	Wofür lässt es sich sonst noch verwenden? Wie lässt es sich anders einsetzen? Wie lässt es sich nutzen, wenn es modifiziert ist?
		Wie lässt es sich umfunktionieren? In welchen anderen Kontext lässt es sich stellen?
2	**Anpassen**	Was ist ihm ähnlich? Welche anderen Ideen kommen auf?
		Inwiefern haben sich die Umstände/Bedingungen geändert? Wie können wir es an diese externen Veränderungen anpassen?

Die Fragen der
Osborn-Checkliste
im Original
(Osborn 1963,
S. 176)

Zu 1 "*Put to other Uses?* (New ways to use as is? Other uses if modified?)"

Zu 2 "*Adapt?* (What else is like this? What other ideas does this suggest?)"

☐ ▥ ▨ ▦ ▧	1	✔	

(Die obige Darstellung zeigt eine Symbol- und Ankreuztabelle links oben.)

Zu 3 "Modify?
(Change meaning,
color, motion,
sound, odor, taste,
from, shape?
Other changes?)"

Zu 4 "Magnify?
(What to add?
Greater frequency?
Stronger? Larger?
Plus ingredient?
Multiply?"

Zu 5 "Minify?
(What to substract?
Eliminate? Smaller?
Lighter? Slower?
Split up? Less fre-
quent?)"

Zu 6 "Substitute?
(Who else instead?
What else instead?
Other place?
Other time?)"

3	**Modifizieren**	Was lässt sich verändern, abwandeln, umgestalten (z.b. Bedeutung, Farbe, Bewegung, Klang, Geruch, Geschmack, Form, Struktur)? Was lässt sich sonst noch ändern? Entsteht daraus etwas Neues, Sinnvolles, Interessantes?
4	**Vergrößern**	Was lässt sich hinzufügen (vergrößern, verdoppeln, multiplizieren)? Wie kann man es stärker (stabiler, höher, breiter, schwerer, dicker, länger, schneller) machen? Mehr Zeit verwenden, längere Zeiträume? Frequenz, Auftreten erhöhen? Mehr Aufwand betreiben? Übergröße, Sondergröße? Zusatz, Zugabe, Bonus? Qualität erhöhen, wertvoller machen? Übertreiben, aufbauschen? Maxi-Version?
5	**Verkleinern**	Was lässt sich entfernen? Was kann man weglassen? Wie wird es kleiner (leichter, niedriger, flacher, schmaler, dünner, kürzer, langsamer)? Wie auf das Wesentliche reduzieren? Weniger Zeit verwenden? Weniger Aufwand betreiben? Günstiger machen? Halbieren, aufteilen? Kompaktieren, kondensieren? Was ist entbehrlich? Quantität verringern? Frequenz reduzieren? Untertreiben, unterbewerten, abwerten? Mini-, Mikro-Version?
6	**Ersetzen**	Wer lässt sich ersetzen? Was lässt sich ersetzen? Andere Zeit? Anderer Ort? Was lässt sich austauschen? Anderes Ziel? Andere Zielgruppe? Andere Methoden, Strategien? Anderes Konzept? Andere Strategie? Anderes Material? Andere Funktionen? Andere Eigenschaften? Andere Zutat, Inhalte? Andere Energie-, Kraft-, Antriebsquelle? Andere Herstellung, anderer Prozess, anderer Abbau? Anderer Klang, andere Stimmung, anderes Image?

7	**Anders** **anordnen**	Anderes Layout? Andere Reihenfolge? Geschwindigkeit ändern? Was lässt sich anders anordnen, umbauen? Wie lässt sich die Reihenfolge ändern (nach vorn, hinten, oben oder unten)? Gestalt verändern? Ursache-Wirkung umkehren? Komponenten austauschen? Ablauf, Raster wechseln?	Zu 7 "*Rearrange?* (Other layout? Other sequence? Change pace?)"
8	**Umkehren**	Das Gegenteil, das Gegenstück? Von hinten nach vorn drehen? Es auf den Kopf stellen? Innenseite nach außen? Was wäre das Gegenteil? Wie lässt sich das Gegenteil erreichen? (spiegeln, Seiten vertauschen, auf den Kopf stellen) Flüssig statt fest? Weich statt hart? Langsam statt schnell? Rückwärts statt vorwärts? Das Ende an den Anfang? Von hinten anfangen? Plus statt Minus? Positiv statt Negativ? Vorteil statt Nachteil? Außen statt innen? Freund statt Feind? Miteinander statt gegeneinander? Aus der Zitrone eine Limonade machen? Rollen tauschen? In die Schuhe des anderen schlüpfen? Den Spieß umdrehen? Mehrweg statt Einweg?	Zu 8: "*Reverse?* (Opposites? Turn it backward? Turn it upside down? Turn it inside out?)"
9	**Kombinieren**	Was lässt sich neu kombinieren (vermischen, verbinden)? Welche Varianten können dadurch entstehen? Eine Legierung? Ein Mix? Ziele, Methoden, Strategien kombinieren? Ideen, Ansätze, Lösungen kombinieren? Hilfsmittel kombinieren? Aus Einzelpersonen ein Team? Gemeinsame Aktionen oder Einsatzbereiche?	Zu 9 "*Combine?* (How about a blend, an assortment? Combine purposes? Combine ideas?)"

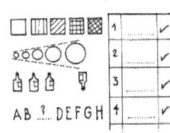

Tab. 10: SCAMPER-Checkliste (leicht abgewandelte Variante der Osborn-Checkliste)

	Aspekt	Fragen, Stichworte
S	Substitute	Ersetzen: Was lässt sich ersetzen?
C	Combine	Kombinieren: Was lässt sich verbinden, integrieren?
A	Adjust*	Anpassen: Wie lässt es sich an die veränderten Bedingungen anpassen?
M	Modify Magnify Minify	Verändern: Was lässt sich verändern? Vergrößern Verkleinern
P	Put to other uses	Zweckentfremden: Wie lässt es sich sonst noch einsetzen, anwenden?
E	Eliminate*	Entfernen: Was ist entbehrlich?
R	Reverse Rearrange	Umkehren: Was wäre das Gegenteil? Anders anordnen: Wie lässt es sich neu anordnen?

* Neu eingeführte Kategorien im Vergleich zur Osborn-Checkliste

S: "To have a person or thing act or serve in the place of another."

C: "To bring togehter, to unite."

A: "To adjust for the purpose of suiting a condition or purpose."

M: "Modify: To alter, to change the form or quality."

"Magnify: To enlarge, make greater in form or quality."

"Minify: To make smaller, lighter, slower."

P: "To have a person or thing act or serve in the place of another."

E: "Eliminate: To remove, omit, or get rid of a quality, part or whole."

R: "Reverse: To place opposite, to turn around."

"Rearrange: To change order or adjust, different plan, layout, or scheme."

Eberle 1996, S. 6

2.17   Reizbild-Analyse

Worum es geht

Die Methode basiert auf dem Prinzip der Bisoziation (A. Koestler) bzw. auf dem Prinzip des Lateralen Denkens (De Bono, s. Zufallsmethode). Die Methode ähnelt der Reizwort-Analyse. Statt mit Worten wird hier mithilfe von Bildern frei assoziiert. Dadurch wird ein neuer Kontext hergestellt und der Denkhorizont erweitert. In Bezug auf die Fragestellung werden so ungewöhnliche Verbindungen hergestellt und Analogien gebildet. Der organisatorische Aufwand ist gering. Das Teamerlebnis fördert die Teamentwicklung.

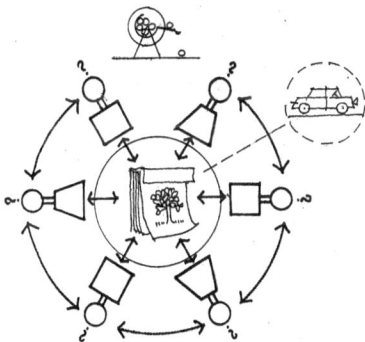

„Ich habe den Ausdruck ‚Bisoziation' geprägt, um eine Unterscheidung zwischen dem routinemäßigen Denken, das sich sozusagen auf einer einzigen Ebene vollzieht, und dem schöpferischen Akt zu treffen, der sich immer [...] auf mehr als einer Ebene abspielt."
Koestler 1966, S. 25

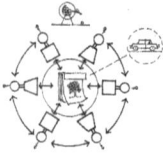

Name

Reizbild-Analyse; synonym: Reizbild-Methode, Visuelle Konfrontation, Visuelle Synektik, Bildstimulation, Bisoziation. (Der häufig benutzte Name „Bisoziation" ist missverständlich, da es sich hierbei um einen Überbegriff handelt, der z.b. auch die Methode Reizwort-Analyse einschließt)

Herkunft

Über das „routinemäßige Denken" einerseits und den „schöpferischen Akt" andererseits: „Im ersten Fall könnte man von geistiger Eingleisigkeit sprechen, im zweiten von einem doppelsinnigen Übergangszustand eines labilen Gleichgewichts, bei dem die Balance des Affekts wie des Denkens gestört ist." Koestler 1966, S. 25

Der Begriff „Bisoziation" geht auf Arthur Koestler (1905-1983) zurück, britischer Schriftsteller ungarischer Herkunft. In Anlehnung an das Wort „Assoziation" bedeutet er „zweifach assoziieren": Elemente unterschiedlicher Bezugssysteme werden miteinander verknüpft, wobei diese Elemente nach Koestler Begriffe, Bilder oder Vorstellungen sein können.

Unter dem Begriff „Visuelle Synektik" vom Battelle Institut entwickelt (Alter et al 1973, Warfield 1975).

Prinzip

Intuitiv-kreativ

Zwei Assoziationsschritte: in Bezug auf die Fragestellung sowie in Bezug auf ein neues Bezugssystem

Ungewöhnliche Verbindungen herstellen, Analogien bilden, Elemente aus verschiedenen Bezugsrahmen miteinander verbinden

Bei dieser Methode sind die Elemente des neuen Bezugssystems auf Bilder beschränkt. Sie werden nach dem Zufallsprinzip ausgewählt und bieten ein neues Bezugssystem an.

⊏⊐ Hintergrund

„Bisoziation" ist zu einem Grundbegriff in der Kreativitätsforschung geworden. Es geht darum, Elemente bewusst miteineinander zu verbinden, die
nach dem üblichen, routinierten Denken nicht zusammen gehören. Das neue Bezugssystem soll die
Fixierung auf das Problem lösen. Das Problem wird
in einen neuen Kontext gestellt, der den Denkhorizont erweitert und neue Fixpunkte anbietet. Die
kreative Verbindung kann zu Entdeckungen auf
verschiedenen Ebenen führen:

- Witz, Humor

- Entdeckung

- Verstehen, Einsicht

Der Ansatz entspricht dem Konzept des „Lateralen
Denkens" nach De Bono (s. Kap. 1.5)

„In dieser unwahr-
scheinlichen Verbin-
dung von Bezugssys-
temen oder Themen-
kreisen, die vorher
absolut nichts mit-
einander zu tun
hatten, in ihrer Ver-
knüpfung aber die
Lösung des bisher
unlösbaren Problems
bieten, liegt der Kern
der Entdeckung."
Ebd. S. 215

⌶ Ziel

Unkonventioneller Ansatz: „undenkbare" Lösungen
finden

Übliche Denkmuster verlassen

Scheinbar unabhängige, willkürliche bzw. gegensätzliche Themenfelder verbinden

„Grundbedingung
jeder schöpferischen
Originalität ist die
Kunst, im richtigen
Augenblick bereits
Bekanntes zu ver-
gessen."
Ebd. S. 201

⌐⊔ Einsatzmöglichkeiten

Technische und kreative Fragestellungen

Konkrete Probleme

Darüber hinaus Humor, Komik

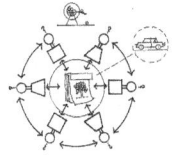

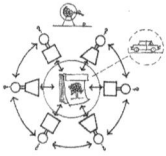

Räumliche Voraussetzung

s. Kap. 2.1

TN-Zahl

Ideal: 8-15

Auch einzeln möglich

Vorbereitung

„Eine Analogie zu sehen, die noch niemand gesehen hat ist also der springende Punkt bei der Art von Entdeckung, wie wir sie hier erörtern." Ebd. S. 214

ca. 5 Bilder oder Fotos (mind. DIN A4 groß), die mit dem Thema nichts direkt zu tun haben und die Phantasie anregen (z.B. Fallschirmspringer, Berghütte, fliegende Möwe, Suppenschüssel, Obstbaum)

Visualisierungsfläche (s. Kap. 2.1)

Moderation

Ja, erforderlich (s. Kap. 3.1)

Dauer

Abhängig von Aufgabe und Gruppengröße; ca. 1-3 Stunden

Anleitung

Vorgehen in 3 Phasen: I. Einführen (s. Kap. 2.1), II. Durchführen, III. Auswerten (s. Kap. 2.1)

Zu Phase II

Schritt 1. Neues Bezugssystem finden

Die Bilder („Reizbilder") werden in der Mitte ausge-
legt. Die Gruppe darf ein Motiv auswählen. Kriterium: Welches Motiv löst bei der Mehrheit die meisten Emotionen, Gedanken und Assoziationen aus?

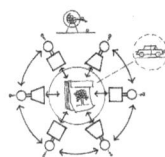

Schritt 2. Frei assoziieren

Nachdem ein Motiv gewählt wurde, darf jeder TN
frei assoziieren:

- Was ist zu sehen? (genaue Beschreibung)

- Was verbinden Sie mit diesem Motiv? (Gefühle,
  Gedanken, Ideen, Impulse)

- An was erinnert es Sie? Welche Assoziationen
  kommen auf?

Jeder Einfall („Reizbild-Elemente") wird stichwortartig festgehalten, vorzugsweise auf je einer Karte
an der Pinwand. Nach Abschluss werden die Karten
übersichtlich gruppiert.

Schritt 3. Analogien herstellen, Transfer

Die ursprüngliche Fragestellung (Aufgabe, Gegenstand, Thema) rückt wieder ins Zentrum (s. Phase I).
Die Reizbild-Elemente werden nun einzeln durchgegangen und mögliche Übertragungen gesucht. Es
findet also eine Rückkopplung („bisoziative Verbindung") zwischen Reizbild-Elementen und Fragestellung statt. Dazu dienen folgende Fragen:

„Hier haben wir den
bisoziativen Akt
unverfälscht vor
Augen, die plötzliche
Synthese zwischen
der Welt der
Zeichen und der
Welt der Dinge."
Ebd. S. 239

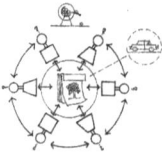

- Welche Verbindung lässt sich zum Thema herstellen?

- Inwiefern passt die Assoziation zum Thema?

- Inwieweit könnte sie zur Lösung der Aufgabe beitragen?

Die Analogien werden schriftlich festgehalten und aufgehängt.

Zu Phase III

Erst jetzt darf bewertet werden. Mögliche Fragen für die Auswertung: Welche Parallelen sind besonders interessant? In welchen „Brücken" steckt Potenzial? Wo lassen sich evtl. konkrete Ideen ableiten? Was könnte übernommen, angepasst, verändert werden? Welche Lösung könnte darin verborgen liegen? Welche konkrete Maßnahme lässt sich ableiten?

Varianten

Variante A. Kleingruppen bilden: Jedes Team erhält ein Bild

Variante B. Mit Zeitungsartikeln (statt mit Bildern) ein zweites „Bezugssystem" herstellen

Variante C. Diese Methode kann auch in Form eines Spiels durchgeführt werden (s. Force-Fit Spiel)

Hinweise

Tipp: Auch auf einer üblichen Tafel kann Papier mit Magneten befestigt werden

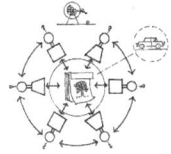

Zu Phase I:

Die visualisierte Fragestellung an den Rand stellen, um Platz für die nächste Phase zu machen.

Zu Phase II, Schritt 2:

- jede Idee einzeln auf eine Moderatorenkarte schreiben; Stichworte genügen

- leserlich schreiben! (groß, Druckbuchstaben, Stichworte)

- jeder TN kann seine Ideen selbst aufschreiben (entlastet den Moderator!)

- Bewertungen sind *nicht* erlaubt!

Zu Phase II, Schritt 3:

Die Fragestellung auch räumlich wieder ins Zentrum stellen. Diese Phase wird für die meisten zunächst ungewöhnlich sein und daher etwas zögerlich anlaufen. Der Moderator sollte Geduld zeigen und ermutigen: auch „Spinnen" ist erlaubt!

Keine Bewertung, insbesondere keine Abwertung zulassen!

„Neue Synthesen entstehen durch verschiedene Prozesse, die sich in einer fortlaufenden Reihe anordnen lassen. [...] Am Ende stoßen wir schließlich auf jene Fälle, bei denen eine plötzliche Erleuchtung zur ‚spontanen' Entdeckung führt, ob sie nun auf Zufall beruht oder auf einer unbewussten Intuition oder einer Kombination von beiden." Ebd. S.240

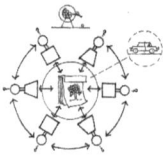

☼ Stärke, Chance

✓ Auch für größere Gruppen geeignet

✓ Geringe Vorbereitung

✓ Neue Impulse, innovative Anregungen

✓ Relativ hohe Erfolgsaussicht

✓ Teamerlebnis, Teamentwicklung

☂ Schwäche, Risiko

○ Analogien finden kann schwierig sein und braucht Zeit

○ Setzt Bereitschaft und Offenheit voraus

○ Beiträge müssen am Ende sorgfältig (aus-) sortiert werden

📚 Literatur

Alter U, Geschka H, Schaude G, Schlicksupp H. Methoden und Organisation der Ideenfindung. Battelle Institut, Frankfurt/M. 1973, S. XI, S. 47

Koestler A. Der göttliche Funke. Scherz Verlag, Bern/München 1966

Warfield J, Geschka H, Hamilton R. Methods of Idea Management. Battelle Institute & The Acadamy of Contemporary Problems. Columbus/Ohio 1975, S. 8

Allgemeiner Überblick

Boos E. 2007, S. 72f

Knieß M. 2006, S. 115

2.18   Reizwortanalyse

Worum es geht

Anhand zufällig ausgewählter Begriffe werden Assoziationen erzeugt, die auf die Fragestellung (Aufgabe, Gegenstand, Thema) übertragen werden. Das Prinzip entspricht der Bisoziation bzw. dem Lateralen Denken.

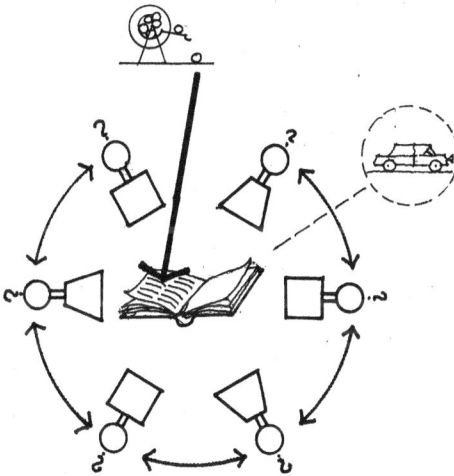

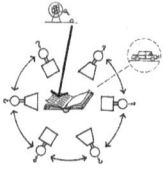

Name

Reizwortanalyse

Herkunft

Unter dieser Bezeichnung vom Battelle Institut entwickelt (Alter et al 1973; s.a. Schlicksupp 2004)

Prinzip

Intuitiv-kreativ

Das Prinzip entspricht der Bisoziation (A. Koestler, s.a. Reizbild-Methode) bzw. dem Lateralen Denken (E. De Bono, s. Trittsteinmethode oder Zufallsmethode). Begriffe aus anderen Bereichen werden zufällig ausgewählt. Die Assoziationen werden auf das Problem übertragen.

„Kreativer Zufall": So wurde das Penicillin entdeckt, weil Schimmelpilz versehentlich eine Bakterienkultur verunreinigt hatte. Nur weil der Mediziner Alexander Fleming (1881-1955) offen, aufmerksam und unvoreingenommen hinschaute, das Phänomen ernst nahm und schriftlich festhielt, wurde daraus eine der wichtigsten Entdeckungen der Medizin.

Hintergrund

Der Zufall spielt bei vielen Innovationen eine nicht zu unterschätzende Rolle (s. Illumination, Kap. 1.9). Viele Entdeckungen sind dem Zufall zu verdanken, wobei eine gewisse Vorbereitung, Offenheit und Präsenz derjenigen Person erforderlich ist, dem er „zufällt".

In diesem Sinne soll diese Methode helfen, Objekte und Phänomene um uns herum bewusster wahrzunehmen. Vielleicht liegt in ihnen ein Potenzial verborgen, auf das wir sonst nicht kommen würden (Gesetzmäßigkeit, Funktion, Prinzip, Nebeneffekt, Gestalelement oder Sinn).

Ziel

Denkblockaden lösen, eingefahrene Denkspuren in neue Bahnen lenken, Aufgabe in einem neuen Licht sehen

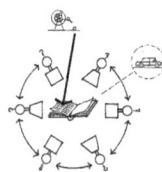

Einsatzmöglichkeiten

„Warming Up" für kreative Übungen, Ideenfindung (z.B. Produkte, Produktnamen Dienstleistungen, Strategien), um aus einer mentalen „Sackgasse" herauszuführen

Räumliche Voraussetzung

s. Kap. 2.1

TN-Zahl

Ideal: 8-15

Auch einzeln möglich

Vorbereitung

Lexikon oder Duden

Visualisierungsfläche (s. Kap. 2.1)

Moderation

Ja, erforderlich (s. Kap. 3.1)

Dauer

Abhängig von Aufgabenstellung und TN-Zahl, 30-90 min.

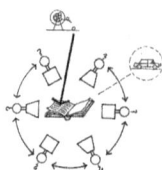

Anleitung

Vorgehen in 3 Phasen: I. Einführen (s. Kap. 2.1), II. Durchführen, III. Auswerten (s. Kap. 2.1)

Zu Phase I

Die Fragestellung (Aufgabe, Gegenstand, Thema) auf eine Pinwand schreiben und diese dann beiseite stellen.

Zu Phase II

Schritt 1. Reizworte suchen

Der Moderator öffnet das Lexikon. Ein TN darf mit geschlossenen Augen mit dem Finger auf einen Begriff tippen. Auf diese Weise werden reihum ca. 5-7 beliebige Begriffe gefunden, die schriftlich festgehalten werden (z.B. Karten auf eine zweite Pinwand).

Schritt 2. Reizworte analysieren

Nach der Auswahl wird jedes Reizwort nacheinander analysiert. Dies darf spontan geschehen. Je genauer die Strukturmerkmale untersucht werden, desto ergiebiger ist das Ergebnis.

Mögliche Fragen sind:

- Was bedeutet das Wort?
- Wie ist der Gegenstand beschaffen? Was sind typische Eigenschaften?
- Wie funktioniert er (sie/es)?
- Was sind typische Abläufe?

- Wie sieht er aus (Form, Gestalt)?
- Welche Formen kann er sonst noch annehmen?
- Was sind seine Stärken (Chancen) bzw. seine Schwächen (Risiken)?
- Welche Gefühle/Assoziationen löst er aus?
- Welche Implikationen sind mit ihm verbunden?
- Welche Gesetzmäßigkeiten/Prinzipien sind ihm eigen?
- Wozu dient er?
- Welche symbolische Bedeutung hat er?
- Wenn es ihn nicht gäbe: würden wir etwas vermissen? Wenn ja, was?

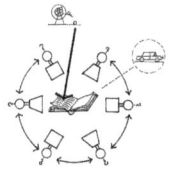

Diese „Reizwort-Elemente" stichwortartig festhalten.

Schritt 3. Reizwort wählen:

Nun wird ein Reizwort ausgewählt, und zwar dasjenige, das die meisten und vielseitigsten Aspekte sammeln konnte. Die Ideen dazu werden übersichtlich gruppiert.

Schritt 4. Analogien finden, Transfer:

Die vorher abseits gestellte Pinwand mit der ursprünglichen Fragestellung (Aufgabe, Gegenstand, Thema) rückt wieder ins Zentrum. Die für das Reizwort gesammelten Aspekte (s. 2) werden schrittweise auf das Thema übertragen. Es findet also eine Rückkopplung („bisoziative Verbindung") zwischen Reizwortelementen und der Fragestellung statt. Dazu dienen folgende Fragen:

- Welche Verbindung lässt sich herstellen?
- Inwiefern passt das Merkmal bzw. die Assoziation zur Fragestellung?
- Inwieweit könnte das zur Lösung der Aufgabe beitragen?

Die Analogien schriftlich festhalten und aushängen (Karten oder Flipchart).

Zu Phase III

Erst jetzt darf bewertet werden. Mögliche Fragen:

- Welche Parallelen sind besonders interessant?
- In welchen „Brücken" steckt Potenzial?
- Was könnte übernommen, angepasst, verändert werden?
- Wo lassen sich konkrete Ideen/Lösungsansätze ableiten?

Varianten

Variante A. Reizworte suchen (s. Schritt 1):

Ein TN darf sich eine Seite, die Zeile und die Wortposition wünschen (z.B. Seite 121, 7. Zeile, 5. Hauptwort).

Es wird eine Wortposition festgelegt (z.B. immer das letzte Substantiv rechts unten). Dann werden verschiedene Seiten willkürlich aufgeschlagen.

Statt eines Lexikons ein Versandhauskatalog, auf den blind getippt wird

In einem Brainstorming (s. Kap. 2.4) sammeln die TN eine Liste von 30-100 Wörter. Jedes Wort wird auf eine Karte geschrieben. Einzige Regel: die Wörter sollen von der ursprünglichen Fragestellung (s. 1) möglichst unabhängig und weit entfernt sein. Ansonsten ist freie Fantasie gefragt. Aus diesem Pool werden ca. 5 Wörter willkürlich gezogen.

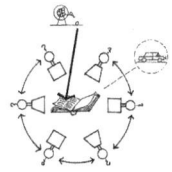

Jeder TN nennt ein Wort, das mit dem Anfangsbuchstaben seines Nachbarn beginnt

Die TN nennen Objekte aus dem Seminarraum oder aus der näheren Umgebung (Flur, Eingang etc.)

Der Moderator hat Moderatorenkarten mit Wörtern vorbereitet

Jeder TN schreibt unabhängig einige Wörter auf

Jeder TN nennt ein Wort, das mit dem gleichen Buchstaben beginnt wie sein eigener Name

Die TN nennen reihum Wörter. Jedes Wort beginnt mit dem Buchstaben, mit dem das vorherige Wort aufgehört hat

Jeder erzählt eine kleine Geschichte vom letzten Wochenende (vom letzten Urlaub, aus der Kindheit...). Der Moderator schreibt Stichworte mit.

Die TN schauen aus dem Fenster oder gehen eine Weile in der Umgebung spazieren. Was haben sie gesehen? (die größten, originellsten, buntesten Objekte)

Variante B. Diese Methode kann auch in Form eines Spiels durchgeführt werden (s. Force-Fit-Spiel, Kap. 2.8)

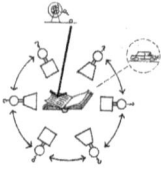

Hinweise

Die TN sollten die Wörter möglichst selbst sammeln und wählen

Die Wortliste auf spielerische Art entwickeln

Bei „harten" Themen (technisch, körperlich, gestalthaft) möglichst gegenständliche Objektbegriffe wählen („Reizobjekte"), um eine Verbindung zu erleichtern

Bei „weichen" Themen (Strategie, Verhalten, Kommunikation) möglichst sozio-kulturelle bzw. symbolische Begriffe wählen („Reizbegriffe"), also aus dem Bereich Kultur, Gesellschaft, Geschichte, Philosophie, Literatur, Film, Märchen, Mythen

Die Methode kann auch von Einzelpersonen durchgeführt werden

Stärke, Chance

✓ Relativ geringer zeitlicher Aufwand

✓ Relativ wenig Material

✓ Einfach zu handhaben

✓ Fördert die kreative Kompetenz

✓ Fördert die soziale Kompetenz

Schwäche, Risiko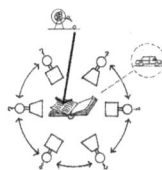

o   Einige TN können zunächst gehemmt sein „ver-
    rückte" Assoziationen zu formulieren

o   Andere TN können sich evtl. nicht bremsen. Mit
    der Zeit reguliert sich die Gruppe meist selbst,
    ansonsten kann der Moderator ausgleichend
    einwirken.

o   Erfordert etwas Übung

o   Der Verfremdungseffekt ist relativ begrenzt

Beispiel

Fragestellung: „Wie kann man Hausapotheken
(‚Erste-Hilfe-/Medikamenten-Schränkchen') gestalten?" (nach Schlicksupp 2004, S. 129)

Zufällig gefundenes Reizwort: Fotoalbum

Analyse:

erinnert an die Vergangenheit

Fotos werden befestigt

ornamentaler Einband

ein willkommenes Geschenk

spezielle Versionen, z.B. für Hochzeit oder Ge-
burten

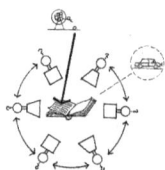

Abgeleitete Ideen:

Kaufdatum der Medikamente übersichtlich anzeigen

Haftetiketten und Bleistift im Schränkchen, um Einnahmedauer der Medikamente anzuzeigen

Schönes Design finden!

Idee für eine Weihnachtsaktion: „Schenke Gesundheit!"

Innenfächer speziellen Problemfällen zuordnen (z.B. Erkältung, Verletzung etc.)

Literatur

Alter U, Geschka H, Schaude G, Schlicksupp H. Methoden und Organisation der Ideenfindung. Battelle Institut, Frankfurt/M. 1973, S. XI, S. 47f

Schlicksupp H. 2004, S. 126f

Allgemeiner Überblick

Boos E. 2007, S. 68f

Knieß M. 2006, S. 116f

2.19 Trittstein-Methode

Worum es geht

Eine Methode nach De Bono, die das Denken in Bewegung bringen soll. Um mental herauszufordern, werden „Reiz-Aussagen" gebildet. Um sie anzukündigen, entwickelte de Bono die Silbe „po". Sie wurde aus bestimmten Begriffen herausgefiltert (Hy-po-these, Sup-po-sition, Po-tenzial, Po-esie), die auf eine „Vorwärtsbewegung" hindeuten und damit eine „Sprungbrett-Funktion" haben. Die Methode kann auch allein, d.h. in Einzelarbeit angewendet werden.

„Malen Sie sich nun einmal aus, dass Sie einen Spaziergang machen. Sie kommen an einen breiten Graben und wollen auf die andere Seite hinüber. Als erstes nehmen Sie einen großen Stein und werfen ihn mitten ins Wasser. Dann benutzen Sie ihn als Trittstein, um ans andere Ufer zu gelangen. Diese Analogie verdeutlicht, dass es sich beim Verankern und Benutzen des Trittsteins um zwei verschiedene Aktivitäten handelt."
De Bono 1996, S. 161

Name

Trittstein-Methode, synonym: Trittstein-Provokation

Herkunft

Edward De Bono (*1933 auf Malta), Mediziner und einer der führenden Kreativitätsexperten. Er prägte u.a. den Begriff „Laterales Denken" (s. Kap.1.5). Diese Methode ist eine Form davon, mit dem Ziel, eingefahrene Denkspuren zu verlassen.

De Bono vergleicht die Bezeichnung „Trittstein-Methode" mit einem Spaziergang, der uns an einen Wassergraben führt. Um an die andere Seite hinüber zu kommen, nehmen wir große Steine: wir werfen sie mitten ins Wasser, und benutzen die geeigneten als Trittsteine.

„Bei der Trittstein-Methode führen Sie meistens eine willkürliche Denkoperation aus, die sich auf bereits Gedachtes stützt."

Mental provozierende „Reiz-Aussagen" entsprechen diesen Trittsteinen: einige werden verworfen, sind also untauglich (mindestens 40% sind *nicht* verwertbar), andere dienen als Trittsteine, um an das andere Ufer zu gelangen.

Prinzip

Mischform: intuitiv-kreativ und systematisch-analytisch

Laterales Denken, mentale Provokation

„Reiz-Aussagen" entwickeln, die mental herausfordern

Eine Idee nutzen „wegen ihres Bewegungswertes, nicht nur wegen ihres Urteilswertes."
De Bono 2005, S. 99

Das Wort „po" signalisiert – wie ein rotes Licht – eine solche Reiz-Aussage

Das Vorgehen ist „formal, planvoll, methodisch und systematisch" (1996, S. 162)

Hintergrund

De Bono will das Denken in Bewegung bringen. Dazu wird bewusst eine logisch gesehen falsche Aussage eingesetzt.

Ziel

Eine mentale Provokation entwickeln

Gezielt alte Denkgewohnheiten durchbrechen

Mental in Bewegung kommen

Einsatzmöglichkeiten

Für alltägliche Situationen

Bei gewohnten Abläufen

Bei traditionellen Verfahrensweisen

Allgemeines Training für kreative Kompetenz

Räumliche Voraussetzung

s. Kap. 2.1

TN-Zahl

Ideal: 5-8

Auch einzeln möglich

> „Wenn wir urteilen, lehnen wir eine falsche Idee ab. Wenn wir uns bewegen, benutzen wir die Idee um ihres ,Bewegungswertes' willen. Die Idee wird dann zum Trittstein, auf dem wir zu einem anderen Muster überwechseln."
> De Bono 2005, S. 89

> „Der Zweck einer mentalen Provokation besteht darin, auf völlig neue zu Ideen kommen, und nicht die bestehenden zu bestätigen"
> De Bono 1996, S. 162

Vorbereitung

Notizblätter

Visualisierungsfläche (s. Kap. 2.1)

Moderation

Ja, erforderlich (s. Kap. 3.1)

Dauer

ca. 30-50 Minuten (für Phase II), abhängig von Aufgabenstellung, Gruppengröße und Ideenfluss

Anleitung

„Eine mentale Provokation sollte originell sein und unvermittelt erfolgen. Sie sollten keine Vorahnung haben, wo Ihre Gedankengänge enden könnten."
Ebd. S. 161

Vorgehen in 3 Phasen: I. Einführen (s. Kap. 2.1), II. Durchführen, III. Auswerten (s. Kap. 2.1)

Umkehrung

Schritt 1. Die übliche Vorgehensweise analysieren. Wie ist die Situation normalerweise beschaffen? (Beziehungen, Zeitfolge, Zusammenhänge etc.). Daraus eine Aussage machen, z.B.

Der Anrufer zahlt für das Gespräch.

Schritt 2. Die umgekehrte oder entgegengesetzte Richtung einschlagen. Wie kann ich diese Anordnung umkehren, die Beziehung ins Gegenteil verkehren oder den Zusammenhang auf den Kopf stellen? Einen Aussagesatz bilden, der mit dem Signalwort „po" beginnt, z.B.

Po, der Empfänger zahlt für das Gespräch.

Schritt 3. Sich die Situation konkret vorstellen, ausmalen, ggf. visualisieren.

Schritt 4. Sich fragen: Welchen Vorteil könnte das haben? Welche Ideen kommen nun auf? z.b.

Beide teilen sich die Unkosten

Schritt 5. Die Ideen sammeln (entweder auf der Pinwand, Flipchart, Tafel oder auf Notizpapier)

☐
△ **Varianten**
○
De Bono beschreibt drei weitere Varianten

A. Übertreibung (Untertreibung)

Schritt 1. Die normale Situation auf quantitative Größen hin untersuchen (Maße und Dimensionen, wie Zahlen, Häufigkeit, Volumen, Temperatur, Zeitdauer). Wie sieht die übliche Standard-Größe aus? Daraus einen Aussagesatz bilden, z.b.

Die Kinokarte kostet unter 10 Euro

Schritt 2. Diese Norm entweder vergrößern (übertreiben) oder verkleinern (untertreiben). Den Aussagesatz mit dem Signalwort „po" einleiten und entsprechend verändern, z.b.

Po, die Kinokarte kostet 100 Euro

Schritt 3. Welche Ideen kommen mir jetzt? Die Ideen sammeln (entweder auf der Pinwand, Flipchart, Tafel oder auf Notizpapier), z.b.

Gleichzeitig eine Aktie an dem Film erwerben

Zu den ersten drei Versionen (Umkehrung, Übertreibung, Zerrbild): „Die drei [...] Möglichkeiten, Trittstein-Provokationen aufzustellen, beinhalten ausnahmslos, an den derzeit bestehenden Gesetzmäßigkeiten oder Verhältnissen zu rütteln."
Ebd. S. 167

„Wir malen uns eine
Situation aus, von
der wir wissen, dass
sie sich niemals
verwirklichen lässt.
[...] Es bringt Sie
keinen Schritt weiter,
wenn Sie ganz nor-
male Bestrebungen,
Zielvorstellungen
oder Aufgaben als
Trittstein benutzen."
Ebd. S. 166

B. Zerrbild

Schritt 1. Die herkömmlichen Prinzipien bzw. Gesetzmäßigkeiten untersuchen. Wie ist die Situation
normalerweise beschaffen? (Ablauf, Beziehungen,
Zeitfolge, Zusammenhänge etc.) Wie sieht der normale Ablauf aus (z.B. Zeitsequenz menschlicher
Aktivitäten)? Wie sehen die Beziehungen zwischen
den Parteien aus? Wie ist der Zusammenhang zwischen Input und Output? Einen Aussagesatz formulieren.

Schritt 2. An diesen Elementen etwas verändern.
Dadurch erscheint die Situation in einem Zerrbild.
Den Satz mit „po" beginnen und entsprechend ab-
ändern.

Schritt 3. Welche Ideen kommen mir jetzt? Die Ideen
sammeln (entweder auf der Pinwand, Flipchart,
Tafel oder auf Notizpapier).

C. Wunschbild

„Bei der Wunschbild-
Provokation lassen
wir unserer Phanta-
sie freien Lauf.
Manche finden diese
Technik schwieriger,
weil sie weniger
mechanisch erfolgt".
Ebd. S. 167

Schritt 1. Ein inneres Wunschbild entwickeln

Fragestellung: *„Wäre es nicht schön, wenn... „*

Schritt 2. Es darf geträumt werden. Die „Traumsät-
ze" mit „po" beginnen.

Schritt 3. Die Ideen sammeln (entweder auf der
Pinwand, Flipchart, Tafel oder auf Notizpapier).

Hinweise

Es handelt sich um mentale Provokationen, die sich auf das Denken beziehen, nicht um soziale Provokationen!

Zur Version „Übertreibung, Untertreibung": Es geht um die quantitative Ebene, nicht um die qualitative

Die Varianten „Umkehr" und „Zerrbild" sind identisch, wenn die Situation nicht mehr als zwei Parteien enthält

Die Variante „Zerrbild" fällt meist am schwersten, kann jedoch umso „zündendere" Ideen hervorbringen

Das Prinzip der Methode ist es, an bestehenden Gesetzmäßigkeiten oder Verhältnissen zu rütteln, mit Ausnahme der Variante Wunschbild: hier der Phantasie freien Lauf lassen

De Bono empfiehlt, eine Reihe solcher „Trittsteine" zu sammeln, um sie bei Bedarf parat zu haben.

„Um zu prüfen, ob Ihre Reiz-Aussagen wirklich provokativ und unwillkürlich sind, empfiehlt es sich darauf zu achten, wie viele Sie erfolgreich als Trittsteine für weitere kreative Denkleistungen benutzen können. Mindestens 40 Prozent sollten nicht verwendbar sein. Wenn Sie imstande sind, auf allen aufzubauen, haben Sie entweder ein unglaubliches Geschick [...] oder stellen nur Provokationen auf, die mit ihren bereits keimenden Ideen übereinstimmen."
Ebd. S. 161

Vorteil, Stärke, Chance

✓ Selbstverständliches hinterfragen

✓ Blinde Flecken auflösen

✓ Die Phantasie wird beflügelt

✓ Kann zu sehr innovativen Ideen führen

✓ Es werden Möglichkeiten in Betracht gezogen, auf die man sonst nicht kommt

✓ Auch allein einsetzbar

„Notieren Sie die Trittsteine einfach nur, ohne weiter mit ihnen zu arbeiten. [...] Danach stellen Sie vielleicht fest, dass Sie Lust haben, einen der Trittsteine zu benutzen."
Ebd. S. 168

✓ Spielerischer Ansatz

✓ Training zur Verbesserung der kreativen Kompetenz

Nachteil, Schwäche, Risiko

o Die Methode erscheint zunächst ungewohnt und erfordert einige Übung

o Es erfordert Mut und „Loslassen", um ungewöhnliche mentale Provokationen formulieren zu können

o Wenn man das Ziel zu fest im Blick hat, kann dies den kreativen Prozess behindern

o Kann leicht fehlschlagen, d.h. zu weit von der Realität wegführen oder keinen gangbaren Weg aufzeigen

o Hoher „Ausschuss" an unbrauchbaren Ideen

Beispiele

Original nach de Bono:

<u>Umkehrung</u>

Po, Flugzeuge landen mit den Rädern nach oben

Frage: wo sitzt der Pilot am besten? Kann er unten nicht besser sehen? Ist sein Sitzplatz oben wirklich ideal, oder ist dies lediglich eine Gewohnheit? (ebd. S. 149 & 162)

"Es besteht die Gefahr, eine Provokation zu wählen, die sich nahtlos in Ihre bereits bestehenden oder Gestalt annehmenden Ideen oder Konzepte einfügt. Das macht keinen Sinn, weil die Technik in einem solchen Fall keine schöpferischen Denkprozesse auslöst. Viele Menschen haben ein unbestimmtes Gefühl, wo in etwa eine Idee angesiedelt sein könnte, und stellen eine Provokation auf, die genau in diese Richtung führt. Damit ist nichts gewonnen. Ebd. S. 161

Übertreibung

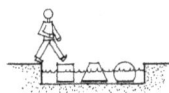

Beispiel 1. Die New Yorker Stadtverwaltung wandte sich an De Bono mit einem Problem:

Es gibt zu wenig Streifenpolizisten. De Bono machte daraus eine Übertreibung:

Po, die Polizei hat 6 Augen

Aus dieser Idee entwickelte sich der Vorschlag, der 1971 als Titelgeschichte des New York Magazine beschrieben wurde: jeder Bürger sollte seine Augen und Ohren offen halten. Daraus entwickelte sich später das Konzept „neighbourhood watch", bei der Freiwillige regelmäßig Patrouillengänge durchführen.

Beispiel 2. In der Schule

Po, Schüler werden immerzu geprüft

Idee: Computer im Klassenzimmer aufstellen. Dort wird der Lernstoff regelmäßig abgefragt, die Schüler erhalten sofortige Rückmeldung, haben jederzeit Zugang, können ihr eigens Lerntempo bestimmen und ersparen sich große Klausuren am Schluss (ebd. S. 164).

Zerrbild

Beispiel 1

Po, Autos haben viereckige Räder

Dieses Bild führte mithilfe von de Bono zum Konzept der „intelligenten Radaufhängung" (adjustierbare Radaufhängung bzw. Spannrolle), die eine Anpassung an den Boden ermöglichte. Daraus entwickelte sich das geländegängige Fahrzeug. (ebd. S. 149)

Beispiel 2

Po, Schüler prüfen ihr Wissen gegenseitig.

Idee: Schüler formulieren die Prüfungsfragen selbst und erklären, warum sie diese stellen würden. „Man muss sich gut auskennen, um gute Fragen zu konzipieren." (ebd. S. 165)

Wunschbild

Beispiel 1. Wäre es nicht schön, wenn Autos ihre eigene Parkdauer begrenzen könnten?

Po, Autos sollten ihre eigene Parkdauer begrenzen.

Daraus entstand die Idee, dass man nur parken darf, wenn die Scheinwerfer eingeschaltet bleiben. Solange das Licht eingeschaltet ist, muss man an Parkuhren nicht zahlen. Nun gäbe es viele freie Parkplätze. (1996, S. 166; 2005, S. 91)

Beispiel 2. Normalerweise holt sich die Fabrik am Fluss das saubere Wasser von oben und leitet es unten verschmutzt zurück.

Wäre es nicht schön, wenn eine Fabrik den Fluss weniger verschmutzen würde?

Po, eine Fabrik steht an einer Stelle, die „stromabwärts von sich selbst" ist.

Idee: die Fabrik erhält nun unten das Wasser, das sie oben selbst abgeleitet hat. Dadurch erhält sie schnelle Rückmeldung über die Wasserqualität und ist von ihrem eigenen Abwasser zuerst betroffen. (1996, S. 166; 2005, S. 91)

Übungen

Original nach De Bono (2005, S. 92f):

1. Po-Tassen bestehen aus Eis

2. Bei po-Telefonen braucht man nur eine Ziffer zu wählen

3. Wer im po-Bus fährt, wird dafür bezahlt

4. Po-Papier wird nach einer Woche schwarz

Literatur

De Bono E. 1996, S. 161ff

De Bono E. 2005, S. 90f

2.20   Walt Disney-Methode

Worum es geht

Diese Methode wird dem US-amerikanischen Filmprodu-
zenten Walt Disney (1901-1966) zugeschrieben. Im kreativen Prozess werden drei Haltungen bzw. Perspektiven
eingenommen. Es geht also darum, sich in unterschiedliche Rollen zu versetzen.

„Träumer und Realist
können zwar gemein-
sam Dinge kreieren,
doch ohne den Kriti-
ker sind die Ergeb-
nisse wahrscheinlich
nicht wirklich auf
dem Punkt und
brauchbar."
Dilts 1997, S. 162

Name

Walt Disney-Methode, Walt Disney-Strategie

Herkunft

Impulse von Walt Disney (1901-1966), US-amerikanischer Filmproduzent und eine der meist geehrten Persönlichkeiten des 20. Jh. Ausarbeitung als systematische Methode von Robert Dilts (aus der Sicht von NLP)

„Es gab im Grunde drei verschiedene Walts: der *Träumer*, der *Realist* und der (*Spiel-*)*Verderber*. Und man wusste nie, welcher von diesen dreien zu einer Besprechung erscheinen würde." Ein Mitarbeiter von Walt Disney, in: Dilts 1997, S. 162

Prinzip

Mischform: analytisch-systematisch und intuitiv-kreativ (Träumer)

Rollenwechsel

Ein Thema wird unter drei Perspektiven beleuchtet. Für jede Perspektive nimmt man einen bestimmten Ort, eine bestimmte „Denkstrategie" bzw. eine bestimmte Körperhaltung („Physiologie") ein. Danach wird die Rolle gewechselt.

„Jede dieser Phasen beinhaltet eine vollständige Denkstrategie." Ebd. S. 163

Ähnlichkeit mit der Hutwechsel-Methode (s.Kap. 2.10).

Hintergrund

Das Prinzip dieser Methode geht auf Walt Disney zurück. Er hat im kreativen Prozess drei Rollen eingenommen: die des Träumers, des Realisten und des Kritikers.

- Der Träumer hat die Vision, er sieht „den Film als Ganzes".

„Der ‚Storyman' muss klar vor seinem geistigen Auge sehen, wie alle Einzelteile in einer Geschichte ihren Platz finden." Walt Disney als Träumer, in: Ebd. S. 163

„Er sollte jeden
Ausdruck, jede
Reaktion fühlen."
Walt Disney als
Realist (Ebd.)

- Der Realist fühlt, handelt und ist in Bewegung. Er ist mitten im Geschehen, also in der „ersten Position".

- Der Kritiker ist distanziert und betrachtet von außen. Er befindet sich in der „zweiten Position" und wirft auf alles einen „zweiten Blick". Dadurch liefert er eine „Doppelbeschreibung", die - ähnlich wie die zwei Augen- eine Tiefenwahrnehmung ermöglichen.

Um sich in die jeweilige Rolle hinein zu versetzen, soll man sich zunächst in den entsprechenden „Geisteszustand" versetzen und dann die entsprechende Körperhaltung („Physiologie") einnehmen. Jeder Denkstil wird durch eine typische Körperhaltung repräsentiert (Ebd. S. 166):

„Er sollte sich weit
genug von der Story
entfernen, um einen
zweiten Blick darauf
werfen zu können,
[...] um zu sehen, ob
die Akteure für das
Publikum interessant
und attraktiv sind."
Walt Disney als
Kritiker (Ebd.)

- Träumer: Kopf & Augen nach oben gerichtet. Haltung entspannt, symmetrisch

- Realist: Kopf & Augen geradeaus oder leicht nach vorn gerichtet

- Kritiker: Augen & Kopf abwärts gerichtet, Kopf schräg geneigt. Haltung steif

„Es gibt Verhaltens-
weisen der Mikro-
und Makro-Ebene,
die für die Zustände
des Träumers, des
Realisten und des
Kritikers charakte-
ristisch sind."
Ebd. S. 167

Durch eine physiologische Rückkoppelung verstärkt diese Körperhaltung wiederum den jeweiligen Denkstil.

Ziel

Ideen suchen und anschließend analysieren (umsetzbar? alltagstauglich? realistisch?)

Einsatzmöglichkeiten

Neue Ideen finden und anschließend analysieren, gestalten, vertiefen

Bereits gefundene Alternativen miteinander vergleichen, und gegeneinander abwägen

Für überschaubare, konkrete Fragestellungen

Bei festgefahrenen Diskussion, mentalen Sackgassen

„Jeder gute Plan erfordert die Koordination der drei Subprozesse des Träumers, des Realisten und des Kritikers."
Ebd. S. 162

Räumliche Voraussetzung

Für Phase I und III: s. Kap. 2.1

Phase II, Variante A:

3 unterschiedlich ausgestattete Räume schaffen (alternativ: Raumecken bzw. markierte Stühle)

TN-Zahl

Ideal: 3, max. 9

Auch einzeln möglich

Vorbereitung

Notizblätter, Schreibunterlagen

Ggf. Räumlichkeiten entsprechend gestalten

Ggf. Visualisierungsfläche für Phase III (s.Kap. 2.1)

Moderation

Ja, erforderlich (s. Kap. 3.1)

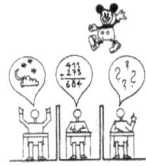

Dauer

abhängig von Aufgabenstellung, Gruppengröße und Ideenfluss

ca. 60-120 Minuten (für Phase II)

Anleitung

Vorgehen in 3 Phasen: I. Einführen (s. Kap. 2.1), II. Durchführen, III. Auswerten (s. Kap. 2.1)

Zu Phase II (Original nach Dilts 1997, S. 171)

Schritt 1. Eine Gruppe von 3 TN. Jeder TN erhält je eine Funktion: Begleiter, Erforscher, Beobachter.

- Der Begleiter stellt Fragen

- Der Erforscher beantwortet diese Fragen, indem er jeweils eine der drei Rollen einnimmt (Träumer, Realist oder Kritiker)

- Der Beobachter achtet darauf, „dass der Erforscher den adäquaten Zustand aufrecht erhält und ihn nicht ‚verunreinigt' " (Ebd.)

Schritt 2. Rollen einüben

Sich mit den drei Rollen vertraut machen, sich darauf einstimmen:

- Jede Rolle erhält einen eigenen Ort (im Raum, z.B. verschiedene Raumecken oder Stühle; alternativ verschiedene Räume)

- Jede Rolle wird mit einem eigenen Erlebnis assoziiert (Wann war ich das letzte Mal typischer
Träumer, Realist bzw. Kritiker? Wie habe ich
mich jeweils dabei gefühlt?)

- Jede Rolle erhält eine eigene „Physiologie" (Körperhaltung)

Träumer: "Want-To"-Phase, „Ich will"

Zielsetzung: Das Ziel positiv ausdrücken, festlegen, was die Idee bewirken soll.

Typische Fragen (s. Begleiter): *Was* wollen Sie tun? *Warum* wollen Sie es tun? *Was* versprechen Sie sich davon? *Wann* können Sie es erreichen? *Wohin* soll die Idee Sie in Zukunft bringen? *Wer* wollen Sie bezüglich dieser Idee sein, wem wollen Sie gleichen?

„Der Träumer ist notwendig, um neue Ideen und Ziele zu entwickeln."
Ebd. S 162

Realist: „How-to"-Phase, „Wissen wie"

Zielsetzung: Zeitrahmen und Meilensteine für den Fortschritt festlegen

Typische Fragen: *Wie* genau wird die Idee umgesetzt? *Woran* werden Sie erkennen, dass das Ziel erreicht ist? *Wie* wird das Ergebnis überprüft? *Wer* wird es umsetzen? *Wann* werden die einzelnen Phasen umgesetzt? *Wann* wird das übergeordnete Ziel erreicht sein? *Wo* werden die einzelnen Phasen ausgeführt? *Warum* ist jeder einzelne Schritt notwendig?

„Der Realist ist not-
wendig, um Ideen in
konkreten Ausdruck
zu verwandeln."
Ebd.

Kritiker: „Chance-to"-Phase, „Die Chance erhalten zu"

Zielsetzung: sicherstellen, dass das Vorhaben „ökologisch einwandfrei" ist. Das Ergebnis im Detail analysieren und überprüfen.

Typische Fragen: Warum könnte jemand etwas dagegen einwenden? *Wer* wird diese neue Idee beeinflussen? *Wovon* wird die Effektivität der Idee abhängen? *Welche* Bedürfnisse haben die Betreffenden? *Was* versprechen sie sich davon? *Wann / wo* würden Sie diese Idee *nicht* umsetzen wollen? *Welche* Vorteile ziehen Sie aus der Art, wie Sie es zur Zeit tun? *Wie* können Sie diese Vorteile erhalten, wenn Sie die neue Idee umsetzen?

Weitere Fragen: Ist das machbar? Ist es sinnvoll? Ist es nachhaltig und belastbar? Wo liegen die Chancen, wo die Risiken? Haben wir etwas übersehen oder vergessen?

Schritt 3. Rollen einnehmen

Jeweils eine Rolle einnehmen (entsprechender Ort, Geisteshaltung, Körperhaltung). Die Reihenfolge entspricht der oben genannten Reihe a-c:

Träumer → Realist → Kritiker

Schritt 4. Wiederholung

Den Zyklus solange wiederholen, bis eine gute, tragfähige Lösung gefunden wurde.

„Der Kritiker hat die unverzichtbare Aufgabe, als Filter und als Stimulus für die Verfeinerung der Neuentwicklungen zu fungieren." Ebd.

„Effektives Planen erfordert die Einbeziehung aller drei genannten Prozesse oder Phasen." Ebd.

☐ △ ○ Varianten

Variante A. (nach Dilts 1997, S. 174f): Die Methode alleine durchführen, d.h. die Rollen innerlich einnehmen bzw. wechseln.

Verlauf in 8 Schritten:

Schritt 1. Drei Plätze im Raum wählen (Träumer, Realist, Kritiker). Als vierten Platz eine „Meta-Position" einrichten.

Schritt 2. Jeden Platz mit der entsprechenden Haltung „ankern", d.h. mental und körperlich entsprechend assoziieren und verankern.

Verschiedene Plätze einnehmen:

Schritt 3. Träumer

Schritt 4. Realist

Schritt 5. Kritiker

Schritt 6. Träumer

Schritt 7. Diesen Zyklus mehrmals wiederholen. Zwischendurch eine kleine mentale Pause einbauen.

Schritt 8. Die Schritte 4-6 so lange durchlaufen, „bis Ihr Plan wirklich allen Positionen gerecht wird." (Ebd.)

Variante B. Für jede Rolle einen speziellen Raum richten und sich dorthin zurückziehen. Angeblich hat Disney dies selbst oft praktiziert, alleine oder im Team. Sich also auch im wörtlichen Sinne in unterschiedliche Lagen versetzen.

Zu 7: In der Zwischenpause „können Sie an etwas denken, das Ihnen viel Freude macht, etwas, worin Sie sehr gut sind; fahren Sie aber unterdessen fort, zwischen den Positionen des Träumers, des Realisten und des Kritikers hin und herzuwechseln. Dies fördert das laterale Denken und den unbewussten Reifungsprozeß." Ebd. S. 176

"[...] it is as if my dreamer lives out in the woods near may house. So I go out into this forest full of gnomes and fairies. Then my office is sort of my realist place. [...] Then I have to leave it and go down to my kitchen or living room and I've got to think about that idea [...] from the critic position. Is it really going to work?" Dilts 1994a, S. 203

"We have actually different rooms where we can go to think different ways: one to brainstorm, another to plan and another to evaluate. When we brainstorm we most often sit in a circle. But when we start planning we all sit next to each other and look at the plan on a board. And when we are evaluating we sit around a table with the plan in the center and ask: 'Is it realy going to work?'" Dilts über seine eigene Computerfirma; ebd. S. 204

Mögliche Raumgestaltung:

-   Raum „Träumer": stimmungsvoll. Bilder (z.B. Landschaften), Musik, Farben, bequeme Sessel oder Liegen, gerichtetes Licht (Strahler, Stehlampen, evtl. Kerzen; kein Neonlicht!), Teekanne, Obstschale etc.

-   Raum „Realist": funktional. Arbeitsplatz, entsprechendes Arbeitsmaterial, z.B. Ordner, Stifte, Computer, Taschenrechner, Zeichenbrett, großer Tisch etc.

-   Raum „Kritiker": nüchtern; z.B. mit Stehpult, sonst leer

Variante C. Das Team nimmt jeweils gemeinsam eine Rolle ein und sitzt zusammen in einer bestimmten Position bzw. in einem bestimmten Raum. Danach gibt es jeweils eine Pause in einem „neutralen" Raum (z.B. frische Luft, sich bewegen, etwas trinken). Danach geht es gemeinsam in den nächsten Raum. Die Reihenfolge entspricht der oben genannten Reihe: Träumer → Realist → Kritiker.

Variante D. Eine vierte Rolle einführen: Beobachter, Berater (Meta-Position). Diese neutrale Rolle wird zu Beginn und zum Schluss eingenommen.

Variante E. Bei größeren Gruppen: Je 2-3 TN erhalten eine Rolle bzw. Funktion. Die Rollen wandern reihum, bis alle TN alle drei Rollen innehatten. Dadurch können 6-9 TN mitmachen.

Hinweise

Als Kritiker

- darauf achten, dass der Plan kritisiert wird, nicht die Person (Träumer oder Realist)

- kritische Punkte als Frage formulieren

- zunächst die positiven Aspekte herausheben, bevor kritisch gefragt wird

„Kritiker und Träumer reiben sich ohne den Realisten in unablässigen Konflikten auf."
Dilts 1997, S. 162

Als Träumer

- auf die Fragen des Kritikers kreativ antworten (Alternativen, Ergänzungen, Lösungen)

- sollte die Frage des Kritikers zu schroff oder zu schwierig erscheinen, in die Position des Beobachters wechseln („Meta-Position"). Von dort die Frage umformulieren.

„Der Träumer kann ohne den Realisten seinen Ideen keinen greifbaren Ausdruck verleihen." Ebd.

Wenn die Rolle gewechselt wird, sich auch körperlich zum anderen Ort bewegen.

Für die Rolle des Träumers eignet sich die Natur (z.B. Garten oder Wald), für die Rolle des Realisten das Arbeitszimmer bzw. Büro, für die Rolle des Kritikers ein Raum, der weiter entfernt ist (z.B. Küche, Wohnzimmer).

"The locational sorting of the different processes helps to organize and coordinate them and avoid interferences or 'contamination' between the states."
Dilts 1994a, S. 296

Die jeweiligen Rollen sauber voneinander trennen, um „Kontaminationen" zu vermeiden.

Die Themenstellung sollte Raum für Visionen lassen. Dies gilt auch für den Fall, dass Alternativen miteinander verglichen werden sollen.

"[...] the more you can initially separate these [...] the more trouble and confusion it saves you later on."
Ebd. S. 204

Falls keine räumlichen Variationen möglich sind: drei Stühle bzw. Stuhlgruppen anbieten und mit einem entsprechenden Schild markieren (Träumer-Stuhl, Realisten-Stuhl etc.).

Dauer des Verfahrens: ausschlaggebend ist die Rolle des Kritikers: hat er keine Einwände und Bedenken mehr, ist das Verfahren abgeschlossen.

Vorteil, Stärke, Chance

✓ Frühzeitig nach der Realisierbarkeit fragen

✓ Leicht erlernbar

✓ Auch alleine durchführbar

✓ Die Rollen sind relativ einfach und natürlich konstruiert, so dass es nicht schwer fällt, sie zu übernehmen

✓ Trainiert flexibles Denken und kreative Kompetenz

✓ Fruchtlose, kräftezehrende Konfrontationen werden vermieden

✓ Fördert einen produktiveren Dialog

✓ TN öffnen sich leichter

✓ Faire Chance für alle: dominante TN werden gebremst, zurückhaltende ermutigt

✓ Jeder übernimmt jede Rolle, was eine einseitige Rollenzuteilung im Sinne von Schubladdendenken vermeidet

✓ Der „Kritiker" lernt, konstruktives Feedback zu geben (z.b. Fragen zu stellen) und wird durch den anschließenden Rollenwechsel relativiert

Nachteil, Schwäche, Risiko

o Manche TN können sich mit einer Rolle mehr oder weniger gut identifizieren (z.B.: „Ich kann nicht gut visualisieren bzw. Visionen entwickeln; ich kann nicht gut „Träumer" sein), was den Ablauf stören kann

o Gedankengänge werden unterbrochen, was einen kontinuierlichen Ideenfluss erschwert

o Die Rolle des Träumers ist gegenüber den anderen beiden Rollen eher ungewöhnlich

o Gefahr, dass die Rolle des Kritikers das letzte Wort behält und die kreative Seite entmutigt

o Relativ aufwendig (Räume vorbereiten, zeitlicher Bedarf)

o Bei Kleingruppe mit 3 TN mit je einer Funktion (Begleiter, Erforscher, Beobachter): Gefahr, dass der „Erforscher" überfordert wird. Er soll allein die 3 Rollen einnehmen und wird zudem noch befragt und beobachtet.

"Turning a criticism into a question helps to avoid the 'negative' effects of the critic and stimulate the Dreamer."
Ebd.

"The thing that we have to realize with any strategy is that the chain is no stronger than the weakest link. In other words, if some part of the strategy is weak it can throw the whole thing out of balance."
Ebd.

Literatur

Dilts R. Kommunikation in Gruppen und Teams. Junfermann Verlag, Paderborn 1997 (Original: NLP-Effective Presentation Skills. Meta Publications 1994)

Dilts R. Strategies of Genius. Vol. I. Meta Publication, Capitalo (California, USA) 1994 a

Dilts R, Todd E. Know-how für Träumer. Junfermann, Paderborn 1994 b (Original: Tools for Dreamers. Meta Publications 1991)

Allgemeiner Überblick

Boos E. 2007, S. 140f

Knies M. 2006, S. 119f

Walt Disney Methode
Kreativer Zyklus

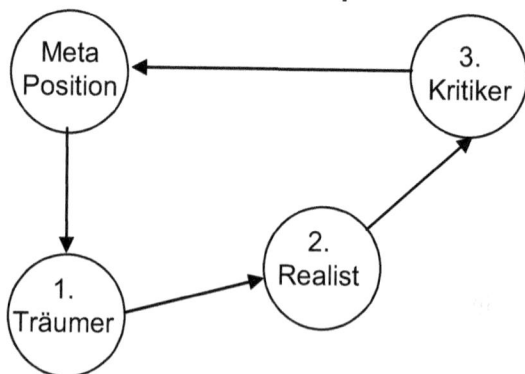

Abb. 53: Kreativer Zyklus der Walt Disney Methode. Die verschiedenen Denkstrategien werden durch unterschiedliche Positionen (räumlich, Körperhaltung) repräsentiert und systematisch gewechselt (nach Dilts 1997, S. 174)

Tab. 11: Die drei Rollen der Walt-Disney Methode (nach Dilts 1997, S. 171f)

	1. Träumer	2. Realist	3. Kritiker
Fokus	*Was*	*Wie*	*Warum*
Kognitiver Stil	Visuell Das große Bild definieren	Handeln, Zwischenschritte definieren	Logisch, Fehlendes auffinden, Probleme vermeiden
Einstellung	Alles ist möglich	Handeln, „als ob" der Traum erreichbar wäre	Darüber nachdenken, „was ist wenn" Probleme auftreten
Mikro-Strategie	Sinne synthetisieren und kombinieren	Sich in Akteure hineindenken, in Phasen aufteilen	Sich in die Perspektive des „Publikums" hineinversetzen
Physiologie (Köperhaltung)	Kopf & Augen aufwärts. Haltung symmetrisch und entspannt	Kopf & Augen geradeaus oder leicht nach vorn gerichtet. Haltung symmetrisch und leicht nach vorn	Augen & Kopf gesenkt, Kopf seitlich geneigt. Haltung steif

2.21   Zufallsmethode

Worum es geht

Von Edward de Bono 1968 entwickelt und seither ein Klassiker, der z.T. unter anderen Namen läuft. Daher wird die Methode hier im Original vorgestellt. Auf Abwandlungen wird verwiesen. Es handelt sich um eine Provokationsmethode, die das Denken in Bewegung bringen soll. Dazu dienen provokative Reiz-Aussagen. Im Zentrum steht das Prinzip Zufall, um ungewöhnliche Verbindungen herzustellen. Diese Methode kann auch allein, d.h. in Einzelarbeit angewendet werden.

„Müssen wir geduldig unter dem Baum sitzen und warten, bis uns der Apfel der Erkenntnis am Kopf trifft? […] Warum stehen wir nicht auf und schütteln den Baum, immer wenn wir nach einer neuen Idee suchen? Genau das werden wir mit Hilfe der Random-Input-Technik tun." De Bono 1996, S. 169

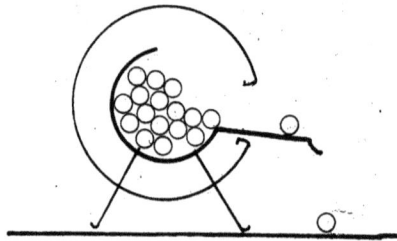

Name

Zufallsmethode; synonym: Random Input-Technik (s.a. Reizwort-Analyse, Reizbild-Analyse, Kap. 2.18 & 2.17)

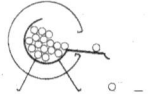

Herkunft

Edward De Bono (*1933 auf Malta), Mediziner und einer der führenden Kreativitätsexperten. Er prägte u.a. den Begriff „Laterales Denken" (s. Kap. 1.5). Diese Methode ist eine Form davon, mit dem Ziel, eingefahrene Denkspuren zu verlassen

Die Zufallsmethode wurde von de Bono in den 1960er Jahren entwickelt und ist seither ein Klassiker, der z.T. unter anderen Namen läuft. Die Methode wird hier im Original vorgestellt.

„Sie wurde 1968 von mir entwickelt, und seither hat man oft geistige Anleihe bei ihr genommen oder sie schlicht plagiiert, nicht selten ohne zu wissen, wie und warum sie funktioniert." De Bono 1996, S. 168

Prinzip

Mischform: intuitiv-kreativ und analytisch-systematisch

Laterales Denken, mentale Provokation

Im Zentrum steht der Zufall, mit dem gespielt wird. Wichtig ist, nach dem Zufallsprinzip zu arbeiten, den Zufall also zuzulassen und nicht zu manipulieren oder zu wählen.

Das Wort „po" signalisiert- wie ein rotes Licht- eine solche Reiz-Aussage.

„Diese Methode ist die einfachste – und sie macht am meisten Spaß" De Bono 2005, S. 96

Der Zufall setzt einen neuen Ausgangspunkt, an dem die Ideensuche beginnt. Anschließend die Verbindung zur ursprünglichen Fragestellung („Fokus") wiederherstellen und „nun die neue Gedankenlinie weiterverfolgen." De Bono 1996, S. 170

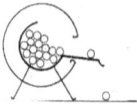

Das Prinzip findet sich in anderen Methoden wieder, insbesondere in der Reizwortanalyse und in der Reizbildanalyse.

Hintergrund

Der Zufall war in vielen Fällen Anlass für neue Ideen. Ein häufig genanntes Beispiel ist Newton, der im sommerlichen Garten saß und einen Apfel auf den Boden fallen sah (s. Kap. 1.9). Dieser „Zufall" hat ihn dazu veranlasst, über die Schwerkraft nachzudenken und schließlich das Gravitationsgesetz zu entwickeln. De Bono ermutigt uns, nicht zu warten, sondern den Baum zu schütteln; den Zufall also aktiv herauszufordern.

Ziel

Neue Ideen generieren

Mentale Blockaden durchbrechen

„Neue Gedankenlinien erschließen" (Ebd. S. 173)

⚑ **Einsatzmöglichkeiten**

Die Methode wird nach de Bono häufig und vielfach angewendet, z.b. bei der Produktentwicklung, von Werbeagenturen, Musikbands oder Drehbuchautoren.

Bei folgenden Situationen eignet sich die Methode nach de Bono besonders (1996, S. 172f):

„Die meisten großen Werbeagenturen benutzen sie."
De Bono 2005, S. 96

- *Sackgassen:* wenn wir auf der Stelle treten, nicht weiter kommen, ein Brett vor dem Kopf haben

- *Leeres Blatt (Grüne Wiese):* wenn man eine Aufgabe zugewiesen bekam und keine Ahnung hat, wie man anfangen soll. Als Starthilfe.

- *Zusätzliche Ideen:* wenn man schon einige Ideen hat und sehen möchte, ob einem noch mehr Ideen kommen

- *Blockade:* wenn wir uns immer nur im Kreis drehen und nicht weiterkommen

🏠 **Räumliche Voraussetzung**

s. Kap. 2.1

👪 **TN-Zahl**

Ideal: 5-8

Auch einzeln möglich

📋 **Vorbereitung**

„Zufallsgeneratoren"

Visualisierungsfläche (s. Kap. 2.1)

Ggf. Notizblätter

Moderation

Ja, erforderlich (s. Kap. 2.1)

Dauer

ca. 40-60 Minuten (für Phase II), abhängig von Aufgabenstellung, Gruppengröße und Ideenfluss

Anleitung

Vorgehen in 3 Phasen: I. Einführen (s. Kap. 2.1), II. Durchführen, III. Auswerten (s. Kap. 2.1)

Zu Phase I:

Die Fragestellung (Aufgabe, Gegenstand, Thema) auf einen Begriff reduzieren (z.B. Bürokopierer)

Zu Phase II.

Schritt 1. Ein Zufallswort suchen; es sollte ein Substantiv sein. Eine Möglichkeit ist:

Wörterbuch benutzen. Während es geschlossen ist, an eine Seitenzahl denken und an die Position des Begriffs (z.B. S. 77, das 7. Wort unten). Falls es kein Hauptwort ist, das nächste daneben nehmen.

Schritt 2. Vor den Zufallsbegriff das Signalwort „po" stellen (z.B. po-Nase) und mit dem ursprünglichen Begriff verknüpfen.

Schritt 3. Das Zufallswort genauer anschauen und mögliche Verbindungen suchen. „Den Assoziationen des Wortes folgen und neue Worte finden, bis ein großer Fächer von ‚Verknüpfungen' entsteht." Oder „dem Wort ein Attribut entnehmen", z.B. bei Elefant: „sehr groß". (2005, S. 97).

Dabei mit den Gedanken spielen:

- Das erinnert mich an...

- Das könnte bedeuten...

- Das wiederum führt dazu ...

- Welchen Vorteil könnte das haben?

Schritt 4. Eine Verbindung zur ursprünglichen Fragestellung herstellen und eine Reiz-Aussage bilden (z.B. Bürokopierer – po- Nase).

Schritt 5. Die Ideen sammeln (Pinwand, Flipchart, Tafel, Notizpapier; z.B. Duft-Kartusche gibt einen Signalgeruch bei einem Defekt; 1996, S. 172)

□
△
○   **Varianten**

○   Variante A. Inhalt

Der zufällig bestimmte Gegenstand ist austauschbar: Es kann ein Objekt, ein Wort, eine Person, eine Zeitschrift oder eine Ausstellung sein, der/die nach dem Zufallsprinzip bestimmt wurde.

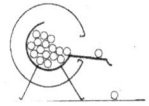

> „Jeder Begriff ist also von Nutzen, ungeachtet des Themas, auf das wir uns konzentrieren. Das ist für viele der Gipfel des Unlogischen. Erst wenn wir begriffen haben, dass unser Gehirn wie ein selbstorganisierendes Informationssystem funktioniert, das situationsspezifische Handlungsmuster codiert, speichert und abruft, macht dieser Prozeß Sinn."
> De Bono 1996, S. 169

> „Am bequemsten ist das Zufallswort."
> De Bono 2005, S. 96

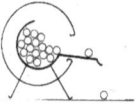

Mögliche Zufallsgeneratoren (De Bono 1996, S. 170f):

Variante A1: Augen schließen und mit dem Finger auf die Seite eines Buchs oder einer Zeitung tippen

Variante A2. Alternativen: Lexikon, Warenkatalog, Bildband, Fotoband

Variante A3. Eine Liste mit 60 Begriffen zusammenstellen und nummerieren (Nase, Hund, Flugzeug, Feuer, Schuhe, Schreibtisch, Flugzeug, Tiger etc.). Dann auf den Sekundenzeiger der Uhr blicken und diese Position auf die Liste übertragen. Die Begriffe regelmäßig gegen neue austauschen.

„Wir können einen zufälligen Ausgangspunkt nicht wirklich ‚wählen‘, denn er würde in Übereinstimmung mit den im Gedächtnis gespeicherten Handlungsvorlagen ausgesucht werden und keine mentale Provokation beinhalten. Wir brauchen also einen Zufallsgenerator, um eine Reiz-Aussage zu entwickeln, die uns neue Denkimpulse vermittelt." De Bono 1996, S. 170

Variante A4. De Bono berichtet von einem etwas aufwendigeren Modell, das jemand anfertigte: eine große Plastikkugel, die 13.000 Begriffe enthielt. Wenn man eine Kurbel dreht, erscheint ein Begriff in einem Fenster.

Variante B. Methode. Alternative „Zufallsquellen":

Variante B1. Bilder (Zeitschrift durchblättern)

Variante B2. Gegenstände (etwas in die Hand nehmen, im Schaufenster sehen)

Variante B3. Eindrücke (beim Besuch einer fachfremdem Messe oder im Gespräch mit Experten einer anderen Fachrichtung)

Variante B4. Fachzeitschrift aus einem anderen Bereich

Hinweise

De Bono gibt folgende Tipps (1996, S. 173):

Nicht versuchen, das System zu überlisten, indem man versucht, Ideen zu bestätigen, die einem bereits vage vorschweben. Es geht darum, wirklich *neuartige* Ideen zu produzieren.

Die Begriffe benutzen, wie sie sind. Nicht verändern oder aus Teilen andere Begriffe bilden.

Die Gedankenschritte nicht zu schnell auf einmal entwickeln, sich Zeit lassen.

Nicht zu viele Merkmale des Zufallsbegriffs sammeln und auch nicht notieren, sonst ist man zu sehr mit der Liste beschäftigt und darauf fixiert. Das erste Merkmal, das einem einfällt, herausgreifen und daraus etwas machen.

Möglichst bei einem Zufallswort bleiben, auch wenn es zunächst schwierig sein sollte. Nicht sofort aufgeben und ein neues Zufallswort suchen.

Nicht mehrere Zufallsbegriffe hintereinander benutzen. Dadurch wird man leicht oberflächlich und wählt den Weg des geringsten Widerstands. Stattdessen bei Bedarf eine andere Kreativitätsmethode wählen.

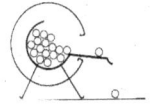

„Es ist nur dann zulässig, zu einem neuen Begriff überzuwechseln, wenn die Verbindung zwischen dem Gegenstand und dem ersten Zufallsbegriff so unverkennbar und direkt ist, dass die mentale Provokation fehlt." Ebd. S. 173

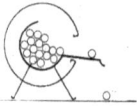

☯ Vorteil, Stärke, Chance

✓ Produktive Ergebnisse

✓ Geringer Aufwand

✓ Man muss die Reiz-Aussagen nicht konstruieren, sondern sie ergeben sich von selbst

✓ Bringt den Ideenfluss in Gang

✓ Auch allein einsetzbar

☂ Nachteil, Schwäche, Risiko

„Doch sobald sich die ersten Erfolge einstellen, werden sie ‚habgierig' und können nicht mehr davon lassen." Ebd. S. 164

o Zunächst sind viele Leute skeptisch und zweifeln an der Methode. Nach dem ersten Erfolgserlebnis kann dies jedoch schnell ins Gegenteil umschlagen.

⬧ Beispiele

Original nach de Bono: (1996, S. 172; 2005, S. 96f)

Beispiel 1. Bürokopierer – po-Nase

Idee: eine Druckpatrone installieren, die je nach Defekt einen bestimmten Duft ausströmt. Lavendelduft bedeutet: Papier nachfüllen, Kampfergeruch bedeutet: Patrone wechseln.

Beispiel 2. Lehrermangel – po-Kaulquappe

Idee: Kaulquappen haben Schwänze. Daraus entstand die Reiz-Aussage: „po-Lehrer haben Schwänze." Was könnte das praktisch bedeuten? Zwei Assistenten oder Praktikanten könnten dem Lehrer überallhin folgen und mit der Zeit immer mehr Aufgaben selbst übernehmen.

Übungen

Originalübungen nach De Bono (2005, S. 98) mit dem Muster: Zufallswort → (reale) Situation

po-Seife → Möbeldesign

po-Wald → Leitung einer Bank

po-Rakete → Suche nach einem Urlaubsort

po-Wählerstimme → Verkehrsstau in Innenstädten beseitigen

po-Wolke → zum Energiesparen ermuntern

po-Zeitung → ein neues Fernsehprogramm

Literatur

De Bono E. 1996, S. 168f

De Bono E. 2005, S. 96f

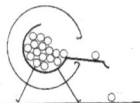

„Wie finden wir den ‚besten' Zufallsbegriff? Die Antwort lautet schlicht und ergreifend: gar nicht. Der Prozess muss offen bleiben. Vielleicht hätten Sie mit einem anderen Zufallsbegriff noch bessere Einfälle gehabt. Es gibt keine Möglichkeit, das ‚beste' Wort zu ermitteln, denn dann wäre der Zufall nicht mehr im Spiel. Freuen Sie sich lieber, dass Ihnen ein paar gute neue Ideen gekommen sind."
Ebd. S. 174

3   Tipps für die Praxis und Ausblick

Nach den hinführenden Überlegungen in Teil 1 und dem methodischen Überblick in Teil 2 sollen abschließend einige Anregungen für die Praxis der Ideenfindung und ein Ausblick gegeben werden. Dafür finden Sie einige Hinweise, die die herausfordernde Rolle der Moderation betreffen, einige Überlegungen zur kreativitätsfördernden Lehre sowie zu den ethischen Implikationen der Kreativität.

3.1   Moderieren

Bei den meisten dargestellten Kreativitätsmethoden ist eine Moderation erforderlich oder sinnvoll. Für diese herausfordernde Rolle lassen sich einige Hinweise geben (s.a. Knieß 2006, S. 42f; Schlicksupp 2004, S. 105f & 167f).

Was kennzeichnet eine erfolgreiche Moderation?

Grundsätze der Moderation

Der Moderator übernimmt die Rolle des „Primus inter pares", d.h. des Ersten unter Gleichen. Seine Hauptaufgaben:

✓   die Thematik bzw. den Kontext kennen

✓   eine geeignete Methode auswählen

✓ eine Fragestellung bestimmen (z.b. Aufgabe, Gegenstand, Thema, Vorhaben, Problem, Produkt, Konzept, Planung, Strategie) bzw. klären, eingrenzen und definieren

✓ die Methode erläutern (Prinzip, Ablauf, Ziel)

✓ die Regeln erklären und darauf achten, dass sie eingehalten werden

✓ auf die Balance im Team achten: stille TN aktivieren, dominante dämpfen, voreilige oder ironische Bemerkungen verhindern

✓ den Prozess in Gang halten: durch Fragen stimulieren, Abschweifungen zurückführen, falls diese nicht erwünscht sind

✓ auf eine entspannte Atmosphäre und eine gute Stimmung achten

✓ den zeitlichen Rahmen setzen und einhalten

✓ für die räumlichen Rahmenbedingungen sorgen.

Inhaltlich sollte der Moderator neutral sein, d.h. von parteilichen Standpunkten nicht betroffen sein, keine eigenen Interessen verfolgen und Bewertungen zurückhalten. Er sollte aus den verschiedenen Ideenfäden ein „feines Netz" knüpfen, den Ideenfluss in Gang setzen, in Schwung halten bzw. diesen zum geeigneten Zeitpunk abschließen.

Zur Entlastung des Moderators kann man ggf. zusätzlich einen Protokollführer einsetzen, der die Schreibarbeit übernimmt. In Einzelfällen kann man eine Tonbandaufzeichnung in Erwägung ziehen. Hier besteht allerdings die Gefahr, dass die Spontaneität der Beteiligten, einschl. die des Moderators, leidet.

Spielregeln

Eine der wichtigsten Aufgaben der Moderation ist es, auf eine offene, entspannte Atmosphäre zu achten. Hierzu dienen einige Grundregeln. Die wichtigsten wurden von Osborn ursprünglich für das Brainstorming entwickelt (s. Kap. 2.4), sind jedoch methodenübergreifend gültig:

Keine Kritik, Kommentare oder Korrekturen: während der Ideenfindung (Phase II) weder kritisieren noch werten – auch nicht non-verbal!

Frei laufen lassen: Ideen spontan assoziieren, mutig phantasieren

Quantität vor Qualität: möglichst viele Ideen in kurzer Zeit produzieren; je mehr, desto besser, und das möglichst schnell

Kombinieren und verbessern: auf andere Ideen eingehen, sie aufgreifen und ausbauen

> "Criticism is ruled out. *Adverse judgement of ideas must withheld until later.*
>
> Free-Wheeling is welcomed. *The wilder the idea, the better; It is easier to tame down than to think up.*
>
> Quantity is wanted. *The greater the number of ideas, the more the likelihood of winners.*
>
> Combination and improvement are sought. [...] *participants should suggest how ideas of others can be turned into better ideas; or how two or more ideas can be joined into still another idea."* Clark 1958, S. 70

Darüber hinaus gelten folgende Spielregeln für Phase II (Ideenfindung):

✓ Den inneren und äußeren Kritiker ausschalten: Der innere Kritiker hemmt die eigene Phantasie, der äußere die der anderen. Diese Sperren aufzuheben ist eine Frage der inneren Haltung. Auf diese Haltung vor Beginn einstimmen.

✓ Jede Idee äußern: alle Ideen dürfen mitgeteilt werden. Die TN werden dies nur dann wagen, wenn das Klima entsprechend offen und wohlwollend ist.

✓ Jede Idee hören: alle Ideen unvoreingenommen aufnehmen und sammeln.

✓ Ideen der anderen aufgreifen: dies bedeutet aktives Zuhören. Den Ball, den andere zuspielen, auffangen, damit spielen und dann wieder abgeben.

✓ Kurze Sätze bilden: Eine Idee besteht nicht nur aus einem Stichwort, sondern aus kurzen Sätzen. Mindestens ein Subjekt und Verb.

✓ Zeitdruck aufbauen: Einen klaren Zeitrahmen setzen. Ein gewisses Tempo fokussiert die Aufmerksamkeit, erhöht die Konzentration und bremst Kritik.

✓ Wiederholungen sind erlaubt: eine Idee darf auch mehrmals auftauchen, da sie evtl. neue Türen öffnen oder eine Kettenreaktion neuer Ideen auslösen kann.

✓ Mehr als eine Lösung: sich klar machen, dass es mehr als einen Weg und mehr als eine Lösung gibt.

"His (the chairman's) talk should be short. It must be dramatic, and it must hammer basic principles of creative thinking [...]: that we have a judicial mind which is logical, and a creative mind which is illogical; that we need both, but that too often our judicial mind completely dominates our creative mind [...]"
Ebd. S. 89

✓ „Ja genau, und..." statt „Ja, aber...": „Ja genau" zeigt, dass man nicht nur passiv, sonder *aktiv* zuhört und eine andere Idee aufgreift. Es dient als „Schlüsselwort" für eine konstruktive Grundhaltung.

Der Moderator sollte diese Spielregeln vor Beginn einer Kreativitätssitzung klar machen und auch immer wieder daran erinnern.

Die Spielregeln sind mehr als bloße Regeln. Sie sollen helfen, auf eine bestimmtes Klima einzustimmen. Dabei geht es um „weiche" Faktoren wie Atmosphäre, Stimmung und Haltung. Kreativität setzt Vertrauen, Offenheit und Angstfreiheit voraus. Vertrauen kann jedoch nur entstehen wenn sich alle TN vertrauens-würdig verhalten. Für einen solchen Verhaltenscodex zu sorgen, ist eine der zentralen Aufgaben der Moderation. Charles Clark, Schüler von Alex Osborn und einer der ersten Brainstorming-Experten, empfiehlt, ein grünes Symbol aufzustellen, um an eine grüne Ampel zu erinnern („keep 'em rolling"! Clark 1958, S. 89) Alternativ könnte man sich auch einen grünen Rasen vorstellen, auf dem das Ballspiel stattfindet.

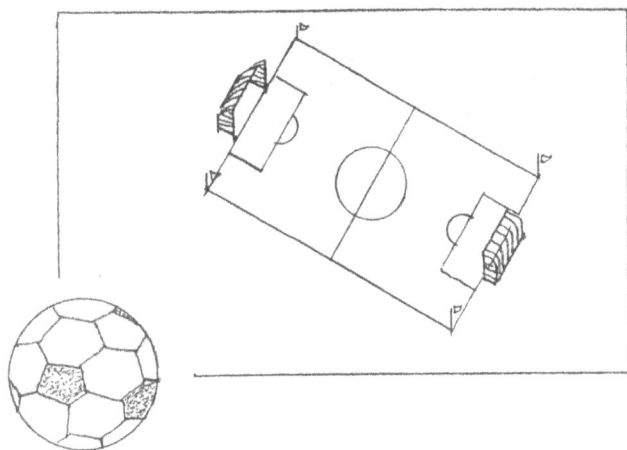

"Quite often I have the members read out loud the rules for brainstorming [...] Thus, in their own words by repetition, the fact is impressed on the members that this is a green-light session. I usually display a green traffic light or a green circle of cardboard to dramatize the idea." Ebd. S. 90

Abb. 54: Kreativität setzt ein spielerisches Klima voraus. Erst Spielregeln machen ein Spiel zum Spiel.

Vorsicht: Fouls!

Es gibt zwei wichtige kreativitätshemmende Risiken. Diese „Ideenkiller" könnte man auch mit „Fouls" vergleichen:

• verbal: abwertende Kommentare („killer phrases")

• non-verbal: abwertender Gesichtsausruck, Blicke und Gesten („killer glances", „killer face")

Bereits in den 1950er Jahren weist Clark auf die destruktive Wirkung von „killer phrases" und „killer glances" hin. Einige Beispiele sind im folgenden aufgeführt (s. Tab. 12 & Tab. 13).

"The most dramatic way I know to show how most conferences are negatively and firmly opposed to new ideas is to have each member of the group write on three-by-five cards three killer phrases [...] Then I have the cards shuffled and passed around in the group. They are read aloud by panel members." Ebd.

Clark empfiehlt, zu Beginn der Sitzung jeden TN zu bitten, drei typische Killerphrasen auf Karten zu schreiben. Diese Karten einsammeln, mischen und im Plenum austeilen. Die TN lesen die Sätze auf den zufällig verteilten Karten laut vor, so dass jeder hört, was gemeint und zu vermeiden ist.

Aufgabe der Moderation ist es, nicht nur auf solche verbale Kommentare zu achten, sondern auch auf abwertende Blicke oder Gesten. Dazu gehören auch ungeduldige Reaktionen darauf, wenn Ideen wiederholt geäußert werden.

Tab. 12: Killerphrasen: einige typische Beispiele (Clark 1958, S. 91f; Knieß 2006, S. 17f; Schlicksupp 2004, S. 103)

Das haben wir schon immer (noch nie) so gemacht!	Natürlich – Sie wissen es wieder besser!
Wenn Sie das gut finden- warum hat es dann noch kein anderer gemacht?	Unsere Leute (Kunden) werden das nicht akzeptieren...
Soweit sind wir noch nicht...	Das ist doch Wunschdenken!
Als Fachmann kann ich Ihnen nur sagen...	Kein Neuling wird mir erzählen, wie ich ...
Das ist nicht unser Problem...	Da könnte ja jeder kommen!
Zu modern (altmodisch, teuer, akademisch)	Es wird Widerstand erzeugen...
Damit kommen wir hier nicht durch.	Sie verstehen das Problem nicht...
Wollen Sie das verantworten?	Seien Sie erst mal einige Jahre hier...
Das ist doch längst bekannt!	Ja, wenn das so einfach wäre!
Ja, aber...	Das wird nicht funktionieren...

"On the following pages there is a list of the most prevalent killer phrases. You know them well; everyone does who has ever attended a meeting, but read the list carefully. You will hear echoes from wasted conferences, and you will know what to avoid in the future." Ebd. S. 90

Tab. 13: Beispiele für non-verbale „Fouls"

Die Augen verdrehen	Mit der Hand abwinken
Einen mit versteinerter Mine anstarren	Die Hände vor das Gesicht schlagen
Entsetzt schauen	Sich die Haare raufen
Sich abwenden	Gelangweilt umherschauen
Im Stuhl „durchhängen" (sich betont „lässig" geben bzw. sich besonders „breit machen"))	Mit den Fingern auf den Tisch klopfen

Clarks Empfehlung an die Moderation:

"In a brainstorming session killer phrases are strictly ruled out."
Ebd. S. 90

diese verbalen und non-verbalen „Fouls" aufmerksam registrieren, ernst nehmen und sofort ahnden. Seine Gegenmaßnahme: eine Glocke. Sobald ein Foul erkennbar wird, wird sie vom Moderator geläutet. Ihre Rolle ist in dem Fall mit der Pfeife eines Schiedsrichters vergleichbar.

"Beside the killer phrase, you have to ring the bell on the killer glance and the man who jumps at repetition. Repeating an idea may spark a new chain reaction."
Ebd. S. 92

Auch die TN können ggf. diese Rolle übernehmen. Wenn die Gruppe die Regeln kennt, sollte ein solches Glockensignal genügen.

In der Regeln achten die TN zunehmend selbst darauf, dass die Spielregeln eingehalten und Fouls vermieden werden.

"By ringing the bell and having others ring the bell as soon as it is heard, he can do it with humor but with telling effect. Once the danger of the killer phrase is pointed out, most of us try to avoid the habit, but they are so much part of our conference personality we need a reminder to retrain ourselves into thinking creatively positively instead of negatively."
Ebd. S. 94

Abb. 55: Fouls blockieren Vertrauen und damit den spielerischen Ablauf und Kreativität. Aufgabe der Moderation ist es daher, sorgsam auf Fouls zu achten und darauf zu reagieren.

3.2 Kreativität und Lehre

Gegenüber den in Teil II vorgestellten kreativen Methoden lässt sich einwenden: „Greifen die methodischen Ansätze nicht zu kurz? Müsste eine echte Förderung von Kreativität nicht viel umfassender – und vielleicht auch viel früher im Leben – einsetzen?" Derartigen Fragen liegt eine positive Annahme zugrunde: nämlich dass Kreativität etwas „Gutes" ist, also einen individuellen wie auch gesellschaftlichen „Wert" darstellt.

Als Hintergrund dieser Annahme darf eine im Allgemeinen positive Erfahrung mit Kreativität angenommen werden. Ein solches positives Verständnis von Kreativität lässt sich mit vielen Beispielen unterlegen: Kreativität als Schlüssel für Problemlösung und Innovation (z.B. in Medizin und Technik), Kreativität als Quelle von Schönheit und Phantasie (z.B. in Kunst, Architektur und Design), Kreativität als Weg in die Zukunft (z.B. Fortschritt in der Wissenschaft).

Kreativität braucht Orte und Zeiten der Muße. Entschleunigung bietet innovative Potenziale und Chancen: „die Kreativität der Langsamkeit" (Reheis 1998).

„Wo bleibt eigentlich die gewonnene Zeit? Die Beschleunigung müsste doch jede Menge Zeit einbringen..." Reheis 1998, S. XII

Kreativität und Phantasie beflügeln. Das Bild der Flügel deutet auf einen wichtigen Punkt: um den Geist beflügeln zu können, braucht es Spiel- und Freiräume. Die Frage ist, ob diese Freiräume heute in ausreichendem Maß zu finden sind. Das Bildungssystem, vor allem Schule und Hochschule, könnte solche Schutzräume bieten. Kann es diesen Anspruch erfüllen?

Der Hochschullehrer *Rüdiger Görner* diagnostiziert besorgt eine „gefesselte Phantasie" in Wissenschaft und Lehre:

„Zeitwertpunkte und formalisierte Wissensinhalte sind nicht unbedingt dazu geeignet, phantasievolle Lehre zu ermöglichen. Denn es ist die Lehre, wo eine die studentische Phantasie beflügelnde Wissensvermittlung, die immer auch Entgrenzung bedeuten sollte, stattfindet." Görner 2007, S. 734

„Ich bin oft ziemlich enttäuscht. Es werden nur sehr selten ehrgeizige oder aufregende Anträge eingereicht. Die meisten jungen Forscher gehen kein Risiko ein. Sie alle planen ihre Karriere – ich hasse das." Sir Timothy Hunt, Medizin-Nobelpreisträger. DUZ Magazin, 2007; 7: 30

Nach Görner sind es „die Schnittstellen von Wissen und der Einsicht in dessen Unzulänglichkeit", an denen Phantasien entstehen. Diese sind „ins Spiel aufgelöste Wissensformen und Vermutungen". Spielen braucht Spielraum, und „ohne Spielraum verkäme der Wissenschaftsbetrieb zur Anstalt." Ebd.

Es gilt daher, im akademischen Bereich kreative Freiräume zu sichern und damit „den Vorrang der Imagination vor utilitaristischen Erwägungen." Ebd. S. 732

Aufgabe der Lehre ist es, der Phantasie bis hin zu ihren ethischen Implikationen einen Platz einzuräumen, denn

„Phantasie ist die Vorstufe zum Wagnis, zum Risiko. Gerade deswegen bedarf es kritischer Begleitung, die sie jedoch nicht ersticken soll." Ebd.

Gerade im Bildungsbereich hat ein diesbezügliches Bewusstsein Tradition (z.B. Montessori-, Waldorf-, Reform-Pädagogik).

„Deshalb muss das Universitätsstudium von Beginn an auf die Herausforderung zu kreativem Denken hin orientiert sein." Henrich 2008, S. 86

Doch insbesondere im „Normalbetrieb" von Schule und Hochschule besteht hier noch immer Entwicklungsbedarf. Daher seien die Leser mit Einfluss in Schulen und Hochschulen ermutigt, sich für kreative Spielräume in der Lehre einzusetzen.

3.3 Kreativität und Ethik

Die vorangegangenen Überlegungen plädieren insgesamt für eine breit angelegte Förderung der Kreativität. Kreativität als etwas uneingeschränkt Gutes: lässt sich dieser Standpunkt so halten? Demgegenüber lassen sich auch Argumente für eine zurückhaltendere Position finden.

Innovationen geben Menschen neue Werkzeuge an die Hand. Doch wozu werden diese eingesetzt? Vor allem die Frage nach dem „Wozu" berührt die ethische Dimension von Kreativität.

Der Verhaltensbiologe Eibl-Eibesfeldt erzählt in diesem Zusammenhang die Geschichte eines Naturvolks, das zum ersten Mal mit einer technischen Innovation in Berührung kommt:

„Im Spätsommer 1975 lernte ich im westlichen Bergland von Neuguinea die Eipo kennen, eine Gruppe neusteinzeitlicher Gartenbauer, die zu jenem Zeitpunkt noch völlig ihren steinzeitlichen Traditionen gemäß lebten. [...] Als nun die ersten Kleinflugzeuge landen konnten, fragte Schiefenhövel [...], ob nicht zwei der Männer einmal ihre Gegend von oben aus der Luft betrachten wollten [...] Zwei Mutige fanden das interessant und sagten ja. Allerdings meinten sie, er sollte die Türen aushängen [...]. Die Männer gaben vor, dann besser sehen zu können. Als es zum Start kam, schleppten sie in ihren Armen Felsbrocken herbei. Befragt, wozu, sagten sie: Die wollen wir jetzt, wenn wir über das Fa-Tal fliegen, unseren Feinden aufs Dorf werfen!

„Auf jeden Fall denken wir nicht sehr viel anders. 1891 schaffte Otto Lilienthal die ersten Gleitflüge über 300 Meter, 1896 stürzte er dabei ab. [...] 1900 experimentierten die Gebrüder Dayton und Wilbur Wright mit einem Doppeldecker, 1901 gelangen ihnen die ersten Gleitflüge bis 100 Meter. 1903 bauten sie einen Motor in ihren Doppeldecker ein, der zwei Luftschrauben antrieb. [...] 1908 stellten sie ihr Flugzeug bereits in England vor. Es dauerte nur noch wenige Jahre bis zum Ersten Weltkrieg, und die Flieger bekämpften sich in der Luft. Kaum hatte sich der Traum des Ikarus erfüllt, wurde auch schon eine Waffe daraus." Eibl-Eibesfeldt 2000, S.12

Da haben Menschen, die bis dahin Metalle nicht kannten, die Flugzeuge für Boten aus einer anderen Welt und uns selbst als Geister betrachtet hatten, nun zum erstenmal Gelegenheit, diese Werke der Technik zu benutzen und ihre Welt aus einer neuen Perspektive zu betrachten – und was kommt ihnen in den Sinn? Wie praktisch doch diese Instrumente gegen ihre Feinde einzusetzen wären! Denken die Eipo also modern oder denken wir gar archaisch?" 2000, S. 11f

Abb. 56: „... und was kommt ihnen in den Sinn? Wie praktisch doch diese Instrumente gegen ihre Feinde einzusetzen wären!" Eibl-Eibesfeldt 2000, S. 11

Diese Geschichte zeigt nach Eibl-Eibesfeldt eine Gefahr des menschlichen Denkens: „Die Falle des Kurzzeitdenkens." In der Tat ist die Neu-Gier eine starke biologische Triebkraft, die nicht nur beim Menschen zu beobachten ist. Ein neues technisches Werkzeug, das schnell wirksam und hocheffizient ist: Schön und gut. Doch die entscheidende Frage ist: wie wird es eingesetzt? Und wozu?

„Was ist zum Beispiel, wenn ein Physiker dreißig Jahre lang Freude an seiner Arbeit empfindet und dann
feststellen muss, dass mit seiner Hilfe eine Kernwaffe
hergestellt wurde, die Millionen Menschen getötet
hat?" Csikszentmihalyi 2001, S. 181

Anders herum gefragt: wie verhindern wir, dass es im blü-
henden Garten („crescere") zur Katastrophe kommt und
dieser zur leeren Wüste wird? Eine Frage, die angesichts von
Naturzerstörung und Klimawandel zunehmend aktuell ist.

„Heute entscheiden unsere eigenen widersprüchlichen
Neigungen darüber, ob unsere Welt sich in einen blü-
henden Garten oder in eine trostlose Wüste verwandeln wird. Die Wüste wird wahrscheinlich den Sieg
davontragen, wenn wir unserer neu gewonnenen
Macht weiterhin blind vertrauen und das zerstöreri-
sche Potential verkennen, das mit unserer Verwalter-
rolle verbunden ist." Ebd. S. 16

Kreativität um jeden Preis? So könnte man fragen. Innova-
tion hat heute einen hohen Stellenwert. Doch auf wessen
Kosten darf das gehen? Hier wird auch ein destruktives
Potenzial von Kreativität deutlich.

„Sowenig, wie allein die Machbarkeit und die Ver-
käuflichkeit eine Sache rechtfertigen, so wenig ist Innovation an sich schon gut. Der Gedanke, verhäckselte
und dehydrierte Tierkadaver an Vieh zu verfüttern,
war äußerst ‚innovativ', aber eben auch monströs!
Neue, weite und zugleich engmaschige Fangnetze, mit
denen hochseetüchtige Trawlerflotten ein Vielhun-
dertfaches der jahrhundertelang üblichen Fischmenge
einholen, sind einmal eine willkommene Erfindung
gewesen, aber sie schonen die Brut (beispielsweise der

Kabeljaus und Thunfische) nicht, haben zur Unterbre-
chung der Nahrungskette und damit zur Entleerung
ganzer Meere geführt und werden am Ende den Fisch-
fang selbst zerstören. Wenn nun weiter ‚Mut zur Kreativität', zur Innovation, zum Risiko gefordert wird –
auf Kosten wessen darf das gehen?" von Hentig 2000,
S. 65

Kreativität ist also nicht „a priori" ein positiver Wert. Erst
die menschliche Entscheidung, wie Kreativität eingesetzt
wird, bestimmt ihren Wert.

Gardner hofft auf eine „humane Kreativität", die den heutigen globalen Herausforderungen gerecht wird:

„Wir sind der Überzeugung, dass sich mit der un-
schätzbaren Möglichkeit, die eigene Intelligenz und
die eigenen Ressourcen frei zu nutzen, die Verantwortung verbinden sollte, diese gut und human einzusetzen. Wir rufen nicht nach Zensur, sondern nach einer
ernsten Auseinandersetzung mit den sozialen, öko-
nomischen, politischen und kulturellen Auswirkungen
von Neuerung und Einflussnahme." Gardner 1999, S.
193

Die vorgestellten Methoden sind zunächst wertneutrale
Werkzeuge, die Kreativität fördern können. Wie und wozu
sie eingesetzt werden, ist eine Frage an den Anwender und
dessen Verantwortung.

„Wo immer wir von der Kreativität ein Wunder erwarten, werden wir es nicht bekommen. Wir müssen
das mühsamer werdende Geschäft der Politik, der
Wirtschaft, der Wissenschaft, der Pädagogik weiterhin
mit den großen alten Tugenden bewältigen." von Hentig 2000, S. 72

Eine Quintessenz? Kreativität ist zweifellos eine grundlegende menschliche Eigenschaft im besten Sinne. Kreativität ist eine Kraft, die begeistern, beflügeln und in die Höhe tragen kann. Kreativität kann helfen, Grenzen zu überwinden, neue Hoffnung zu schöpfen und Lasten abzuwerfen. Bis auf eine Last: die der Verantwortung.

„Quidquid agis, prudenter agas et respice finem! Was du auch tust, tu's mit Überlegung und bedenke das Ende!"
Alte Lebensregel, Solon von Athen zugeschrieben

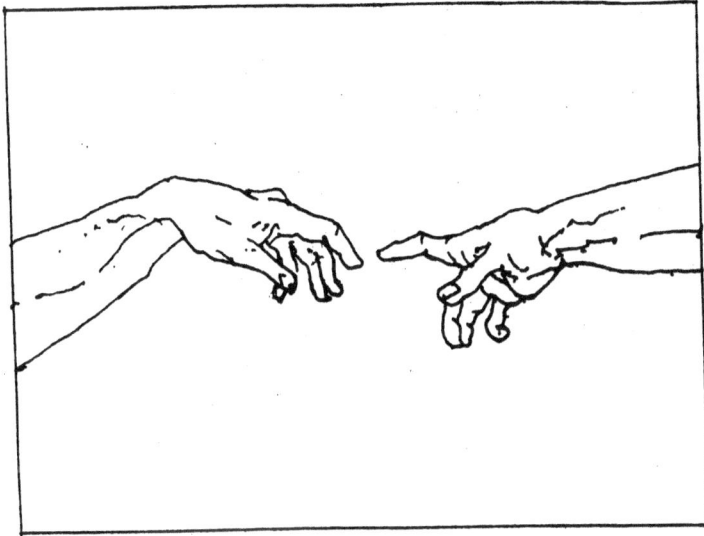

„Nichts auf der Welt ist so unmöglich aufzuhalten wie das Vordringen einer Idee." Pierre Teilhard de Chardin (1881-1955), franz. Paläontologe und Anthropologe

Abb. 57: Die Erschaffung des Adam, Michelangelo (um 1510). Ausschnitt aus dem Deckenfresko der Sixtinischen Kapelle in Rom.

Literatur

Boos E. Das große Buch der Kreativitätstechniken. Compact, München 2007

Bröckling U. Das unternehmerische Selbst. Suhrkamp, Frankfurt 2007

Brunner A. Die Kunst des Fragens. Hanser, München 2007a

Brunner A. Ordnung ins Chaos. Hanser, München 2007b

Clark C. Brainstorming. Doubleday & Company, Wilshire Book 1958

Csikszentmihalyi M. Kreativität. Klett-Cotta, Stuttgart 2001 (Originaltitel: Creativity. Flow and the Psychology of Discovery and Invention. New York 1996)

De Bono E. De Bonos neue Denkschule. mvg, Heidelberg 2005 (Originaltitel: de Bono's Thinking Course 1994)

De Bono E. Serious Creativity. Schäffer-Poeschel, Stuttgart 1996 (Originaltitel: Serious Creativity. Published by arrangement with International Center for Creative Thinking 1992)

De Bono E. Die 4 richtigen und die 5 falschen Denkmethoden. Rowohlt, Reinbek bei Hamburg 1972 (Originaltitel: Practical thinking. Four ways to be right and five ways to be wrong, London 1971)

Dijksterhuis A, Meurs T. Where creativity resides: the generative power of unconscious thought. Consciousness and Cognition 2006; 15(1): 135-46

Eibl-Eibesfeldt I. In der Falle des Kurzzeitdenkens. Piper, München 2000

Einstein A. Mein Weltbild. (Hg. Seelig C.) Ullstein, Frankfurt 1968

Ford H. Mein Freund Edison. List, Leipzig/München 1947

Fromm E. The Creative Attitude. In: Anderson H. Creativity and its Cultivation. Harper & Row, New York 1959, S. 44f

Gardner H. Kreative Intelligenz. Campus, Frankfurt/New York 1999 (Originaltitel: Extraordinary Minds, New York 1997)

Gauss C F. Gauss an Olbers 1805. In: Werke, Band X(1). Nachträge zur reinen Mathematik, S. 25. GDZ (Göttinger Digitalisierungszentrum), Stand 2007

Geck M. Johann Sebastian Bach. Rowohlt, Reinbek bei Hamburg 2005

Görner R. To google or to think – this is the question. Über die gefesselte Phantasie in Wissenschaft und Universität. Forschung & Lehre 2007; 12: 732-734

Goldberg I, Harel M, Malach R. When the brain loses ist self: prefrontal inactivation during sensorimotor processing. Neuron 2006; 50: 329-339

Guilford J P. Kreativität, 1950. In: Ulman G. (Hg.): Kreativitätsforschung. Kiepenheuer und Witsch, Köln 1973; S. 25-43

Guilford J P. The Structure of Intellect. Psychological Bulletin 1956; 53 (4): 267-293

Guilford J P. Creativity: Yesterday, Today and Tomorrow. The Journal of Creative Behavior, 1967; 1(1): 3-14

Hadamard J. An Essay on the Psychology of Invention in the Mathematical Field. Princeton University Press 1945

Hawking S W. Eine kurze Geschichte der Zeit. Deutscher Taschenbuch Verlag, München 2001

Henrich D. Kreativität des Denkens in der Universität. Forschung & Lehre 2008; 2: 84-86

Heyse V, Erpenbeck J. Kompetenztraining. Schäffer-Poeschel, Stuttgart 2004

Holm-Hadulla R M. Kreativität. Vandenhoeck & Ruprecht, Göttingen 2007

Infeld L. Albert Einstein – seine Persönlichkeit, sein Werk und seine Zeit. Universitas 1968; 23(5): 461-468

Joas H. Die Kreativität des Handelns. Suhrkamp, Frankfurt/M. 1996

Kekulé A. Rede beim 25-jährigen Jubiläum der Aufstellung der Benzoltheorie („Benzolfest" bzw. „Kekuléfeier") vor der Deutschen Chemischen Gesellschaft in Berlin. Berichte der Deutschen Chemischen Gesellschaft 1890; 23(2): 1302-1311

Knieß M. Kreativitätstechniken. Beck/dtv, München 2006

Kupper D. Leonardo da Vinci. Rowohlt, Reinbeck bei Hamburg 2007

Leonardo da Vinci. Das Da-Vinci-Universum. Die Notizbücher des Leonardo. (Hg. Dickens E.) Ullstein, Berlin 2006

Mainzer K. Der kreative Zufall. Beck, München 2007

Maslow A. Creativity in Self-Actualizing People. In: Anderson H. Creativity and its Cultivation. Harper & Row, New York 1959, S. 83f

Mendes N, Hanus D, Call J. Raising the level: orangutans use water as a tool. Biology Letters 2007; 3(5): 453-455

Michelangelo. Briefe, Gedichte, Gespräche. (Hg. Koch H.) Fischer Bücherei KG, Frankfurt/M. 1957

Miller G A. The Magical Number Seven, Plus or Minus Two: some limits on our capacity for processing information. The Psychological Review 1956; 63(2): 81-97

Mozart W A. Mozart Briefe. (Hg. Donhäuser S.) Marix, Wiesbaden 2006

Paolucci A. Michelangelo. Die Pietàs. Skira editore, Mailand 2000

Pierers Universal-Lexikon. Directmedia, Berlin 2005

Poincaré H. Wissenschaft und Methode. Teubner, Leipzig 1914

Popitz H. Wege der Kreativität. Mohr Siebeck, Tübingen 2000

Preiser S. Kreativitätsforschung. Wissenschaftliche Buchgesellschaft, Darmstadt 1976

Raby C R., Alexis D M., Dickinson A , Clayton N S. Planning for the future by western scrub-jays. Nature 2007; 445: 919-921

Radvanyi P. Die Curies: Eine Dynastie von Nobelpreisträgern. Spektrum der Wissenschaft, Biographie. Spektrum der Wissenschaft Verlagsgesellschaft, Heidelberg 2001

Reiheis F. Die Kreativität der Langsamkeit. Wissenschaftliche Buchgesellschaft, Darmstadt 1998

Rogers C. Toward a Theory of Creativity, 1954. In: Anderson H. Creativity and its Cultivation. Harper & Row, New York 1959, S. 69f

Scherer J. Kreativitätstechniken. Gabal, Offenbach 2007

Schlicksupp H. Ideenfindung. Vogel, Würzburg 2004

Seelig C. (Hg.) Helle Zeit – dunkle Zeit. In memoriam Albert Einstein. Vieweg, Braunschweig/Wiesbaden 1986

Seelig C. Albert Einstein. Eine dokumentarische Biographie. Europa Verlag, Zürich/Stuttgart/Wien 1954

Spitzer M. Vom Sinn des Lebens. Schattauer, Stuttgart 2007

Stowasser J M. Stowasser: lateinisch-deutsches Schulwörterbuch. Oldenbourg, München 1994

Stukeley W. Memoirs of Sir Isaac Newton's Life, 1752. In: White A H. (Ed.), London 1936

Ulmann G. Kreativitätsforschung. Kiepenheuer & Witsch, Köln 1973

VanGundy A. Techniques of Structured Problem Solving. New York 1988

Vögtle F. Thomas Alva Edison. Rowohlt, Reinbek bei Hamburg 2004

Voltaire. Elemente der Philosophie Newtons, 1784. In: Wahsner R. & Borzeszkowski H. Walter de Gruyter, Berlin 1997

von Helmholtz H. Vorträge und Reden. Vieweg und Sohn, Braunschweig 1986

von Hentig H. Kreativität. Beltz, Weinheim/Basel 2000

Vitruv. Zehn Bücher über Architektur (ca. 22 v. Chr.). Hrsg.: Fensterbusch C. (Hg.) Wissenschaftliche Buchgesellschaft, Darmstadt 1964

Wagner U, Gals S, Halder H, Verleger R, Born J. Sleep inspires insight. Nature 2004; 427: 352-355

Wallas G. The Art of Thought. New York 1926

Wickert J. Albert Einstein. Rowohlt, Reinbek bei Hamburg 2005

Index